基礎と演習
理工系の電磁気学

高橋 正雄　著

共立出版

はじめに

本著は理工系大学生のための電磁気学の教科書・参考書である．初めて学ぶ人が多いことを考慮して，図を多く用いてなるべく平易な説明を心がけた．

現在理工系の多くの大学で，「電磁気学」は基礎教育科目として必修または選択必修になっている．それは単に物理学の知識が自然科学や工学などの基礎になっているからだけではない．物理学の法則や概念の理解を通して，将来理工系のどの分野に進んでも必要な数式処理能力の習得も目標としているからである．その中には，ベクトルや微積分の初歩も含まれる．

「電磁気学」には名著とよばれる教科書も多い．しかし，最近高校の教育課程が大きく変わり，大学基礎教育の実情に合わなくなってしまった．著者の教育的経験からして，初めて学ぶ学生が，div（発散）や rot（回転）といったベクトル解析を使った記述で電磁気学を学ぶことには無理がある．また例えば，磁性体なども含めて一般的な記述にすると，学生に負担がかかり過ぎる．本書では内容を精選し，幾つかの事項を割愛したが，将来物理学を専攻する人以外は，就職試験も大学院入試も，これで充分だと思う．

この本の読者となる方は，自ら志願して理工系に進学している．電磁気学は難しい科目だとよくいわれるが，この本を通して，学ぶことの楽しさを私は少しでもその読者に伝えたい．その楽しさは，映画を見る感動とも，ツアーで行く海外旅行とも，高級料理店で食べるフランス料理とも違う．いわば，山登りをして，山頂で食べる弁当の味に似ている．汗を流して頂上についた人だけが味わえる，お金では買えない喜びである．

読者には，授業と並行して，各章の確認・整理問題や基本問題を解くことを期待する．解けなければ，解答を見てもかまわない．途中であきらめず，続けることが大事だ．本書では，演習問題を解いていく中で，次第に「力と自信」がつくように，問題が配置されている．全体像が見えてくると，最初は難しく感じた電磁気学が，実は幾つかの基本法則から構成されていることがわかる．あたかも晴れた日に山頂から遠くの景色まで見渡せるように，法則間の関連が見えてきて，何が重要なのかがわかるようになる．

最後に，この機会をかりて，電磁気学の教授法について日頃からご指導いただいている，遠藤慶三，万代敏夫，三井和博，山本一雄，鈴木裕武の各先生に厚く御礼を申し上げたい．さらに，本書の出版にあたってお世話になった共立出版(株)の小山 透，松原 茂の両氏に深く感謝したい．

2004 年 9 月

著　者

目　　次

第I部　電界・電流

第 II 部　電流と磁界・電磁誘導と交流

---

*印の章は少し程度が高いので，最初はとばして先に進んでもよい．

第 I 部

電界・電流

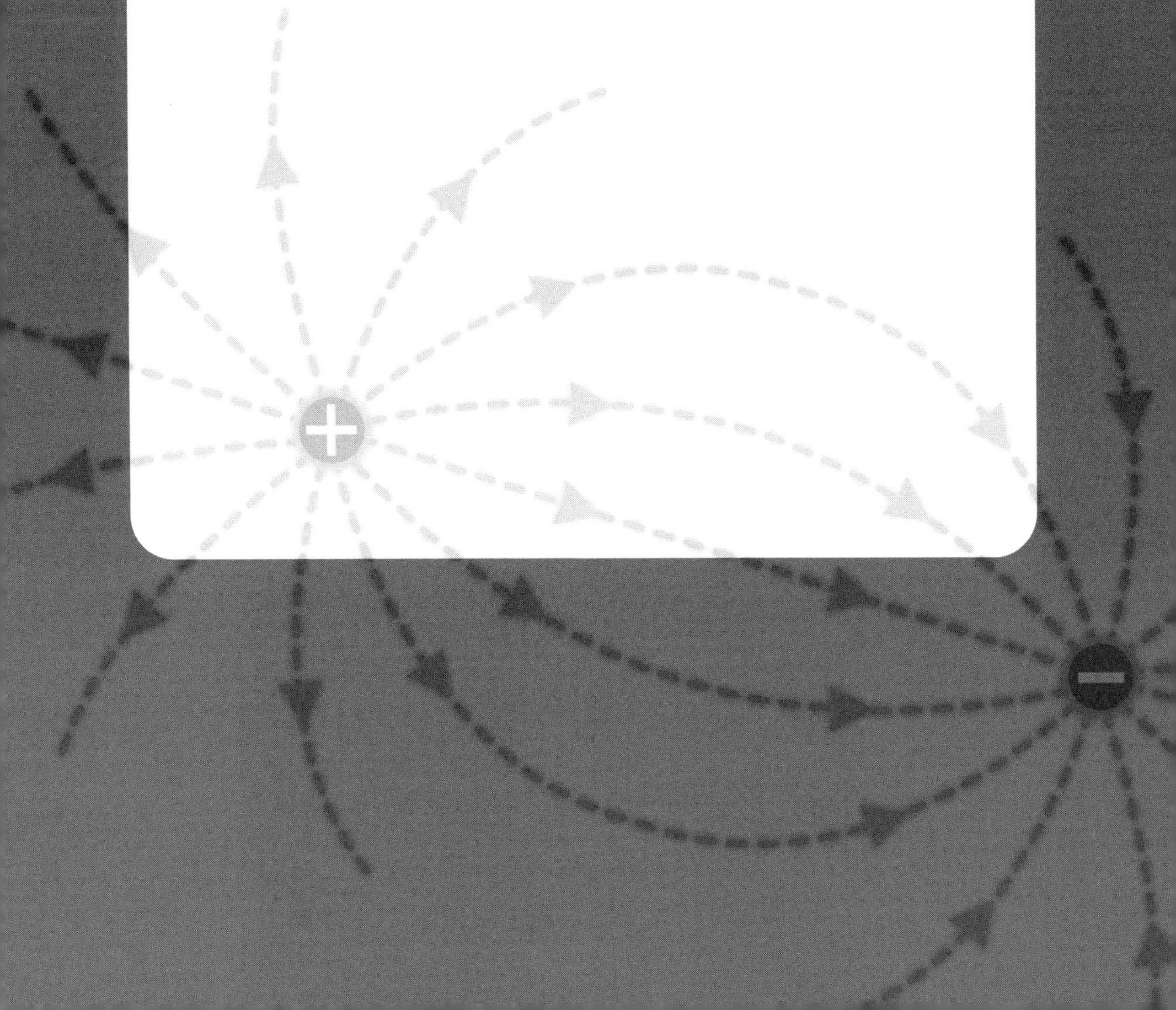

1 電荷—クーロンの法則—

電荷には正電荷と負電荷が存在する．同じ符号の電荷同士は互いに反発し，異なる符号の電荷同士は引き合う．電荷間にはたらく力（静電気力）はクーロンの法則によって記述される．ここでは，クーロン力の距離の逆2乗に比例する性質とベクトルの演法について学習する．

§ 1.1 MKSA 単位系（SI）

■基本単位 物理学では，物理量の間の量的な関数を数式を使って表現するから，それぞれの物理量の単位をあらかじめ決めておく必要がある．力学では

長さ：**メートル** [m]

質量：**キログラム** [kg]

時間：**秒** [second，記号 s または sec]

の3つが**基本量**として定められている．電磁気学ではこのほかに，

電流：**アンペア** [A]

を採用する．頭文字をとって，この単位系を**MKSA 単位系**とよぶ*.

* 国際単位系（SI）ともいう．アンペアの定義は §10.2 ででてくる．

■組立単位 長さ・質量・時間・電流以外の物理量の単位はこの4つの単位を組合わせて作られる．例えば速度は m/s で，加速度は $\mathrm{m/s^2}$ である．これらを**組立単位**または**誘導単位**とよぶ．いくつかの組立単位には特別な名称がついている．例えば力の単位はニュートンである．運動の法則によれば，物体に生じる加速度の大きさ a $[\mathrm{m/s^2}]$ は加えられた力の大きさ F に比例し，物体のもつ質量 m [kg] に反比例するので，$a = F/m$ が成立する．そこで，1kg の物体にはたらいたとき $1\mathrm{m/s^2}$ の加速度を生じさせる力を，力の大きさの単位にとり **1 ニュートン** [N] と定義すると

$$1\mathrm{N} = 1\mathrm{kg\cdot m/s^2} \qquad (F = ma \text{ と対応}) \tag{1.1}$$

である．このように新しい単位は重要な関係式または法則を伴って導入されるので，関連づけて理解し記憶することが望ましい．

■電荷と電流 「ある分量の電気」または「ある分量の電気をもつ物体」を**電荷**とよび，電荷の流れを**電流**とよぶ．電気の流れが時間的に変動しない**定常電流**ならば，電流 I [A] の運ぶ電気量 Q は時間 t [s] に比例するので，$Q = It$ が成立する．ここで 1A の電流が1秒間に運ぶ電気量を **1 クーロン** [C] と定義すると，次式が成り立つ．

$$1\mathrm{C} = 1\mathrm{A\cdot s} \qquad (Q = It \text{ と対応}) \tag{1.2}$$

§ 1.2 物質の構成と電気

■原子の構成

物体を構成している原子は，正電荷をもつ**原子核**と，負電荷をもつ**電子**からできている．さらに原子核は，正電荷をもつ**陽子**と電荷をもたない**中性子**からできている．原子の種類（元素）は核内の陽子の数で決まるので，陽子の数を**原子番号**とよぶ．原子の質量は原子核に集中している．陽子と電子のもつ電荷の大きさは等しく，それ以上細分できない電荷の最小単位である．

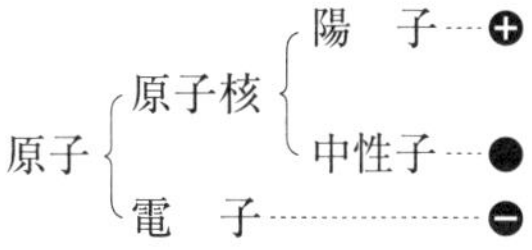

図 1.1 原子の構成

この電荷の大きさを**電気素量**といい，記号 e で表す．$e = 1.6 \times 10^{-19}$C である．

■イオン 一般に原子は，同数の陽子と電子をもち，電気的に中性である．しかし原子が電子を失うと原子全体として正の電荷をもち，逆に電子を取り込むと負の電荷をもつようになる．このような状態をそれぞれ**正イオン**（または**陽イオン**），**負イオン**（または**陰イオン**）という．例として図 1.2 に，ナトリウム（原子記号 Na）の場合を示す．Na 原子核内には 11 個の陽子があり，核は$+11e$ の電荷をもつ．核まわりには，$-e$ の電荷の電子が 11 個存在し，Na 原子は全体として電気的に中性になっている．Na 原子から 1 個の電子が離れると 1 価の正イオン Na イオン（Na^+）となる．

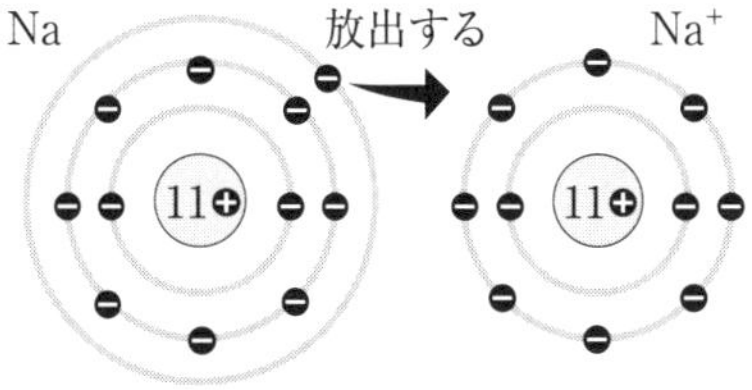

図 1.2 Na イオン

■導体 金・銀・銅・鉄・鉛などの金属性元素およびその合金を総称して**金属**という．一般に金属は電気をよく通す**導体**である．金属がよく電気を通すのは，図 1.3 に示す Na 金属のように，どの原子にも属さず自由に動きまわれる**自由電子**が結晶内に存在するからである．

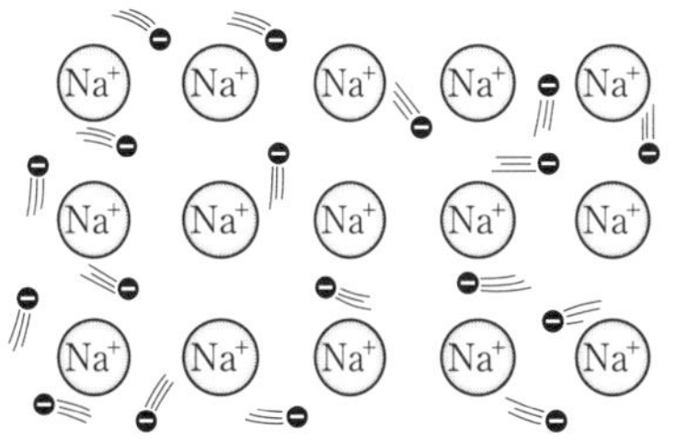

図 1.3 ナトリウム金属

■絶縁体 食塩（NaCl），ガラス，ゴムなどでは，すべての電子は原子やイオンに強く束縛されて，物質内を自由に動きまわることができない．このためほとんど電気を通さず，**絶縁体**とよばれる．

■摩擦電気と帯電 原子と電子の結合の強さは，物質によって違う．そのため，異なる物質をこすり合わせると電子が移動して，それぞれの物質内で正イオンと負イオンができる．このとき，物質全体は正，負にそれぞれ**帯電**しているといい，帯電している物体を**帯電体**という．摩擦によって電子が移動し現れる電荷を**摩擦電気**という．電子が移動する向きは，こすり合わせる物質の組合せによって決まる．

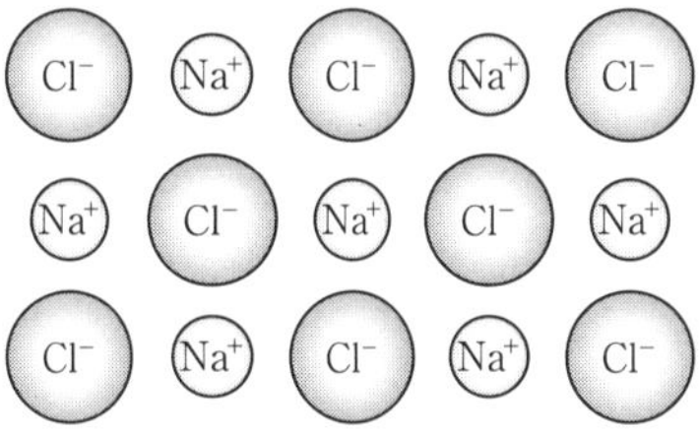

図 1.4 食塩（絶縁体）

■電荷保存の法則 物体間で電荷の移動があっても，全体としての電気量の総和は一定のままである．これを**電荷保存の法則**（または **電気量保存の法則**）という．

§ 1.3　クーロンの法則（その 1）

■クーロンの法則　図 1.5 に示すように，電荷間には静電気力がはたらく．同じ符号の電荷同士は互いに反発し，異なる符号の電荷同士は引き合う．大きさの無視できる電荷を**点電荷**とよぶ．2 つの点電荷 q_1 [C] と q_2 [C] の間にはたらく静電気力（**クーロン力**）F [N] は，電荷の積 $q_1 q_2$ に比例し，その間の距離 r [m] の 2 乗に反比例する:

$$F = k\frac{q_1 q_2}{r^2} \tag{1.3}$$

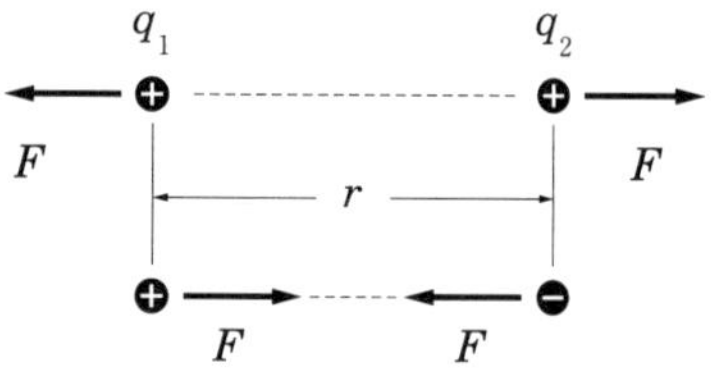

図 1.5　クーロンの法則

式 (1.3) を**クーロンの法則**という．比例定数 k は，真空中で（空気中でもほとんど同じ）*

$$k = 9.0 \times 10^9 \mathrm{N \cdot m^2/C^2} \tag{1.4}$$

の値をとる．式 (1.3) では，$F > 0$ ならば反発力，$F < 0$ ならば引力を表す．しかし実際の問題解法では，まず力の大きさ F を求めてからその向きを考慮する方が便利なことが多い．

* $k = v^2 \times 10^{-7}$ で，ここで $v = 3.0 \times 10^8$ [m/s] は光の速さである．なぜここに光の速さが出てくるかは §14 電磁波のところで学ぶ．

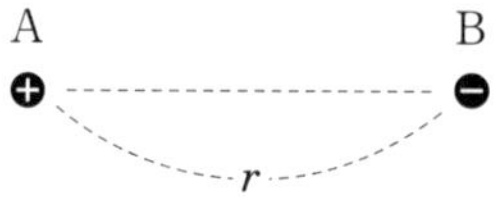

図 1.6

> **例題 1.1**（クーロンの法則）　図 1.6 のように，30cm 離して置かれた同じ大きさの小金属球 A，B がある．はじめ A は $+2.0 \times 10^{-6}$C，B は -8.0×10^{-6}C の電荷を持っていた．クーロンの比例定数を $k = 9.0 \times 10^9 \mathrm{N{\cdot}m^2/C^2}$ とする．
>
> (1) A，B 間にはどのような力がはたらいているか．
>
> (2) A，B を一度接触させてから再び 30cm 離したときには，どのような力がはたらくか．

(解)　(1) 小金属球は点電荷とみなしてよい．異なる符号の電荷を持つから AB 間には**引力**がはたらく．$r = 30\mathrm{cm} = 0.30\mathrm{m}$ としてクーロンの法則を適用すると，力の大きさは**

$$F = k\frac{|Q_\mathrm{A}||Q_\mathrm{B}|}{r^2} = 9 \times 10^9 \times \frac{2 \times 10^{-6} \times 8 \times 10^{-6}}{0.3^2} = \mathbf{1.6N}$$

(2) 金属球が接触すると電荷の移動が起こるが，2 球の電荷の和 (-6.0×10^{-6}C) は保存される．離すときには，その電荷が等配分される．その結果，AB 間には**反発力**がはたらき，その力の大きさは

$$F = k\frac{|Q'_\mathrm{A}||Q'_\mathrm{B}|}{r^2} = 9 \times 10^9 \times \frac{3 \times 10^{-6} \times 3 \times 10^{-6}}{0.3^2} = \mathbf{0.90N}$$

■

** 単位を MKS に統一する．10 の何乗を含む計算に慣れること．

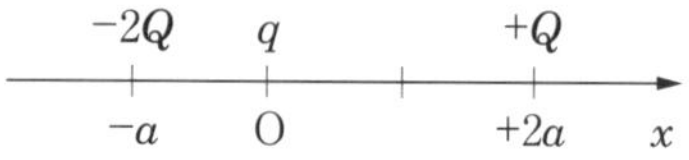

図 1.7

問題 1.1（クーロンの法則）　図 1.7 に示すように，x 軸上 $x = +2a$ の位置に点電荷 $+Q$ (> 0)，$x = -a$ の位置に点電荷 $-2Q$ が置かれている．原点 O に点電荷 q (> 0) を置くとき，q はどの向きにどれだけの大きさの力を受けるか．クーロンの法則の比例定数を k とする．

§ 1.4　クーロンの法則（その 2）

■**ベクトル**　大きさと向きをもつ物理量をベクトルという．ベクトルは

(1) ベクトル $\boldsymbol{a}$ を k 倍したベクトル $k\boldsymbol{a}$ は，$k > 0$ ならば同じ向きで $k < 0$ ならば反対向き（図 1.8(a)）

(2) ベクトル $\boldsymbol{a}$ とベクトル $\boldsymbol{b}$ の合成ベクトル $\boldsymbol{a}+\boldsymbol{b}$ は，$\boldsymbol{a}$ と $\boldsymbol{b}$ を 2 辺とする平行四辺形の対角線の矢印で表される（図 (b)）

などの性質を持つ．クーロン力もベクトル量だから，その合成と分解もベクトルの演法に従う．

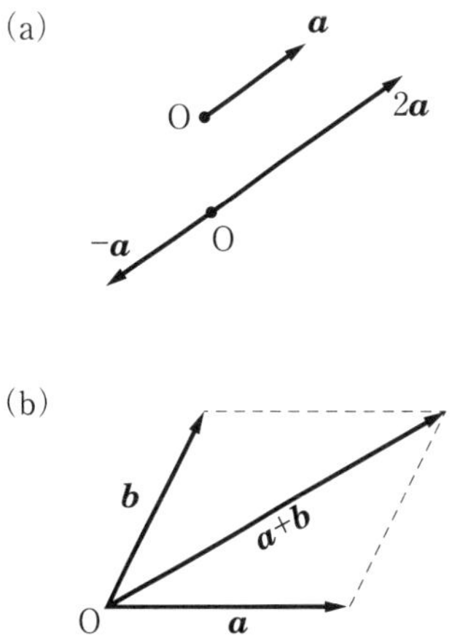

図 1.8

例題 1.2（正三角形の頂点におかれた点電荷）　図 1.9(a) に示すように，1 辺の長さ a の正三角形 ABC の頂点に，それぞれ $+Q$，$+Q$，$-Q$ の点電荷をおいた．点 A におかれた電荷 $+Q$ にはたらく静電気力の向きと大きさを求めよ．$Q > 0$ で，クーロンの法則の比例定数を k とする．

（解） AB 間にはたらくクーロン力は反発力で，AC 間は引力である．図 (b) に示すように，その力の大きさは等しく

$$F_1 = k\frac{Q^2}{a^2}$$

で，互いに 120° の角度をなしている．点 A の電荷 $+Q$ にはたらく力の合力は **B→C の向き**で，その大きさは

$$F = 2F_1 \cos 60° = F_1 = \boldsymbol{k\frac{Q^2}{a^2}}$$

■

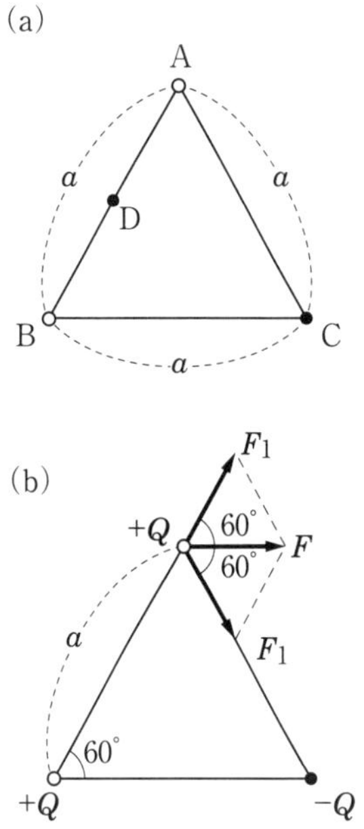

図 1.9

問題 1.2（正三角形の頂点におかれた点電荷）　例題 1.2 で，AB の中点を D とする．

(1) 点 B に置かれた点電荷 $+Q$ にはたらく静電気力の向きと大きさを求めよ．

(2) 点 C に置かれた点電荷 $-Q$ にはたらく静電気力の向きと大きさを求めよ．

(3) 点 D に点電荷 q を置き，点 C に置かれた電荷にはたらく静電気力の合力を 0 にしたい．q の値をどのようにとればよいか．

まとめ（1．電荷—クーロンの法則—）

整理・確認問題

次の [　　] には適当な言葉または数字を入れよ．(a,b) は，適当と思われるものを a, b の中から選択せよ．

問題 1.3　原子は [①] とそれを中心にしてまわっている負電荷を持つ [②] とから構成されている．原子核は正の電荷を持つ [③] と電気的に中性な中性子からできている．陽子や電子のもつ電荷は電気量の最小単位で，その絶対値 e は [④] とよばれる．陽子の電荷は $+e$ で，電子の電荷は $-e$ である．原子番号 8 の酸素（元素記号 O）の原子核は 8 個の [⑤] を含むので $+8e$ の電荷をもち，その核をまわる軌道に [⑥] 個の電子が存在すると中性 O 原子となる．中性 O 原子が 2 個の電子を（⑦：a 失う，b 得る）と -2 価の負イオン O^{2-} になる．

問題 1.4　金属などの電気を伝えやすい物質を [①] という．金属が電気を伝えやすいのは，その中を自由に動きまわる [②] が存在するからである．一方，電子が各イオンに束縛されて動けない物質は電気を伝えにくいので，[③] または [④] と呼ばれる．

問題 1.5　1.0C の 2 つの点電荷を 1.0m 離して置いたときはたらく静電気力の大きさは 9.0×10^9 N である．$+9.0 \times 10^{-6}$ C の電荷を持つ小球 A と -3.0×10^{-6} C の電荷を持つ小球 B とを 3.0 m 離して置いたときにはたらく静電気力は（①：a 引力，b 反発力）でその大きさは [②] N である．

問題 1.6　点電荷 A より 10cm のところに $+2.0 \times 10^{-6}$C の点電荷 B があり，B は A の向きに 90N の力を受けている *．このとき A の電荷は [　　] C である．ただし，クーロンの比例定数を $k = 9.0 \times 10^9 \mathrm{N{\cdot}m^2/C^2}$ とする．

* クーロンの法則 (1.3) 式は覚えておくこと．ただし比例定数 k の数値は記憶する必要はない．(覚えるときはキューのキュー乗と覚える．)

問題 1.7　ある点にはたらく力の x 成分が 24N，y 成分が 18N であるとき，この力 $\boldsymbol{F}$ の大きさは [①] N である．また $\boldsymbol{F}$ が x の正方向となす角を θ とすると，$\tan\theta$ は [②] である．

基本問題

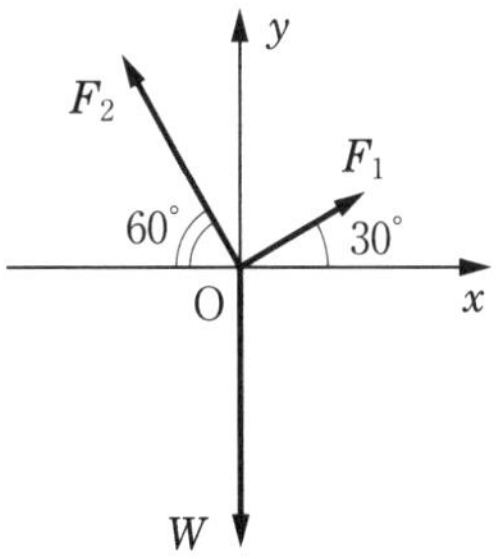

図 1.10

問題 1.8（3 力のつりあい）　図 1.10 のような角度をなして x, y 平面上の原点 O にはたらく 3 つの力 $\boldsymbol{F_1}, \boldsymbol{F_2}, \boldsymbol{W}$ がつりあっている．

(1) この力の x 成分，y 成分を示す下表の①〜⑤の空欄を埋めよ．ただし，F_1 と F_2 と W を用い，三角関数は sin30° などのままでよい．

力	大きさ	x 成分	y 成分
$\boldsymbol{F_1}$	F_1	①	②
$\boldsymbol{F_2}$	F_2	③	④
$\boldsymbol{W}$	W	0	⑤

(2)「力の x 成分の和 = 0」の式を書け．ただし，三角関数の値は $\sqrt{3}/2$ などの値に直せ（無理数のままでよい）．

(3) 同様に「力の y 成分の和 = 0」の式を書け．

(4) W が既に分かっているものとして，F_1 と F_2 を W を用いて表せ．

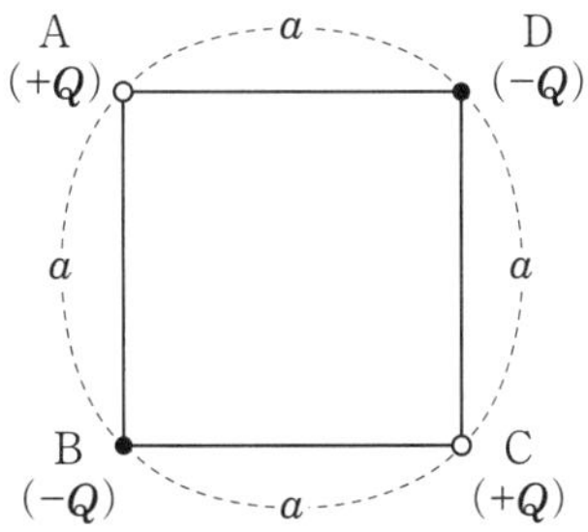

図 1.11

問題 1.9（正方形の頂点におかれた点電荷）　図 1.11 に示すように長さ a の正方形 ABCD の頂点に，$+Q, -Q, +Q, -Q$ の点電荷が置かれている．点 C に置かれた点電荷 $+Q\ (>0)$ が受ける力の大きさと向きを求めよ．クーロンの比例定数を k とする．

コーヒーブレイク

静電気学の開拓者クーロン

クーロンは，フランスの土木工学者・電気学者である．初め工兵学校で学び陸軍技師となったが，その後病気のため退職し，パリ大学にあって研究に従事した．1777 年に精密なねじればかりを作り，それを用いて 1785 年に磁気力に関するクーロンの法則を，1787 年に静電気力に関するクーロンの法則を見出した．クーロンは，それまでもっぱら定性的だった電磁気学の研究を数量的に表すための基礎を作ったともいえる．フランス大革命（1789 年）がおきる少し前のことである．また，摩擦に関する実験を繰り返し，1779 年には摩擦の法則を発見している．

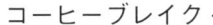

図 1.12　クーロン（1736〜1806，フランス）

2 電界—ガウスの法則—

電界は各場所ごとに定まるベクトル量で，電荷がその場所に存在するときに受ける静電気力を決定づける．電界の様子は電気力線で表現される，ここでは特に，ガウスの法則を使って，対称性のよい場合の電界を調べてみよう，

§ 2.1 電 界

■電界 図 2.1 に示すように，帯電体 A から離れていても，A の近くに置かれた電荷 q には，静電気力がはたらく．これは，帯電体の周囲の空間が他の電荷に静電気力を及ぼすような特別な性質をもつようになり，その空間を媒介にして力が伝えられるためであると考えられる．このとき，帯電体によって**電界**（または**電場**）が生じているという．静電気力 F [N] は電荷 q [C] に比例するので

$$\boldsymbol{F} = q\boldsymbol{E} \tag{2.1}$$

と表される*．**電界** $\boldsymbol{E}$ はベクトル量で，その大きさの単位は N/C である．

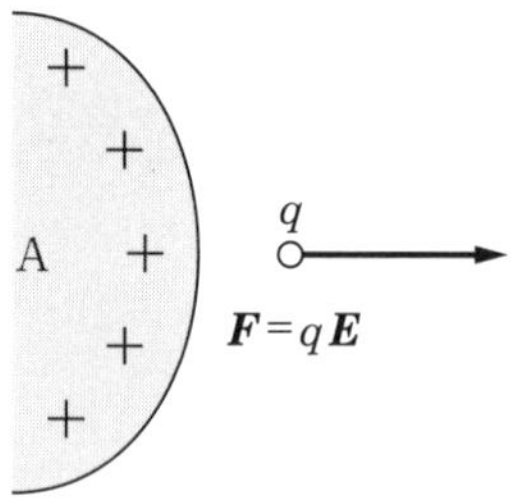

図 2.1 電界中で電荷 q が受ける力 F

* 電界のようすを調べるには，$q = 1$ C の**試験電荷**を空間のいろいろな点に置いて，それが受ける力を調べればよい．

■電気力線 電界の中の各点で電界ベクトルを描くと，それらのベクトルが接線となるような曲線を描くことができる．この曲線を**電気力線**という．このとき，電気力線の向きを電界の向きに定める．図 2.2 に電気力線の例を示す．電気力線は次の性質を持っている．

(1) 電気力線は正の電荷（または無限遠）に始まり負の電荷（または無限遠）に終わる．いわば正電荷は電気力線の湧き出し口，負電荷は電気力線の吸い込み口となっている．

(2) 1 本の電気力線は 2 本に枝分かれしない，2 本の電気力線は交差しない**．

(3) 電気力線が密集している場所ほど電界が強い．

** それは空間の各点で電界が 1 つに定まっているからである（電界の一価性）．

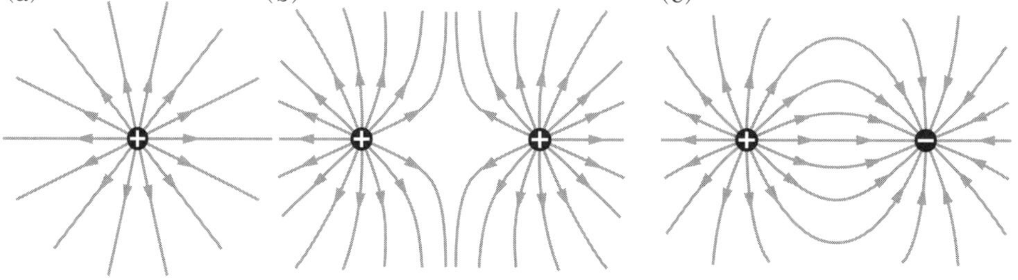

図 2.2 電気力線

§ 2.2　ガウスの法則

■電気力線の数　電界の方向に垂直な断面を考え，その面を貫く単位面積あたりの電気力線の数を電気力線の密度という．電気力線によって電界の強さを表すために，「電界の強さが E [N/C] のところには，電気力線の密度が 1m^2 あたり E 本になるように引く」と約束する．こう定めると，図 2.3 に示すように，断面積 S [m^2] を貫く電気力線の総数は

$$N = E \times S \quad （電気力線の総数\ N = 電気力線の密度\ E \times 面積\ S） \tag{2.2}$$

で与えられる．

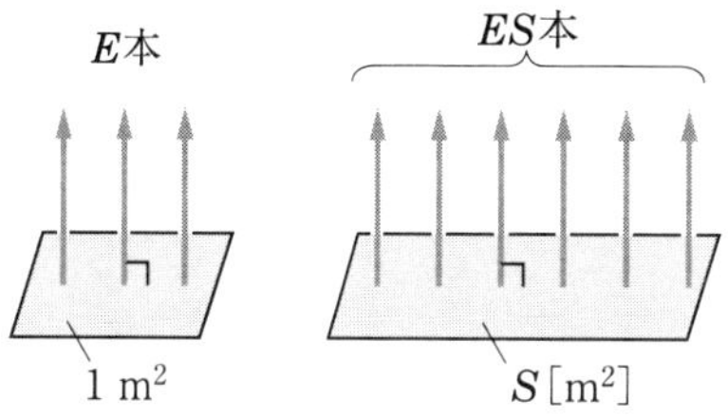

図 2.3　電気力線の密度 E と総数 N

■点電荷のつくる電界　点電荷 Q[C] から距離 r [m] の場所に+1C の試験電荷を置くと $k\dfrac{Q}{r^2}$ [N] のクーロン力がはたらくから，その場所の電界の強さ E [N/C] は

$$E = k\frac{Q}{r^2} \tag{2.3}$$

である．

■点電荷の電気力線　$Q > 0$ ならば，図 2.4 に示すように，電気力線は点電荷 Q から放射状に広がる．点電荷を中心とする半径 r の球面を考えると，電気力線は球面を垂直に貫く．E はその場所での電気力線の密度でもある．球面の面積は $S = 4\pi r^2$ [m^2] で電気力線は球面を単位面積 (1m^2) あたり $E = k\dfrac{Q}{r^2}$ 本貫くから，球面全体を貫いて出て行く電気力線の総数 N は

$$N = E \times S = k\frac{Q}{r^2} \times 4\pi r^2 = 4\pi kQ \tag{2.4}$$

本となり，半径 r に無関係である．逆に負の電荷 $Q < 0$ の場合には，$4\pi k|Q|$ 本の電気力線が球面を貫いて入ってくる．このように，球面を通過する電気力線の数は，球面をどのようにとっても，$4\pi k|Q|$ 本である．

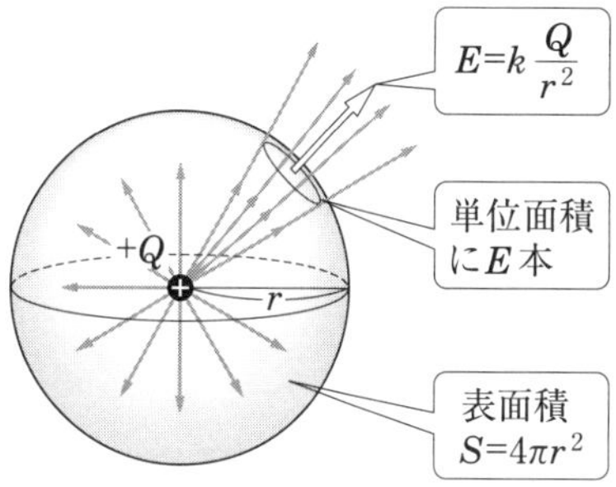

図 2.4　正電荷 Q から出る電気力線の数の計算

■ガウスの法則　電気力線は，正電荷で発生し，負電荷で消滅する．途中の電荷のないところで発生・消滅することはない．一般に電界の中に任意の閉曲面 S を考え，その曲面を貫く電気力線を数えるとき，出て行く電気力線の数を正，入ってくる電気力線の数を負として数えることにする*．すると点電荷 Q の場合にはどのように閉曲面 S を仮定しても

（閉曲面 $\boldsymbol{S}$ を貫く電気力線の数 $\boldsymbol{N}$）
＝（閉曲面内部の全電気量 $\boldsymbol{Q}$）$\times 4\pi k$

となっている．この関係式は，点電荷に限らず一般的に成り立ち，**ガウスの法則**とよばれる．

* このような数え方をすると，単に突き抜けるだけの電気力線は，総和の中で相殺される．

§ 2.3　ガウスの法則の適用（その1）

* 空気の誘電率も ε_0 とほとんど同じ値をとる．

** 閉曲面は任意にとれるのだから，ガウスの法則の適用にあたっては，電気力線に垂直または平行になるように閉曲面を設定すること．面を貫く電気力線の数は，垂直な場合には (2.2) 式で計算でき，平行な場合には 0 になる．

*** 平板の単位面積あたりの電荷を**電荷面密度**という．

■ガウスの法則の一般的表現　一般に**真空の誘電率***ε_0 を

$$\varepsilon_0 \equiv \frac{1}{4\pi k} \tag{2.5}$$

で定義すれば，ガウスの法則は

$$\int_S E_n dS = \frac{Q}{\varepsilon_0} \tag{2.6}$$

と表現される．(2.6) 式の左辺（**面積分**）は電気力線の総数を数えるための計算で，E_n は曲面 S に垂直な電界の成分を意味する．Q は閉曲面内に含まれる電荷量である．ガウスの法則は電気力線が対称性をもつ場合に非常に有効である**．

例題 2.1（**一様に帯電した平板のつくる電界**）　図 2.5(a) に示したように，無限に広い平板が，一様な電荷面密度 σ (>0) で帯電している***．平板の周囲の電界を求めよ．

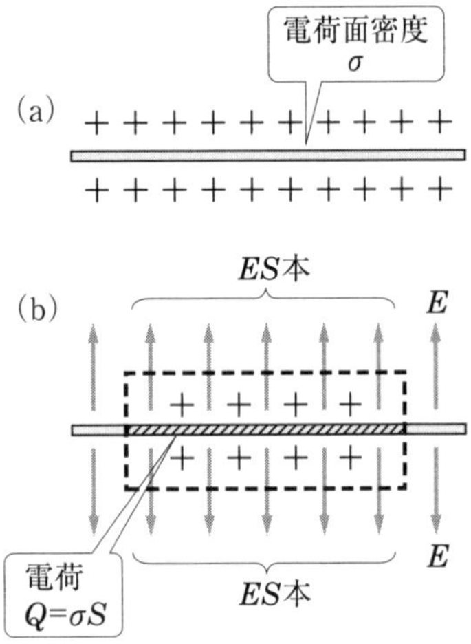

図 2.5

（解）　対称性から，電気力線は平板に垂直で，互いに平行である．$\sigma > 0$ だから電気力線は平板から湧き出している．図 (b) のように，平板の両側にまたがる底面積 S の筒状の閉曲面を考えると，その閉曲面内部には $Q = \sigma S$ の電荷が含まれる．側面を通過する電気力線はない．平板の上下の電界の強さを E とすると，上下 2 つの面から出る電気力線の数は $N = 2 \times ES$ である．ガウスの法則を適用すると，

$$2ES = \frac{\sigma S}{\varepsilon_0} \qquad \therefore E = \frac{\boldsymbol{\sigma}}{\boldsymbol{2\varepsilon_0}}$$

■

例題 2.2（**正負に帯電した 2 枚の平行平面板**）　図 2.6(a) に示したように，無限に広い平板が 2 枚平行に置いてあり，一様な電荷面密度 $\pm\sigma$ で帯電している $(\sigma > 0)$．平板の周囲の電界を求めよ．

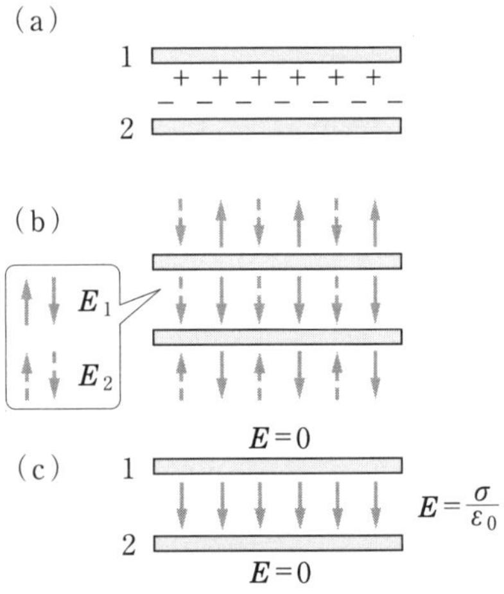

図 2.6

（解）　電荷面密度 $\pm\sigma$ に帯電している平板がつくる電界を図 (b) のように $\boldsymbol{E_1}$，$\boldsymbol{E_2}$ をとると，その大きさは等しく $E_1 = E_2 = \dfrac{\sigma}{2\varepsilon_0}$ である．全体の電界は $\boldsymbol{E} = \boldsymbol{E_1} + \boldsymbol{E_2}$ なので，向きを考慮して加算すると，図 (c) のように

両板の内側での電界の大きさ $E = E_1 + E_2 = \dfrac{\boldsymbol{\sigma}}{\boldsymbol{\varepsilon_0}}$

両板の外側での電界の大きさ $E = E_1 - E_2 = \mathbf{0}$　■

§ 2.4 ガウスの法則の適用（その 2）

■電荷が球対称の場合 一般に電荷が球対称の場合は，電気力線は放射状であり，電界も球対称となる*.

* 半径 r の
球の体積：$V=\dfrac{4}{3}\pi r^3$
球の面積：$S=4\pi r^2$

> **例題 2.3**（表面に一様に帯電した球のつくる電界） 図 2.7(a) に示したように，半径 R の球の表面に電荷 Q が一様に分布しているとき，球内外の電界を求めよ．

（解） 電気力線は（したがって電界も）球対称である．中心 O からの距離 r を半径とする球を閉曲面にとると，$r>R$ ならば閉曲面内部の電荷はつねに Q，$r<R$ ならば閉曲面内部の電荷はつねに 0 となっている．電界のあるところでは，電界の向きは $Q>0$ ならば外側向き，$Q<0$ ならば中心 O 向きである．ガウスの法則を適用して，

球の外部（$r>R$）で $4\pi r^2E=\dfrac{Q}{\varepsilon_0}$　　$\therefore\ \boldsymbol{E=\dfrac{Q}{4\pi\varepsilon_0 r^2}}$

球の内部（$r<R$）で $4\pi r^2E=0$　　$\therefore\ \boldsymbol{E=0}$

図 (b) に，$Q>0$ の場合の電界の強さ E を r の関数として示す．■

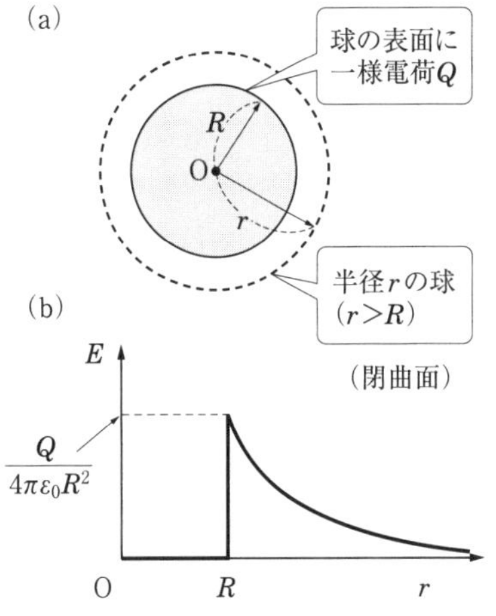

図 2.7

> **例題 2.4**（内部に一様に帯電した球のつくる電界） 図 2.8(a) に示すように，電荷 Q が半径 R の球の内部に一様に分布しているとき，球内外の電界を求めよ．

（解） 電気力線は放射状で，電界は球対称だから，中心 O からの距離 r を半径とする球を閉曲面にとる．

- $r>R$ ならば閉曲面内部の電荷はつねに Q である．
- 球の体積 $V=\frac{4\pi}{3}R^3$ の中に電荷 Q が一様に分布しているのだから半径 R の球内での電荷密度は $\rho=\dfrac{Q}{V}=\dfrac{3Q}{4\pi R^3}$ である**．したがって，$r<R$ ならば閉曲面（体積 $\frac{4}{3}\pi r^3$）内部の電荷は $q=\rho\times\left(\dfrac{4}{3}\pi r^3\right)=Q\left(\dfrac{r}{R}\right)^3$ である．

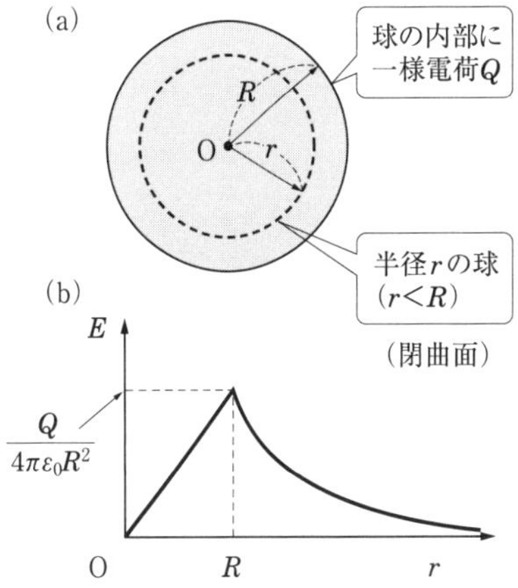

図 2.8

** 単位体積あたりの電荷を電荷密度という．

電界のあるところでは，電界の向きは $Q>0$ ならば外側向き，$Q<0$ ならば中心 O 向きである．ガウスの法則を適用すると，

- 球の外部（$r>R$）で $4\pi r^2E=\dfrac{Q}{\varepsilon_0}$　　$\therefore\ \boldsymbol{E=\dfrac{Q}{4\pi\varepsilon_0 r^2}}$
- 球の内部（$r<R$）で $4\pi r^2E=\dfrac{q}{\varepsilon_0}=\dfrac{Q}{\varepsilon_0}\left(\dfrac{r}{R}\right)^3$

$$\therefore\ \boldsymbol{E=\frac{rQ}{4\pi\varepsilon_0 R^3}}$$

図 (b) に，$Q>0$ の場合の電界の強さ E を r の関数として示す．■

まとめ（2. 電界—ガウスの法則—）

整理・確認問題

次の ☐ には適当な言葉または数字を入れよ．(a,b) は，適当と思われるものを a, b の中から選択せよ．

問題 2.1

(1) 半径 r の円の円周の長さは $l =$ ［①］，面積は $S =$ ［②］ で，$l = \dfrac{dS}{dr}$ の関係がある．

(2) 半径 r の球の表面積は $S =$ ［③］，体積は $V =$ ［④］ で，$S = \dfrac{dV}{dr}$ の関係がある．

(3) 半径 r，高さ l の円筒の表面積は ［⑤］，体積は ［⑥］ である．

問題 2.2 電界 E の中で，電荷 q の受ける電気力を F とすると，［①］ の関係が成り立つ．このとき，F の向きは $q > 0$ ならば E と（②：a 同じ，b 反対）向きで，$q < 0$ ならば E と（③：a 同じ，b 反対）向きである．力の単位を ［④］，電荷の単位を ［⑤］ とすると，電界の単位は ［⑥］ である．

問題 2.3 誘電率 ε_0 を使えば，距離 r だけ離れた電荷 q_1 と q_2 との間の静電気力の大きさ（クーロンの法則）は $F =$ ☐ と表される．

問題 2.4 電界の強さが E [N/C] の場所では電界に垂直な面を $1\mathrm{m}^2$ あたり ［①］ 本の電気力線が貫いている．もし電界が球対称で外向きで，中心Oから距離 r [m] の場所での強さが E [N/C] だとすれば，球面全体からは総数 ［②］ 本の電気力線が出ている．一方，点電荷 Q [C] からでる電気力線は放射状で $(Q > 0)$，誘電率 ε_0 $[\mathrm{C}^2/\mathrm{N}\cdot\mathrm{m}^2]$ を使えば，総数は ［③］ 本である．点電荷 Q のつくる電界の強さ E は，②と③で求めた電気力線の総数が等しい，として求められ $E =$ ［④］ である．

問題 2.5 平面上に単位面積あたり σ (> 0) の電荷が一様に分布している．このとき，電界は面に垂直に出ていて，その電界の強さは ☐ である．ただし，誘電率を ε_0 とする．

基本問題

問題 2.6（直線状の電荷のつくる電界）　図 2.9(a) のように，単位長さあたり λ の電荷が直線状に分布しているとき，直線から距離 r の位置での電界の強さ E を求めたい．電界の向きは直線から放射状にでているので，図 2.9(b) のように半径 r，長さ l の円筒形の閉曲面を取って，ガウスの法則を適用する．このとき，

(1) 円筒の側面を貫く電気力線の総数はいくらか．

(2) 円筒内の電荷量はいくらか．また，その電荷から出る電気力線の総数はいくらか．

(3) (1) と (2) で求めた電気力線の総数を等しいと置いて，電界の強さ E を r と λ で表せ．

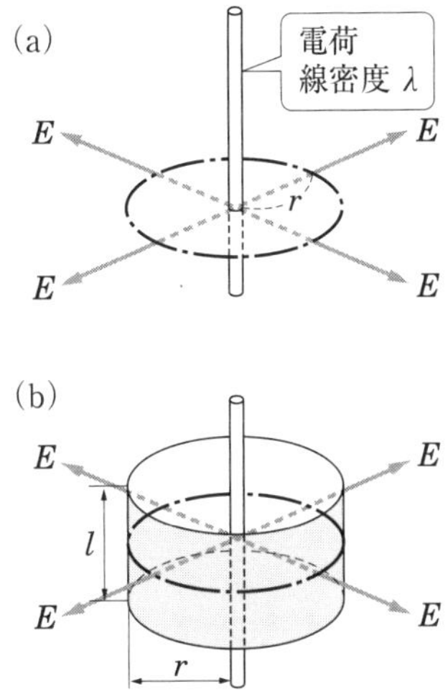

図 2.9

コーヒーブレイク

お札になったガウス

ガウス (1777～1855) は貧しい労働者の子として生まれた．幼い頃から神童ぶりを発揮し，その才能を喜んだ母は，父親の反対を押し切ってガウスに学問をさせた．電磁気学のガウスの法則の他に，特に数学できわめて多くの業績をあげている．数学界の頂点に立った後も老いた母とともに暮らし，晩年動けなくなった母を自ら看護したと伝えられる．そんなガウスを誇りに思ったドイツ国民は，彼をお札に描いて敬意を表した．お札の表面には，彼の肖像と統計のガウス分布が描かれ，裏面には彼の測地上の貢献をたたえて測量機器と地図が描かれている．2002年ヨーロッパ諸国でユーロが発行されるまで，このお札（10 マルク札）はドイツ国内で広く使われた．

図 2.10

3 電　位

電界と電位の関係は，斜面上で物体が受ける力と位置エネルギーの関係に似ている．等電位線を等高線に見立てれば，電位差は位置エネルギーの差に対応し，電荷が電界から受ける力は斜面上で物体が受ける力に対応している．ただし，電荷に正負がある分だけ面倒になっている．

§ 3.1　仕事とエネルギー（力学の復習）

■仕事の概念（力が一定の場合）　図 3.1 に示すように，一定の力 F [N] がはたらいて，物体が力の方向に距離 d [m] だけ移動するとき，力のする仕事 W は

$$W = Fd \qquad (\text{仕事 } W = \text{力 } F \times \text{距離 } d) \tag{3.1}$$

である．仕事の単位は J（ジュール）で，1J=1N·m である．

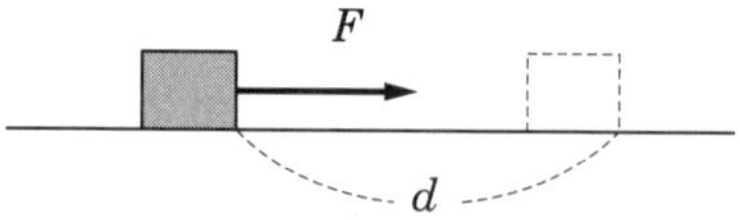

図 3.1　仕事の概念
$W = Fd$

■仕事（一般の場合）　図 3.2 に示すように，一般に力 $\boldsymbol{F}$ がはたらいて，物体が始点 A から終点 B まで移動するとき，力 $\boldsymbol{F}$ のする仕事 W_{AB} は

$$W_{\mathrm{AB}} = \int_{\mathrm{A}}^{\mathrm{B}} F\cos\theta dr = \int_{\mathrm{A}}^{\mathrm{B}} \boldsymbol{F}\cdot d\boldsymbol{r} \tag{3.2}$$

である．ただし $\cos\theta$ は経路上で力 $\boldsymbol{F}$ と進路 $d\boldsymbol{r}$ のなす角 θ の余弦で，積分区間を示す A，B は始点と終点の位置 $\boldsymbol{r}_{\mathrm{A}}$ と $\boldsymbol{r}_{\mathrm{B}}$ を表す．

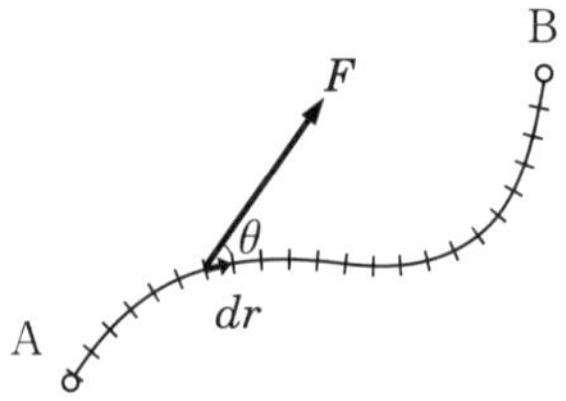

図 3.2　仕事の定義（一般）
$W_{\mathrm{AB}} = \int_{\mathrm{A}}^{\mathrm{B}} \boldsymbol{F}\cdot d\boldsymbol{r}$

■エネルギーの原理　運動方程式 $m\boldsymbol{a} = \boldsymbol{F}$ を移動経路に沿って積分すると（図 3.3）

$$\frac{1}{2}mv_{\mathrm{B}}^2 - \frac{1}{2}mv_{\mathrm{A}}^2 = W_{\mathrm{AB}} \tag{3.3}$$

<u>(運動エネルギーの変化高) = (外力が物体にした仕事)</u>

を得る．これを**エネルギーの原理**という．

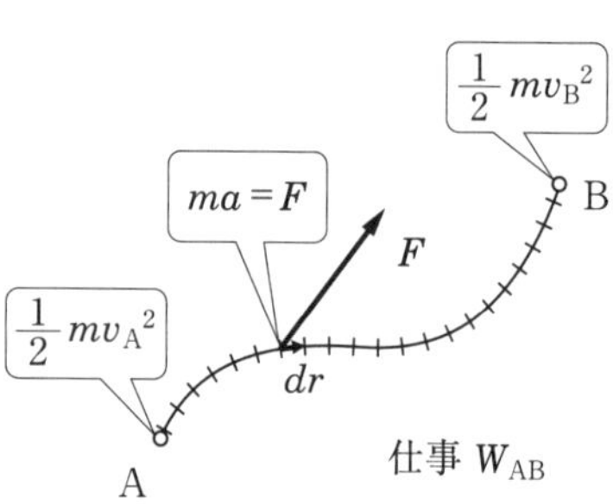

図 3.3　運動エネルギーと仕事の関係

■力学的エネルギー保存の法則　力が保存力ならば**位置エネルギー** $U(\boldsymbol{r})$ が定義できる．このとき，力のした仕事は*

$$W_{\mathrm{AB}} = U(\boldsymbol{r}_{\mathrm{A}}) - U(\boldsymbol{r}_{\mathrm{B}}) \tag{3.4}$$

と表せる．エネルギーの原理の (3.3) 式と組み合わせて，次の**力学的エネルギー保存の法則**を得る．

$$\frac{1}{2}mv_{\mathrm{A}}^2 + U(\boldsymbol{r}_{\mathrm{A}}) = \frac{1}{2}mv_{\mathrm{B}}^2 + U(\boldsymbol{r}_{\mathrm{B}}) \tag{3.5}$$

<u>(運動エネルギー＋位置エネルギー) ＝一定</u>

* 保存力のする仕事は始点と終点の位置エネルギーの差だけで表され途中の移動経路によらない．

§ 3.2 電位と電位差（電界が一様な場合）

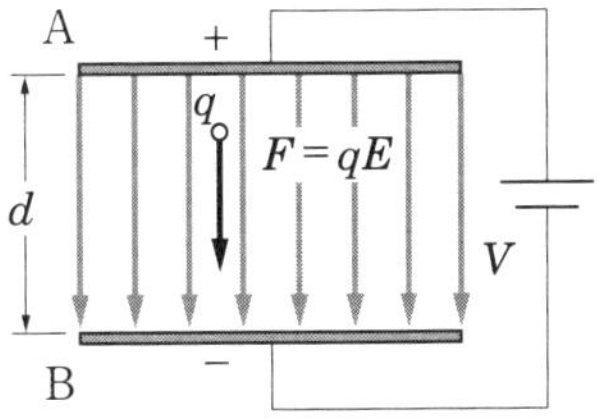

図 3.4 電界のする仕事
$W = Fd = qV$

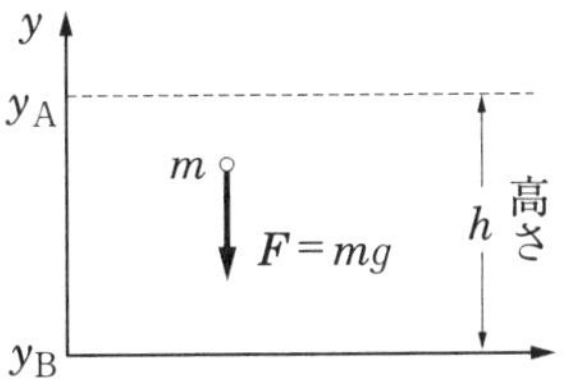

図 3.5 重力のする仕事
$W = Fh = mgh$

■一様な電界と電位差 図 3.4 に示すように，一様な電界 $\boldsymbol{E}$ [N/C] の中に置かれた点電荷 q [C] は，電気力 $\boldsymbol{F} = q\boldsymbol{E}$ [N] を受ける．したがって，電荷が電界の向きに距離 d [m] 移動するとき，電界のする仕事 W [J] は

$$W = Fd = qEd = qV \tag{3.6}$$

と表される．ここで**電位差** V（**電圧**）と電界 E は

$$V = Ed \quad \text{または} \quad E = \frac{V}{d} \tag{3.7}$$

の関係がある．電位差の単位は **V**（ボルト）である．電界の単位は V/m で表される．

図 3.5 に示した重力の位置エネルギーと対比させて理解するとよい．

> **例題 3.1**（一様な電界） 図 3.6(a) に示すように，距離 d [m] だけ離した 2 枚の平板電極 A，B 間に電圧 V [V] をかけた．電極間の電界は一様で，その中を正の荷電粒子（質量 m [kg]，電荷 q [C]，$q > 0$）が運動する．
>
> (1) 電極間 A，B 間の電位を図示せよ．
> (2) 電極 A，B 間の電界の強さはいくらか．
> (3) 荷電粒子が電界から受ける力はいくらか．また A から B まで移動する間に電界が荷電粒子にする仕事はいくらか．
> (4) 初速 0 で A を出発したとすれば，B に到達したときの荷電粒子の速さはいくらか．

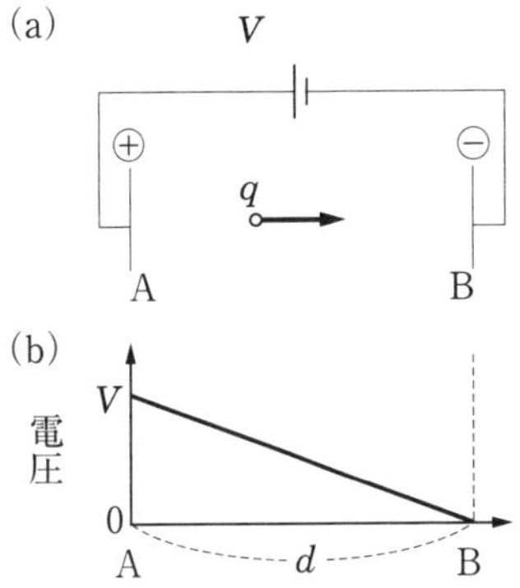

図 3.6

（解） (1) 電極間の電位の変化は図 (b) のようになる．

(2) 電界の強さ E は図 (b) の電位の傾きに対応し，$E = \boldsymbol{\dfrac{V}{d}}$ [V/m].

(3) 電界から受ける力 $F = qE = \boldsymbol{\dfrac{qV}{d}}$ [N].

電界が荷電粒子にする仕事は $W = Fd = \boldsymbol{qV}$ [J].

(4) エネルギーの原理より，

$$\frac{1}{2}mv^2 = W = qV \qquad \therefore \text{速さ } v = \sqrt{\boldsymbol{\frac{2qV}{m}}} \ \text{[m/s]}$$ ■

問題 3.1（電界中の荷電粒子） 距離 0.16m 離れた 2 点 A，B 間に一様な電界があり，その電位の様子は図 3.7 に示されている．いま質量 6.4×10^{-27}kg，電荷 3.2×10^{-19}C の陽イオン (Be^{2+}) が初速度 0 で点 A を離れた．このとき，

(1) 電界の強さと向きを求めよ．
(2) 電界中にある陽イオンはどの向きに何 N の力を受けるか．
(3) 点 B に達したときの陽イオンの速さは何 m/s か．

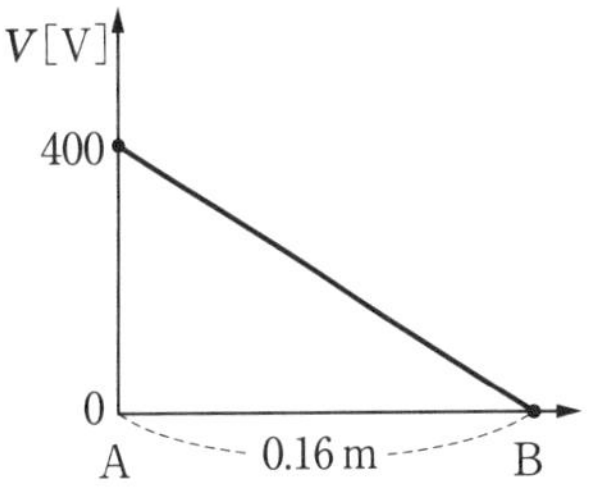

図 3.7

§ 3.3　電位と電位差（一般の場合）

■電界のする仕事　電荷 q が電界 $\boldsymbol{E}$ の中で受ける力 $\boldsymbol{F}$ は

$$\boldsymbol{F} = q\boldsymbol{E} \tag{3.8}$$

である．電界から受ける力は保存力なので，電荷 q が点 A から B までへと移動する間に電界のする仕事は，その経路に関係なく

$$W_{\mathrm{AB}} = \int_{\mathrm{A}}^{\mathrm{B}} \boldsymbol{F}\cdot d\boldsymbol{r} = q\int_{\mathrm{A}}^{\mathrm{B}} \boldsymbol{E}\cdot d\boldsymbol{r} = q\,[V(\boldsymbol{r}_{\mathrm{A}}) - V(\boldsymbol{r}_{\mathrm{B}})] \tag{3.9}$$

と，2 点間の電位差で表される．電荷 q の位置エネルギー $U(\boldsymbol{r})$ と電位 $V(\boldsymbol{r})$ との間には

$$U(\boldsymbol{r}) = qV(\boldsymbol{r}) \tag{3.10}$$

の関係がある．一般に $V(\boldsymbol{r})$ は $\boldsymbol{r}$ に関して連続である．

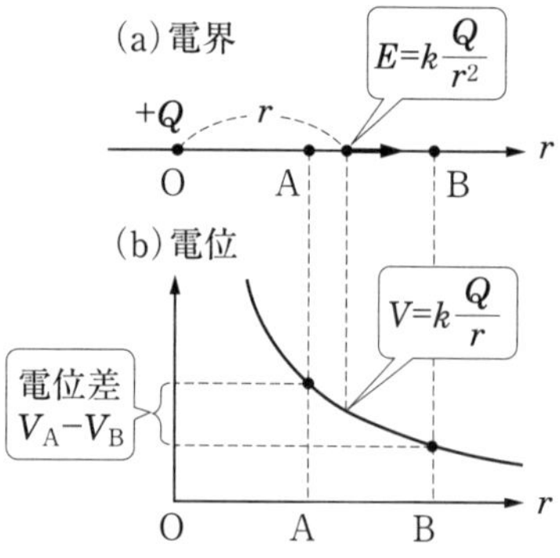

図 3.8　点電荷による (a) 電界と (b) 電位

■点電荷による電位　点電荷 Q がそのまわりにつくる電界は球対称で，距離 r だけ離れた場所での強さは，図 3.8(a) に示すように，

$$E = k\frac{Q}{r^2} \tag{3.11}$$

である．位置 $\boldsymbol{r}_{\mathrm{A}}$ と $\boldsymbol{r}_{\mathrm{B}}$ の 2 点 A, B 間の電位差 V_{AB} は図 3.8(b) から

$$\begin{aligned} V_{\mathrm{AB}} &\equiv V(\boldsymbol{r}_{\mathrm{A}}) - V(\boldsymbol{r}_{\mathrm{B}}) = \int_{\mathrm{A}}^{\mathrm{B}} \boldsymbol{E}\cdot d\boldsymbol{r} \\ &= k\int_{\mathrm{A}}^{\mathrm{B}} \frac{Q}{r^2}dr = \left[-k\frac{Q}{r}\right]_{\mathrm{A}}^{\mathrm{B}} = kQ\left(\frac{1}{r_{\mathrm{A}}} - \frac{1}{r_{\mathrm{B}}}\right) \end{aligned} \tag{3.12}$$

と計算される．そこで電位エネルギーの基準点を無限遠方にとり，

$$\text{点電荷 } Q \text{ による電位 } V(r) = k\frac{Q}{r} \tag{3.13}$$

とする．このとき，

$$\text{電界 } E(r) \text{ と電位 } V(r) \text{ の間の関係：}\quad E = -\frac{dV}{dr} \tag{3.14}$$

が成立つ．この関係は（点電荷に限らず）一般に拡張することができる．

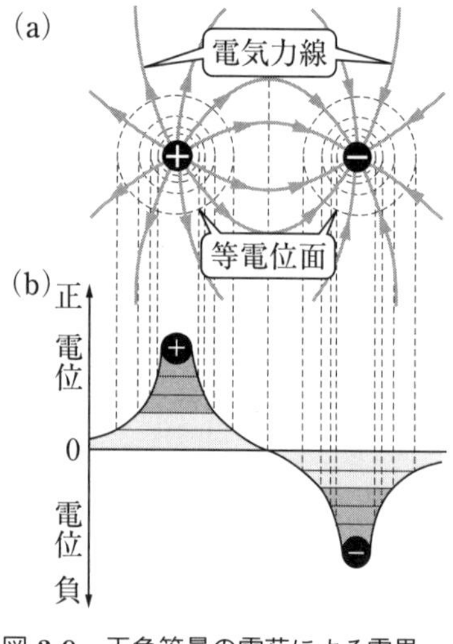

図 3.9　正負等量の電荷による電界と電位

■等電位面　電位の等しい点を連ねてできる面を**等電位面**という．図 3.9(a) に正負等量の電荷のつくる電界と等電位面の様子を示す．一定の電位差ごとに等電位面をかくと，間隔が狭いところほど電界が強い．また図 3.9(b) では電位を表す曲線の傾斜が急なところほど電界が強い．一般に <u>等電位面は電気力線に垂直である</u>．

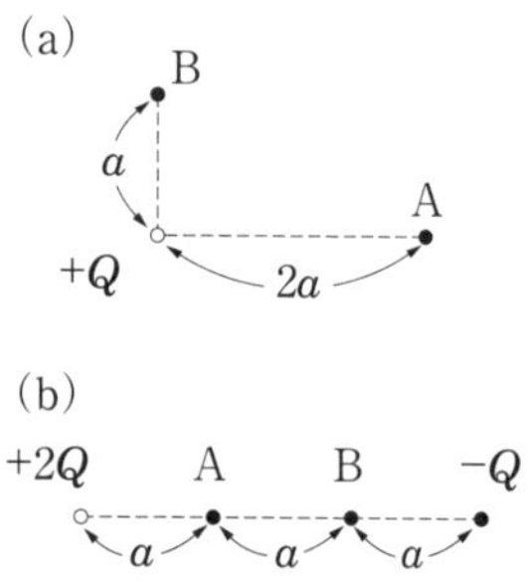

図 3.10

問題 3.2（点電荷による電位）　図 3.10(a) では電荷 $+Q$ が，図 (b) では電荷 $+2Q$ と $-Q$ が，それぞれ図に示したように置かれている（a は距離）．クーロンの法則の比例定数を k として，2 点 A，B 間の電位差 $V_{\mathrm{A}} - V_{\mathrm{B}}$ をそれぞれ求めよ．

例題 3.2（等電位線と電界）　広い導体平面の前に正の電荷 Q を対置させたら，等電位線は図 3.11(a) に示すようになった．等電位線は導体平面を 0V として 50V ごとに描いている．

(1) 電気力線の概略を（フリーハンドで）図中に描け．

(2) 点 A と点 B ではどちらが電位が高いか．またどちらが電界が強いか．

(3) 荷電粒子（電荷 $+1.6\times10^{-19}$C，質量 1.6×10^{-27}kg；陽子）を点 A から静かに放すと，導体表面に到達した．この間に電界が粒子にした仕事はいくらか．

(4) (3) で導体表面に到達したときの荷電粒子の速さはいくらか．

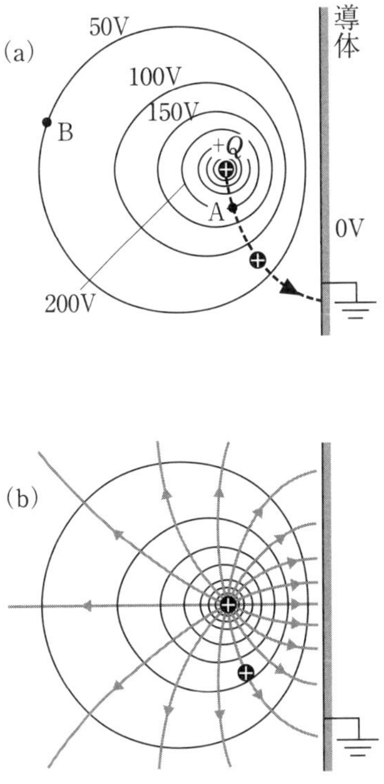

図 3.11

（解）(1) **図 (b)**．電気力線は等電位線に垂直に高 → 低電位へ．

(2) **A の方が高電位**．等電位線が密だから**A の方が電界が強い**．

(3) 図より $V_A = 200$V だから電界が荷電粒子にする仕事は

$W = qV_A = 1.6\times10^{-19}\times200 = \mathbf{3.2\times10^{-17}}$[J].

(4) エネルギーの原理より，$\frac{1}{2}mv^2 = W(= qV_A)$

$$\therefore \text{速さ } v = \sqrt{\frac{2W}{m}} = \sqrt{\frac{2\times3.2\times10^{-17}}{1.6\times10^{-27}}} = \mathbf{2.0\times10^5}\,[\mathrm{m/s}]$$

■

例題 3.3（内部に一様に帯電した球のまわりの電位）　半径 R の球の内部に一様に電荷 Q が分布している．真空の誘電率を ε_0 として，中心 O からの距離を r とする．

(1) 電界の強さ E を r の関数として図示せよ．

(2) 電位 V を r の関数として図示せよ．ただし，無限遠方を 0 とする．

（解）(1) 例題 2.4 を参照．• $r \geq R$ では，$E = Q/4\pi\varepsilon_0 r^2$.

• $r < R$ では，$E = Qr/4\pi\varepsilon_0 R^3$．答は図 **3.12(a)**

(2) • $r \geq R$ では，

$$V(r) = \int_r^\infty E dr = \int_r^\infty \frac{Q}{4\pi\varepsilon_0 r^2}dr = \boldsymbol{\frac{Q}{4\pi\varepsilon_0 r}}$$

• $r < R$ では，

$$V(r) = \int_r^\infty E dr = \int_r^R E dr + \int_R^\infty E dr$$

$$= \int_r^R \frac{Qr}{4\pi\varepsilon_0 R^3}dr + \frac{Q}{4\pi\varepsilon_0 R} = \boldsymbol{\frac{Q}{8\pi\varepsilon_0 R^3}(3R^2 - r^2)}$$

答は図 **3.12(b)**

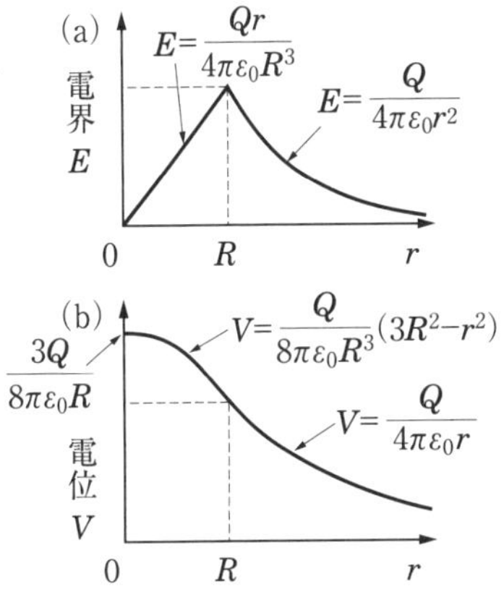

図 3.12

■

まとめ（3. 電位）

整理・確認問題

次の［　］には適当な言葉または数字を入れよ．

問題 3.3

(1) 電圧の単位を［①］，長さの単位を［②］とすると，電界の単位は［③］．

(2) 仕事の単位を［④］，電荷の単位を［⑤］，電圧の単位を［⑥］とすると，［⑦］という関係がある．

問題 3.4　原点Oに電荷 Q が置かれている．Oから距離 r だけ離れた場所での電界は $E(r) = Q/4\pi\varepsilon_0 r^2$ で，電位は $V(r) =$［①］である．$r = 2R$ の A 点と $r = 3R$ の B 点の間の電位差は $V_{\mathrm{AB}} =$［②］だから，電荷 q を A 点から B 点へ移動させるときに電界のする仕事は $W_{\mathrm{AB}} =$［③］である．

問題 3.5　距離 d だけ隔てた平行平板電極間に電圧 V をかけると，極板間にできる電界はほぼ一様で，$E =$［①］である．電子[質量 m，電荷 $-e$（ただし $e > 0$）] はこの電極間で大きさ $F =$［②］の力を受けて加速度 $a =$［③］の等加速度運動をする．電子が負の電極を速さ 0 で離れたとすると，正の電極に到達するときの速さは，$v =$［④］である．

問題 3.6　電荷 Q が半径 R の球の表面上に一様に分布している．中心 O からの距離を r として（誘電率を ε_0 とすると）

(1) $r \geq R$ のとき，半径 r 内の電荷量は $Q(r) =$［①］だから，ガウスの法則より電界は $E(r) =$［②］となる．電位も当然 r だけの関数である．$V(\infty) = 0$ とすると，

$$V(r) = \int_r^\infty E(r)dr = \text{［③］}$$

で，$r = R$ では $V(R) =$［④］である．

(2) $r \leq R$ のときは，半径 r 内の電荷量は $Q(r) =$［⑤］だから，電界は $E(r) =$［⑥］である．$r = R$ で (1) で求めた $V(R)$ と一致するように電位を決めると，

$$V(r) = \int_r^\infty E(r)dr = \int_R^\infty E(r)dr = \text{［⑦］}$$

となって球内 $r \leq R$ では等電位であることがわかる．

(3) $E(r)$ と $V(r)$ を r の関数として図示せよ．

基本問題

問題 3.7（**等電位線と電位**） 図 3.13(a) のように，2 つの導体 I と II でつくられた空間があり，導体 I は接地されている．いま I と II の間に 80V の電圧をかけたら，20V ごとの電位は図 (a) 示すようにほぼ等間隔にそろった．電子の電荷を -1.6×10^{-19} C とし，向きは図 (b) に示す向きを使って答えよ．

(1) 点 A，B，C，D のうち，電界が一番強いのはどこか．

(2) 点 B での電界の向きはどの向きか．

(3) 点 A に置かれた電子が電界から受ける力の大きさと向きを求めよ．

(4) 電子を点 A から点 D へと移動させるとき必要な仕事はいくらか．

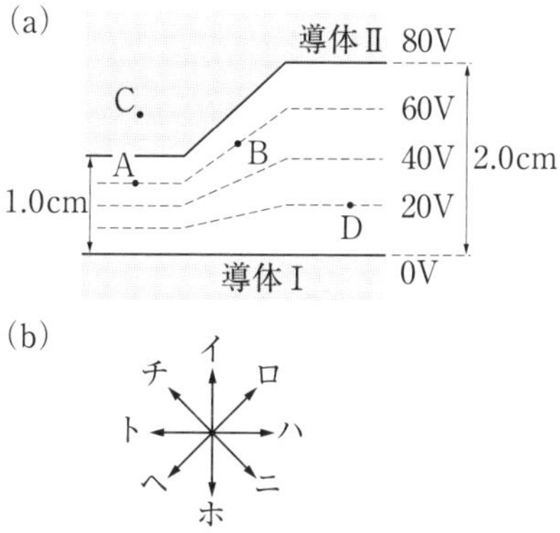

図 3.13

問題 3.8（**直線状の電荷のつくる電位**） 図 3.14 のように，半径 a の直線状円筒の表面に電荷が分布していて，電荷の密度がその円筒の単位長さあたり $\lambda (> 0)$ であるとする．真空の誘電率を ε_0 として，

(1) 円の中心から距離 $r\ (> a)$ の位置での電界の強さ E はいくらか．

(2) 円の中心から距離 $r\ (> a)$ の位置での電位 V はいくらか．ただし $r = a$ で $V = 0$ とする．

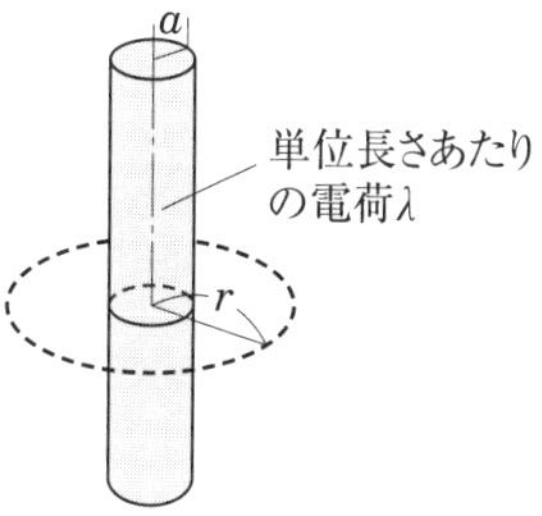

図 3.14

コーヒーブレイク

電界 vs 電場

電界も電場もともに electric field の和訳で同じ意味である．field と称するのは，空間に電界が存在するときに，図 3.15 に示すようにとった面上のベクトル $\boldsymbol{E}$ の様子が麦畑 (field) に似ていることに由来する．「面積分とは麦の密集度 E に作付け面積 S をかけて畑の麦の総本数 N を数えること」だと考えると，ガウスの法則は「畑の麦の総収量 N はその土地がもつ地力 Q/ε_0 によって決まる」と主張しているに過ぎない．

一般に，物理系の人は「電場」を，電気工学系の人は「電界」を使うが，人によっては強いこだわりを持っている．ある理論物理学者はその著書の中で「金と力を持つ技術屋の影響力は強くて，現在では高校物理の教科書でも電界という訳を用いるが，物理屋は絶対に電界とはいわない」と書いた．確かに field theory は「場の理論」と訳すが，「界の理論」と訳さない．

さて，以下は高名な数学者矢野健太郎博士のエピソードである．あるアメリカの数学者から「矢野」という姓の意味を聞かれたとき，博士が vector field （ベクトル場）だと答えたところ，誰も信用しなかったそうである．博士の専門は微分幾何学で，その中にいつもこのベクトル場が現れる．ベクトルは矢印で表すのだが，あまりに話がうまくできていると皆が思ったのである．

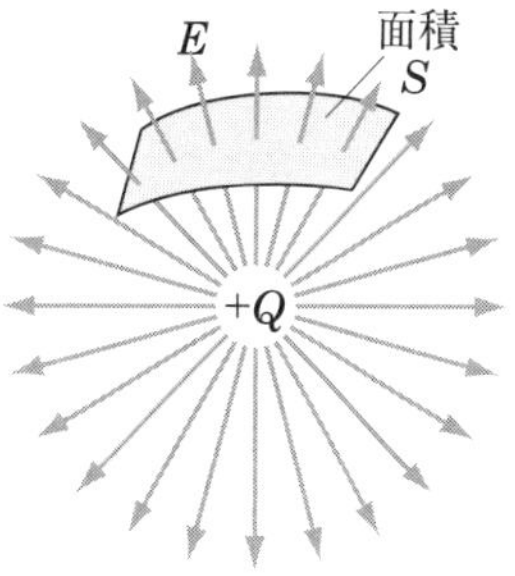

図 3.15 electric field

4 コンデンサー

コンデンサーは，抵抗，コイルと並ぶ電気回路の基本部品の一つで，身の回りのほとんどすべての電気製品に使われている．ここではコンデンサーの原理と，その接続の仕方（合成容量）等を学習し，回路についての演習を通して理解を深める．

§ 4.1　平行平板コンデンサー

*コンデンサーのことを**キャパシター**ともいう．

■コンデンサー* 　図 4.1 に示すように，2 枚の金属板 A，B を対置させ電池につなぐ．スイッチ S を閉じると，電池を通して電子の移動が起こり，2 つの電極板には正負等量の電荷が帯電される．このとき，帯電した正負の電荷は互いに引き合っていて，スイッチを開いても電荷はそのまま残っている．このように電荷を蓄える装置を**コンデンサー**といい，電気を蓄えることを**充電**という．

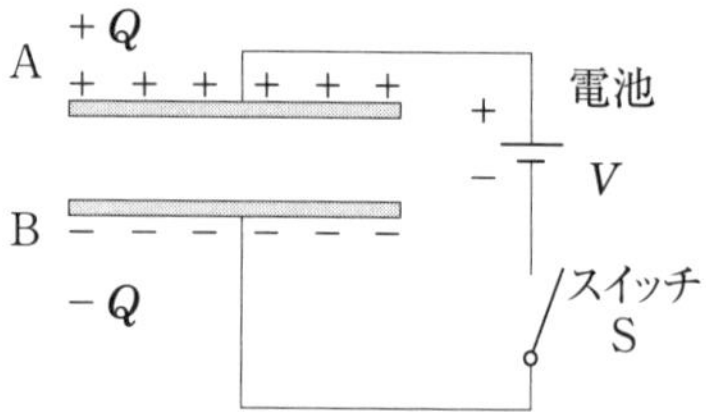

図 4.1　コンデンサーの充電

■電気容量　蓄えられた正負の電気量 Q [C] は，極板間にかけられた電圧 V [V] に比例し，

$$Q = CV \tag{4.1}$$

の関係がある．C をコンデンサーの**電気容量**とよぶ．その単位は**ファラッド**(記号：**F**) である．すなわち，1F=1C/V である ($C = Q/V$ に対応)．1F は実用上大きすぎる量なので，補助単位として，マイクロファラッド (μF) やピコファラッド (pF) がよく用いられる．$\mathbf{1\mu F = 10^{-6}F}$，$\mathbf{1pF = 10^{-12}F}$ である．

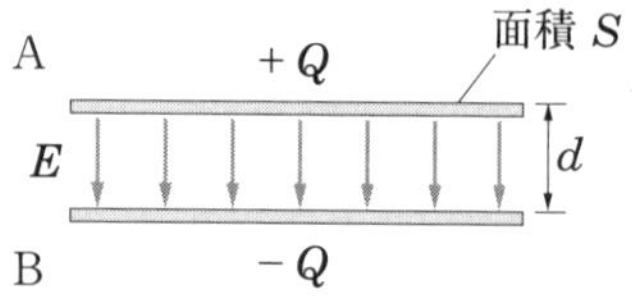

図 4.2　容量の計算

■平行平板コンデンサーの電気容量　図 4.2 に示すように，面積 S の 2 枚の平行極板にそれぞれ電荷 $\pm Q$ を与えると，電荷の面密度は $\pm\sigma = \pm Q/S$ である．このとき極板間の電界の強さは $E = \sigma/\varepsilon_0$ だから，間隔 d で対置させた極板間の電位差は $V = Ed = (\sigma/\varepsilon_0)d = (Q/\varepsilon_0 S)d$ となる．コンデンサーの基本式 $Q = CV$ と比べて，平行平板コンデンサーの容量は

$$C = \frac{Q}{V} = \frac{\varepsilon_0 S}{d} \tag{4.2}$$

問題 4.1（平行平板コンデンサー）　極板面積が 100cm^2，極板距離が 1cm である平行平板コンデンサーに 200V の電圧をかけた．

(1) コンデンサーの容量はいくらか．$\varepsilon_0 = 8.85 \times 10^{-12}\mathrm{C^2/N\cdot m^2}$．
(2) 各極板に蓄えられた電気量はいくらか．

§ 4.2 コンデンサーの接続

回路図の中では，コンデンサーは極板をデザインした 2 本の平行線で描かれる．ここでは，2 個以上のコンデンサーを接続した場合の合成された電気容量 (**合成容量**) について考える．

■**並列接続** 電気容量が C_1, C_2 の 2 つのコンデンサーを図 4.3(a) のように**並列接続**すると，各コンデンサーに加えられる電圧が共通なので，各コンデンサーに蓄えられる電気量はそれぞれ，$Q_1 = C_1 V$, $Q_2 = C_2 V$ である．したがって全体では，$Q = Q_1 + Q_2 = (C_1 + C_2)V$ の電荷が蓄えられている．このとき，図 4.3(b) に示すように，全体で電気容量 C の 1 つのコンデンサーとみなすと，$Q = CV$ の関係があるから，比較して

$$\text{並列接続の合成容量：} \boldsymbol{C = C_1 + C_2} \tag{4.3}$$

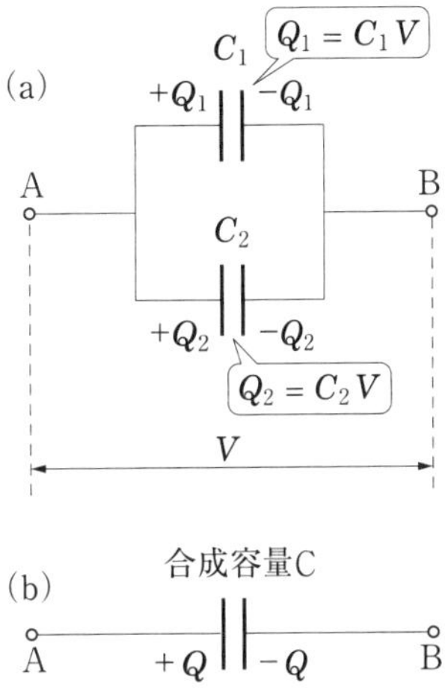

図 4.3 コンデンサーの並列接続

■**直列接続** 電気容量が C_1, C_2 の 2 つのコンデンサーを図 4.4(a) のように**直列接続**すると，全体にかかる電圧 V はそれぞれのコンデンサーにかかる電圧 V_1, V_2 の和で，$V = V_1 + V_2$ である．各コンデンサーで蓄えられる電気量は $Q_1 = C_1 V_1$, $Q_2 = C_2 V_2$ で求められるが，2 つのコンデンサーの内側の極板とそれを結ぶ導線部分は初め電荷 0 であるから，電荷保存の法則より $-Q_1 + Q_2 = 0$ が成り立つ．つまり各コンデンサーに蓄えられる電荷は等しい．そこでその電気量を Q $(= Q_1 = Q_2)$ とおくと，$V_1 = Q/C_1$, $V_2 = Q/C_2$ である．一方，図 4.4(b) に示すように，合成容量を C とすれば，$Q = CV$ つまり $V = Q/C$．これらを $V = V_1 + V_2$ に代入して，$\dfrac{Q}{C} = \dfrac{Q}{C_1} + \dfrac{Q}{C_2}$．よって

$$\frac{\boldsymbol{1}}{\boldsymbol{C}} = \frac{\boldsymbol{1}}{\boldsymbol{C_1}} + \frac{\boldsymbol{1}}{\boldsymbol{C_2}} \quad \therefore \text{直列接続の合成容量：} \boldsymbol{C = \frac{C_1 C_2}{C_1 + C_2}} \tag{4.4}$$

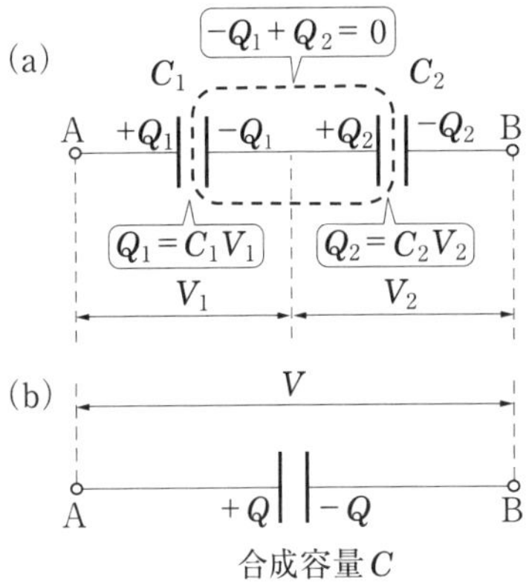

図 4.4 コンデンサーの直列接続

問題 4.2 (合成容量) 図 4.5 の (1)～(5) のそれぞれの場合について，AB 間の合成容量を求めよ．

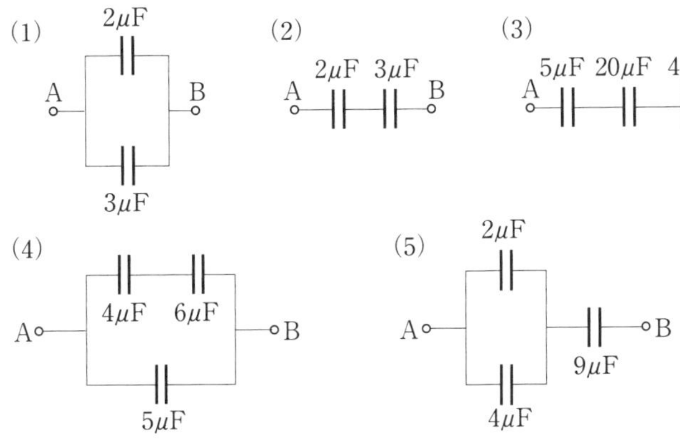

図 4.5

§ 4.3　コンデンサーと電気回路

コンデンサーの接続に関する問題では，電気量保存の法則とコンデンサーの基本式 $\boldsymbol{Q = CV}$ を組み合わせて解く．

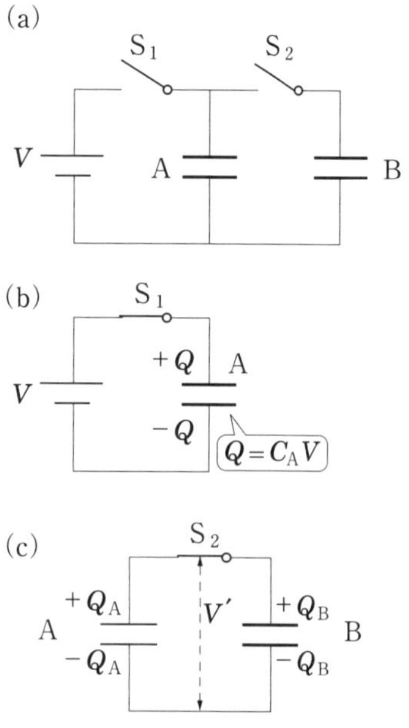

図 4.6

例題 4.1（コンデンサーと電荷の保存）　図 4.6(a) に示すように，起電力 $V = 500\text{V}$ の電源を 2 つのコンデンサー A，B につないだ．A，B はそれぞれ，電気容量 $2.0\mu\text{F}$，$3.0\mu\text{F}$ で，最初電荷は蓄えられていなかったとする．

(1) スイッチ S_2 を開いた状態でスイッチ S_1 を閉じた．A に蓄えられる電荷 Q はいくらか．

(2) 次に，S_1 を開いてから S_2 を閉じた．このとき A から B に移動した電気量 Q_B と，極板間の電位差を求めよ．

（解）(1) 図 (b) より $Q = C_A V = 2.0 \times 10^{-6} \times 500 = \mathbf{1.0 \times 10^{-3}C}$.

(2)　S_2 を閉じたとき図 (c) のように，A から B に電荷 Q_B[C] が移動し A には Q_A[C] が残ったとすると，電荷量保存の法則より $Q_A + Q_B = Q \cdots$ ① 電荷が移動した後の電位差を V'[V] とすると，$Q_A = C_A V' \cdots$ ②　$Q_B = C_B V' \cdots$ ③

①～③より $V' = \dfrac{Q}{C_A + C_B} = \dfrac{1.0 \times 10^{-3}}{(2.0 + 3.0) \times 10^{-6}} = \mathbf{200V}$

$Q_B = C_B V' = 3.0 \times 10^{-6} \times 200 = \mathbf{6.0 \times 10^{-4}C}$

■

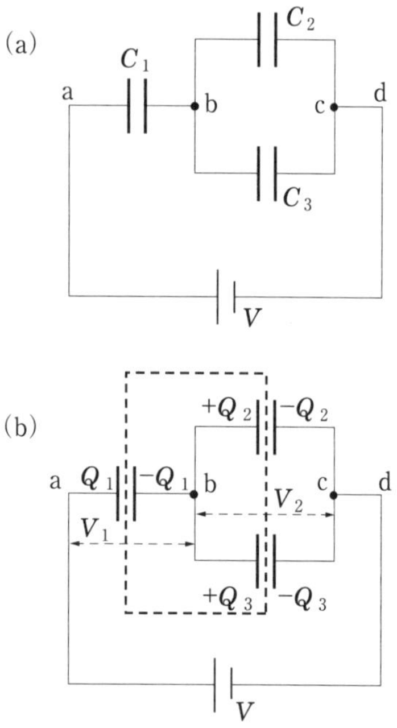

図 4.7

例題 4.2（コンデンサーを含む回路）　電気容量が C_1，C_2，C_3 の 3 つのコンデンサーと，起電力 V の電池とで，図 4.7(a) に示すような回路をつくった．$C_1 = 3\mu\text{F}$，$C_2 = 2\mu\text{F}$，$C_3 = 4\mu\text{F}$ で，$V = 300\text{V}$ として次の問いに答えよ．

(1) ad 間の合成容量 C を求めよ．

(2) ab 間の電位差 V_1 と bc 間の電位差 V_2 を求めよ．

(3) 各コンデンサーに蓄えられる電荷 Q_1，Q_2，Q_3 を求めよ．

（解）(1) $C_{23} = C_2 + C_3 = 6\mu\text{F}$，$\dfrac{1}{C} = \dfrac{1}{C_1} + \dfrac{1}{C_{23}} = \dfrac{1}{3} + \dfrac{1}{6} = \dfrac{1}{2}$ より $C = \mathbf{2\mu F}$

(2) $Q_1 = 3 \times 10^{-6} V_1 \ldots$ ① $Q_2 = 2 \times 10^{-6} V_2 \ldots$ ② $Q_3 = 4 \times 10^{-6} V_2 \ldots$ ③ 図 (b) の点線内の電荷の和はもともと 0 だから，$-Q_1 + Q_2 + Q_3 = 0 \ldots$ ④ ①～④より，$V_1 = \mathbf{200V}$，$V_2 = \mathbf{100V}$．

(3) $Q_1 = \mathbf{6 \times 10^{-4}C}$，$Q_2 = \mathbf{2 \times 10^{-4}C}$，$Q_3 = \mathbf{4 \times 10^{-4}C}$.

■

§ 4.4 静電エネルギー

■コンデンサーに蓄えられるエネルギー 充電されたコンデンサーにはエネルギーが蓄えられている．図 4.8 のように，電気容量 C のコンデンサーに電荷 q が蓄えられているとき，電極間の電位差は $V' = \dfrac{q}{C}$ だから，電位の低い方の極板から高いほうの極板へ，電荷の微小量 dq を移動させる仕事は $dW = V'dq = \dfrac{q}{C}dq$ である．したがって，最初帯電していなかった状態から次第に電荷を移動させて，コンデンサーに電荷 Q を蓄えるのに必要な仕事は，

$$W = \int_0^Q V'dq = \int_0^Q \frac{q}{C}dq = \left[\frac{1}{2C}q^2\right]_0^Q = \frac{1}{2C}Q^2 = \frac{1}{2}CV^2 \quad (4.5)$$

である．外部からされたこの仕事は，**静電エネルギー**となって，コンデンサーに蓄えられている *.

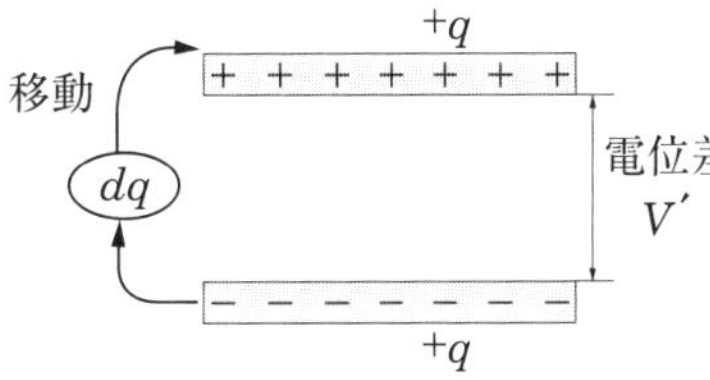

図 4.8 電荷 dq を移動させる仕事 $dW = V'dq$

*このことは，ばねの弾性エネルギーに似ている．弾性力 $F = kx$ に抗してばねを s だけ引き伸ばす仕事は

$$W = \int_0^s kxdx = \frac{1}{2}ks^2$$

だったことを思い出そう．

■電界のエネルギー 図 4.9 に示すような平行平板コンデンサーでは，$C = \dfrac{\varepsilon_0 S}{d}$，$V = Ed$ であるから，

$$\text{静電エネルギー}\ U = \frac{1}{2}CV^2 = \frac{1}{2}\varepsilon_0 E^2(Sd) \quad (4.6)$$

と表せる．Sd は極板間の体積である．つまり，強さ E の電界自体が，

$$\text{単位体積あたり}\ u = \frac{1}{2}\varepsilon_0 E^2 \quad (4.7)$$

の**電界のエネルギー**を持っていると考えられる．このようなエネルギーの考え方を**場のエネルギー**という．

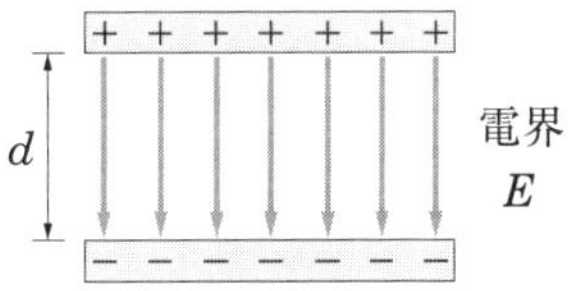

図 4.9

■極板間引力と静電エネルギー 図 4.10 に示すように，電荷 $+Q$ に帯電した電極板 A の両側には電界 $E_1 = \dfrac{\sigma}{2\varepsilon_0} = \dfrac{Q}{2\varepsilon_0 S}$ ができる．電荷 $-Q$ をもつ電極板 B が電界 E_1 から受ける力 F は引力で

$$F = QE_1 = \frac{Q^2}{2\varepsilon_0 S} \quad (4.8)$$

である．この力に抗して電極板 B を距離 0 から d まで引き離すのに要する力 F' $(= F)$ がする仕事は，力が電極間距離によらないことに注意して，

$$W = F'd = \frac{Q^2}{2\varepsilon_0 S}d = \frac{Q^2}{2C} \quad (4.9)$$

となる．これが静電エネルギーとなって蓄えられていると考えてもよい．ただし，$C = \dfrac{\varepsilon_0 S}{d}$ である．$Q = CV$ を使うと，式 (4.5) と (4.9) が一致することはすぐ確かめられる．式 (4.8) で静電気力 F を計算するのに，A と B の両方がつくる電界 E ではなく A がつくる電界 E_1 を使っていることに注意．

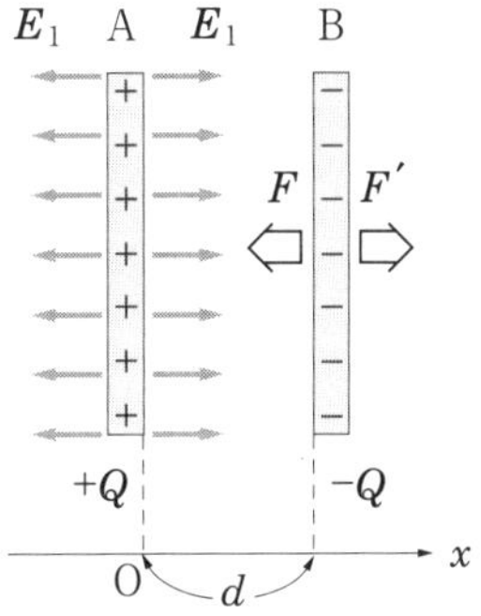

図 4.10

まとめ (4. コンデンサー)

整理・確認問題

次の [　　] には適当な言葉または数字を入れよ．

問題 4.3

(1) 電気容量の単位 [①] (記号 [②]) は，電圧の単位 V (ボルト)，電荷の単位 C (クーロン) を使って [③] と表せる．つまり，$V = 200\text{V}$ の電圧をかけたとき，$Q = 6.0 \times 10^{-6}$ C の電荷が蓄えられるコンデンサーの電気容量は $C =$ [④] [②] である．

(2) 接頭記号のミリ (m) は 10^{-3}，マイクロ (記号 [⑤]) は [⑥]，[⑦] (p) は [⑧] を意味する．

問題 4.4 面積 S [m^2] の金属板 (極板) を間隔 d [m] だけ隔てて平行に向かい合わせた**平行平板コンデンサー**の電気容量は $C =$ [①] [F] で与えられる．ただし，ε_0 は真空の誘電率である．$\varepsilon_0 = 8.85 \times 10^{-12}$ F/m の値を使えば，一辺の長さが 5.0cm の正方形の 2 枚の金属板を 1.0mm 隔てて向かい合わせたコンデンサーの電気容量は $C =$ [②] F と計算される．

問題 4.5 電気容量 $C = 5.0\mu\text{F}$ のコンデンサーに電圧 400V の電圧がかけられているとき，コンデンサーに蓄えられている電荷は [①] C で，蓄えられている (電界の) エネルギーは [②] J である．

基本問題

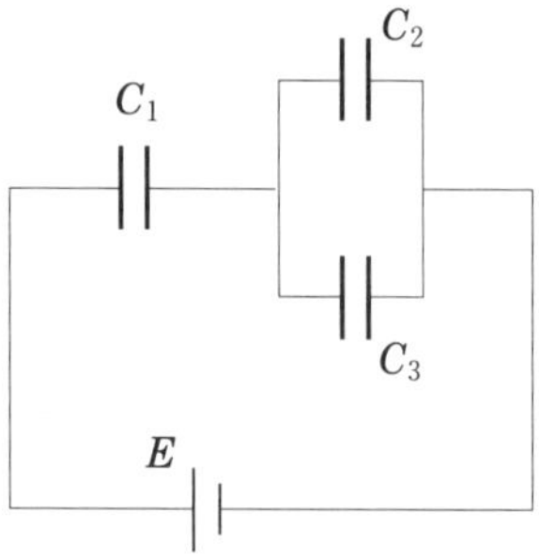

図 4.11

問題 4.6 (コンデンサーを含む回路) 電気容量がそれぞれ $C_1 = 1.0\ \mu\text{F}$，$C_2 = 2.0\ \mu\text{F}$，$C_3 = 3.0\ \mu\text{F}$ のコンデンサー，および起電力 6.0 V の電池 E を，図 4.11 のように接続した．各コンデンサーは，電池 E を接続する前は電荷がなかった．

(1) 接続した 3 個のコンデンサーの合成容量 C はいくらか．

(2) コンデンサー C_1 に蓄えられている電荷 Q_1 と，両端の電圧 V_1 はいくらか．

(3) コンデンサー C_2 と C_3 にたくわえられる電気量 Q_2 と Q_3 はそれぞれいくらか．

(4) コンデンサー C_1 に蓄えられた静電エネルギーはいくらか．

問題 4.7（**帯電したコンデンサーの接続**） $\pm 6.0 \times 10^{-4}$ C に帯電したコンデンサー A （電気容量 $C_{\mathrm{A}} = 6\mu\mathrm{F}$）と，$\pm 3.0 \times 10^{-4}$ C に帯電したコンデンサー B （電気容量 $C_{\mathrm{B}} = 4\mu\mathrm{F}$）がある．

(1) 図 4.12(a) のように，正極どうし，負極どうしを並列接続すると，コンデンサーにかかる電圧 V_1 はいくらになるか．また各電極に蓄えられた電荷はいくらか．
(2) 図 (b) のように，双方の正極を互いに相手の負極に接続すると，コンデンサーにかかる電圧 V_2 はいくらになるか．また各電極に蓄えられた電荷はいくらか．

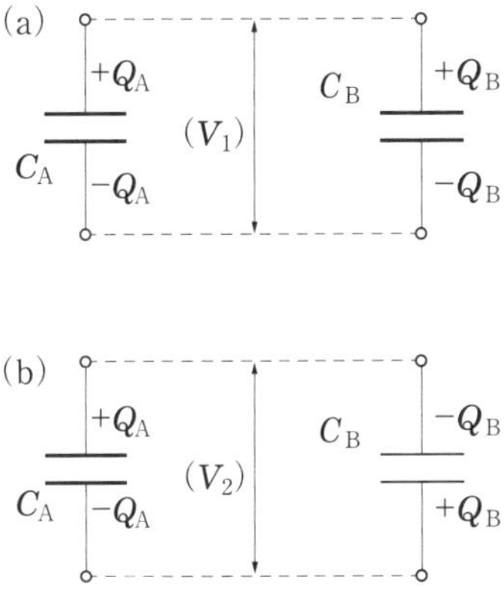

図 **4.12**

問題 4.8（**可変コンデンサー**） 図 4.13 は，ラジオの同調などに用いられる可変コンデンサーの概念図である．半径 a の半円形の極板 A，B が間隔 d を隔てて平行に置かれ，中心角 θ の部分が向かい合っている．この向かい合った部分だけに電荷が蓄えられるとして，このときの電気容量 C を求めよ．ただし，空間の誘電率を ε_0 とする．

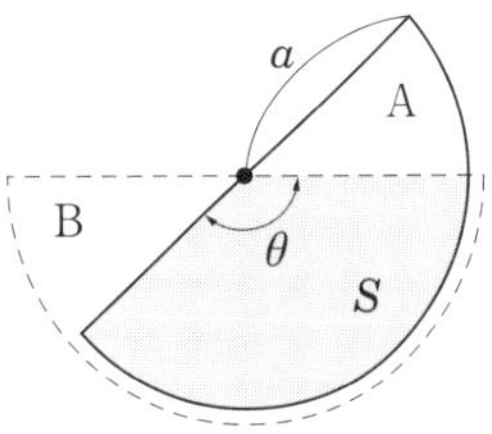

図 **4.13**

コーヒーブレイク

コンデンサーあれこれ

コンデンサーの原理を説明するため，本書では「平行平板コンデンサー」を中心に扱っているが，実際には色々なコンデンサーがある．図 4.14(a) は，オイルコンデンサーで，分解してみると，長い金属箔の帯と紙の帯を交互に重ねて巻き，絶縁油（オイル）に浸してあることがわかる．図 4.14(b) は可変コンデンサーの一例である．

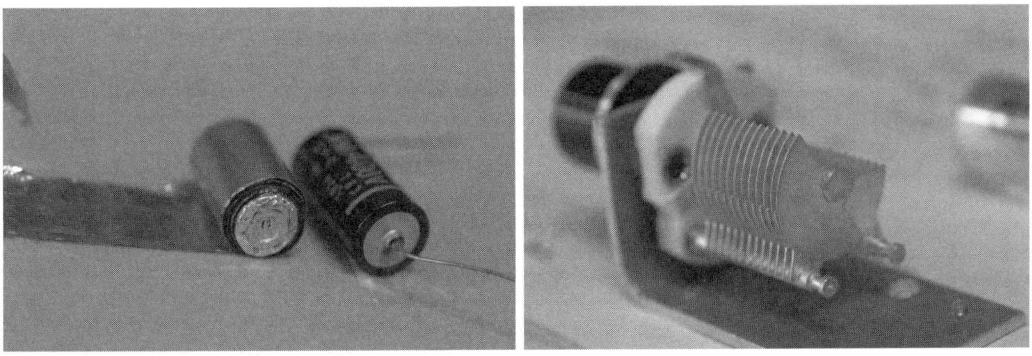

(a) (b)

図 **4.14**

5 *静電誘導—導体と絶縁体

内部の電界が0になるように，静電界中に置かれた導体では電荷の移動が起きる．一方絶縁体では電荷が自由に移動できないため静電界中に置いたときには誘導分極を生じ，内部の電界は外部より弱まるが0にはならない．誘電体とは絶縁体の別称である．導体と絶縁体の区別をしっかりつかんでおこう．

§ 5.1 導体の静電誘導 (1)

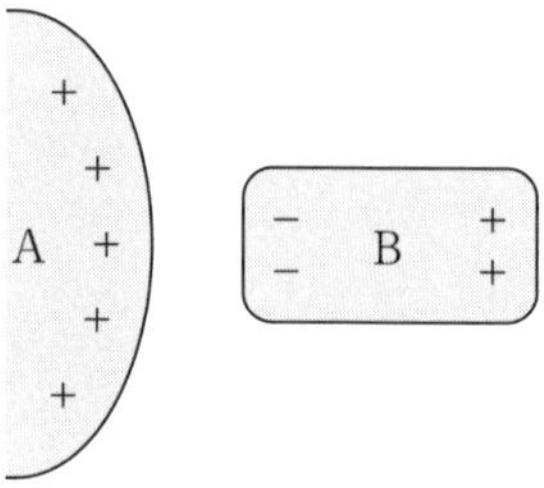

図 5.1 静電誘導

■静電誘導 図5.1に示すように，帯電体Aに絶縁された小物体Bを近づけると，BのA側表面にAと異種の電気が，反対側の表面には同種の電荷が現れる．この現象を**静電誘導**とよぶが，この機構は導体と絶縁体で異なっている．狭い意味では，導体の場合のみを静電誘導とよび，絶縁体の場合は**誘電分極**とよぶ．

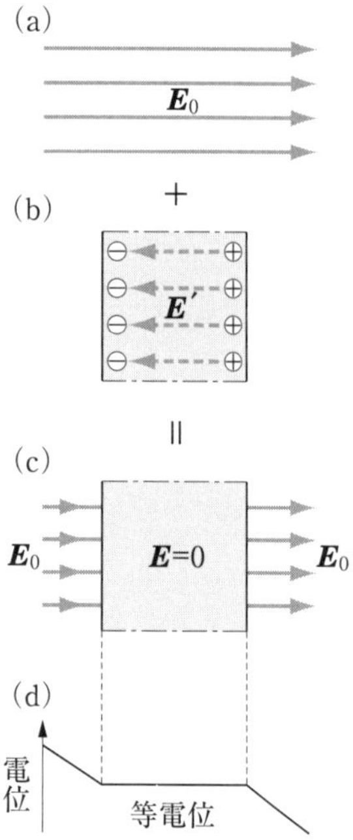

図 5.2 静電界中の導体

■導体内部の電界 図5.2(a)に示すような電界 $\boldsymbol{E_0}$ の中に導体を置くと，導体内部の自由電子（負電荷）は電界と反対向きに力を受けて移動し，導体の端に集まる．その結果図(b)のように，その表面には負の電荷が，反対側には正の電荷が現れる（静電誘導）．表面に現れた電荷のつくる電界 $\boldsymbol{E'}$ は外部の電界 $\boldsymbol{E_0}$ と反対向きである．自由電子は $\boldsymbol{E'}$ がちょうど外部の電界 $\boldsymbol{E_0}$ を打ち消すように移動を続け，最終的に，全体として導体内部のいたるところで電界 $\boldsymbol{E}$ $(= \boldsymbol{E'} + \boldsymbol{E_0})$ が0になった状態で落ち着く（図(c)=図(a)+図(b)）．もし内部に電界が残っていれば，電子はまだ動くからである．したがって，静電気状態では，導体の内部には電界がなく，導体全体が等電位になっている（図(d)）．

■導体の電気力線・電荷 表面が等電位なので，電気力線は導体の表面に垂直である．導体内部には電界がないので，電気力線は導体内部には入りこまない．静電気状態では，電荷は導体表面にだけ現れ，内部には現れない．

問題 5.1（静電界中の導体球） 図5.3に示すように，一様な電界 $\boldsymbol{E_0}$ 中に導体球を置いた．球は最初帯電していなかったとして，① 電荷分布，② 等電位面，③ 電気力線 の様子（概略）を図示せよ．

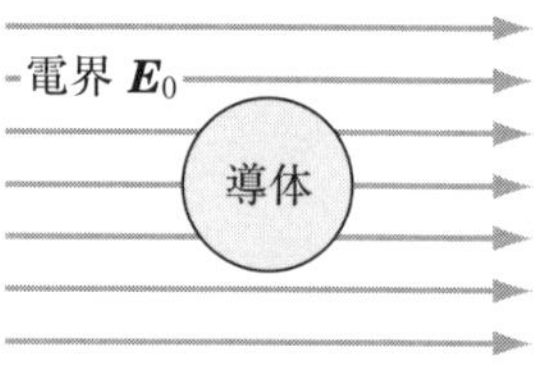

図 5.3

§ 5.2　導体の静電誘導 (2)

例題 5.1（**導体表面と電界**）　図 5.4(a) に示すように，広い導体表面に電荷が一様に分布している．電荷面密度を σ (>0) とし，導体近くの点 P での電界の強さ E を求めよ．

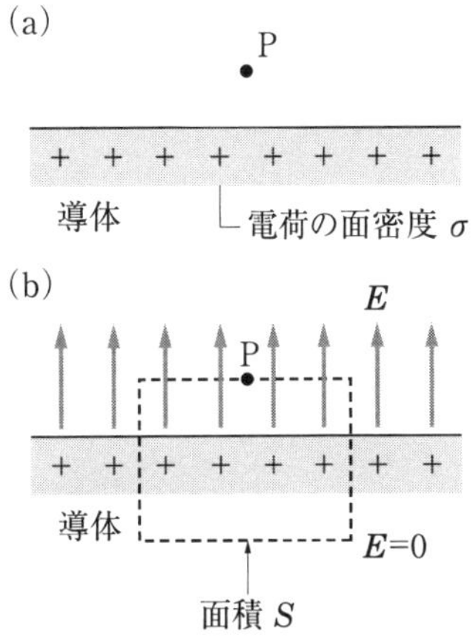

図 5.4　導体表面近くの電界

（解）(1) 図 (b) のように，点 P を含む円柱を閉曲面にとり，ガウスの法則を適用する．点 P を通る電界 E は導体表面に垂直で，円柱の底面積を S とすれば面積分に ES の寄与をする．導体内部は電界がないから，内部の底面は寄与しない．また円柱の側面から出入りする電気力線はないので，側面は積分に寄与しない．円柱内の電荷は表面電荷 $Q=\sigma S$ だけなので，結局

$$\int E_n dS = \frac{Q}{\varepsilon_0} \text{に適用して} \; ES = \frac{\sigma S}{\varepsilon_0} \qquad \therefore E = \boldsymbol{\frac{\sigma}{\varepsilon_0}}$$ ■

例題 5.2（**接続した 2 つの導体球**）　図 5.5 に示すように，半径 a と b の導体球 A，B がある．最初 A は電荷 Q に帯電し，B は帯電していなかった．

(1) A の表面での電荷密度 σ，電界の強さ E，電位 V を求めよ．
(2) A と B を導線で結んだ後の A，B の電荷 Q_{A}，Q_{B} を求めよ．

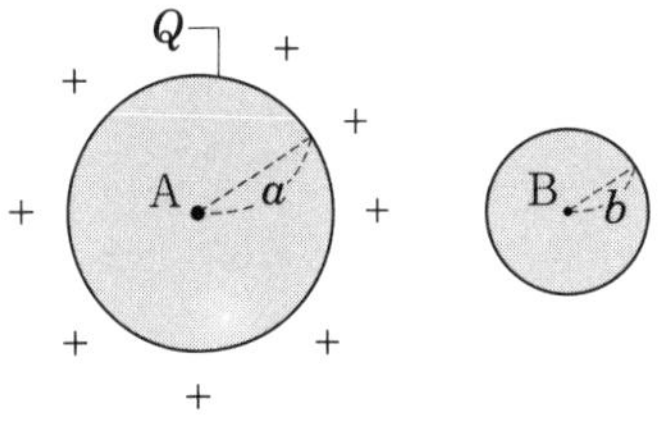

図 5.5

（解）(1) $\sigma = \boldsymbol{\dfrac{Q}{4\pi a^2}}$，　$E = \dfrac{\sigma}{\varepsilon_0} = \boldsymbol{\dfrac{Q}{4\pi\varepsilon_0 a^2}}$，　$V = \boldsymbol{\dfrac{Q}{4\pi\varepsilon_0 a}}$.

(2) 移動しても電荷の総和は保存されるから，$Q_{\mathrm{A}} + Q_{\mathrm{B}} = Q \ldots$①

接続後の電位は等しく $V_{\mathrm{A}} = V_{\mathrm{B}}$，つまり，$\dfrac{Q_{\mathrm{A}}}{4\pi\varepsilon_0 a} = \dfrac{Q_{\mathrm{B}}}{4\pi\varepsilon_0 b} \ldots$②

①と②より，$Q_{\mathrm{A}} = \boldsymbol{\dfrac{aQ}{(a+b)}}$　　$Q_{\mathrm{B}} = \boldsymbol{\dfrac{bQ}{(a+b)}}$ ■

例題 5.3（**鏡像法**）　図 5.6(a) に示すように，接地された無限に広い平面導体があり，そこから距離 a の位置に点電荷 Q (>0) が置いてある．Q から下ろした垂線の足 A からの距離 r の関数として，導体表面に誘起される電荷密度 σ を求めよ．

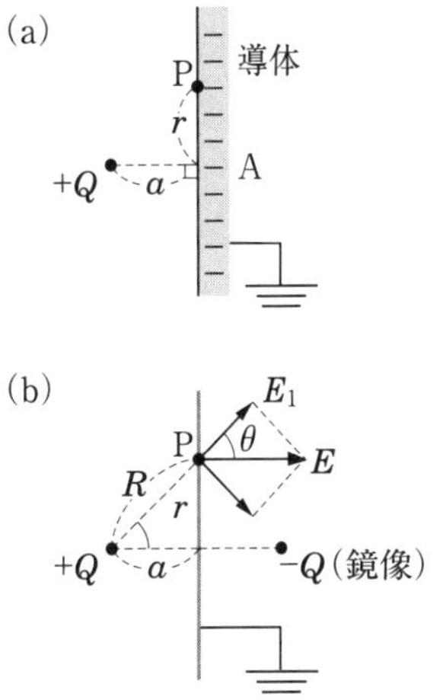

図 5.6

（解）図 (b) に示すように，導体面に関して対称の位置に電荷 $-Q$ を置き，導体面を取り去っても電界は変わらない．なぜなら，この 2 つの電荷 $\pm Q$ のつくる電位は元々その 2 等分面で 0 であるから，そこに接地した導体面を持ってきても変わらないからである．点 P にできる電界の強さは $E = 2E_1\cos\theta = 2\times(Q/4\pi\varepsilon_0 R^2)\times(a/R) = Qa/2\pi\varepsilon_0 R^3$.

導体表面の電荷は負だから，$\sigma = -\varepsilon_0 E = -\dfrac{Qa}{2\pi R^3} = -\boldsymbol{\dfrac{Qa}{2\pi(a^2+r^2)^{\frac{3}{2}}}}$ ■

§ 5.3　誘電分極

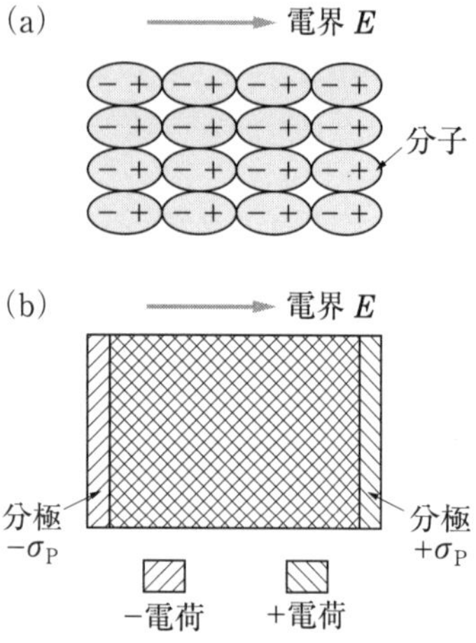

図 5.7　誘電分極

■電界中の絶縁体（誘電体）　絶縁体を電界中に入れると，それを構成している原子や分子（以下単に分子とよぶ）の正電荷は電界の向きに，負電荷は反対向きに力を受ける．絶縁体中の電子は分子から離れて自由に動き回ることはできないから，図 5.7(a) に示すように，分子内部で多少の電荷の変位が生じる．これを**誘電分極**という．全体に一様に分極が生じても，内部は電気的に中性のままであり，電荷（**分極電荷**）は両端の表面だけに出現する．このことは図 (b) のように，電界がないとき重なりあっていた正と負の一様な電荷密度が，外部から加えられた電界によって互いに反対向きにずれて，両端に正負の等量の分極電荷が出現すると考えれば理解できる．誘電分極の強さは，表面に現れる分極電荷の面密度 $\pm\sigma_P$ で表す．分極電荷は正と負に分けて取り出すことができない．それに対して，導体上に帯電した電荷や，摩擦によって絶縁体に生じた電荷などは，正と負に分かれているので**真電荷**とよぶ．

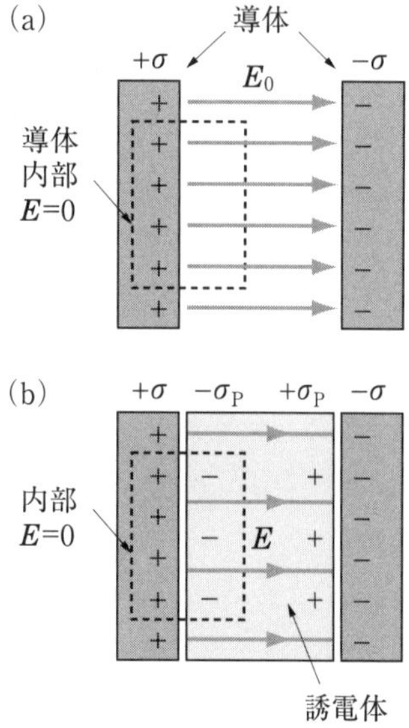

図 5.8

■誘電率　図 5.8(a) に示すように，2 枚の平面導板を対置させ，それぞれに面密度 $\pm\sigma$ になるように電荷を与える．点線で示された閉曲面に対してガウスの法則を適用すると，導板間の電界 E_0 は

$$E_0 = \sigma/\varepsilon_0 \tag{5.1}$$

である．図 (b) に示すように，導板間に誘電体を挿入すると，誘電体表面上に分極電荷 $\pm\sigma_P$ が誘起される．このとき，誘電体中の電界 E は表面電荷 $\pm(\sigma - \sigma_P)$ によってつくられるので，

$$E = (\sigma - \sigma_P)/\varepsilon_0 \tag{5.2}$$

である．誘電体中の電界 E も真電荷 $\pm\sigma$ によって引き起こされているから，σ に比例し

$$E = \sigma/\varepsilon \tag{5.3}$$

と表せるはずである．ε を物質の**誘電率**といい，$\varepsilon_r = \varepsilon/\varepsilon_0$ を**比誘電率**とよぶ．式 (5.2) からわかるように，E は E_0 よりも小さく，そのため ε_r は 1 より大きい．表 5.1 に代表的な物質の比誘電率を示す．

表 5.1 物質の比誘電率

物質名	比誘電率
チタン酸バリウム	約 5000
雲母	7.0
ポリ塩化ビニル	3.2～3.6
パラフィン	2.2
クラフト紙	2.9
変圧器油	2.2
水	約 80
空気（乾燥）	1.00054

（注）比誘電率に単位はない．

■物質内でのガウスの法則　一般に，向きが E と同じで，大きさが $D = \varepsilon E$ で与えられるベクトル量 $\boldsymbol{D}$ を考えると

$$\int D_n dS = Q \qquad (Q \text{ は真電荷}) \tag{5.4}$$

が成り立つ．これはガウスの法則の一般形で，$\boldsymbol{D}$ を**電束密度**といい，D_n は面 S に垂直な成分である．図 5.8 の閉曲面に適用すると，$\sigma = D = \varepsilon_0 E_0 = \varepsilon E$ となっていることがわかる *．

* つまり，電束密度 $D = \varepsilon_1 E_1 = \varepsilon_2 E_2$ は不変．

§ 5.4 導体，誘電体を挿入したコンデンサー

■導体板を挿入した場合

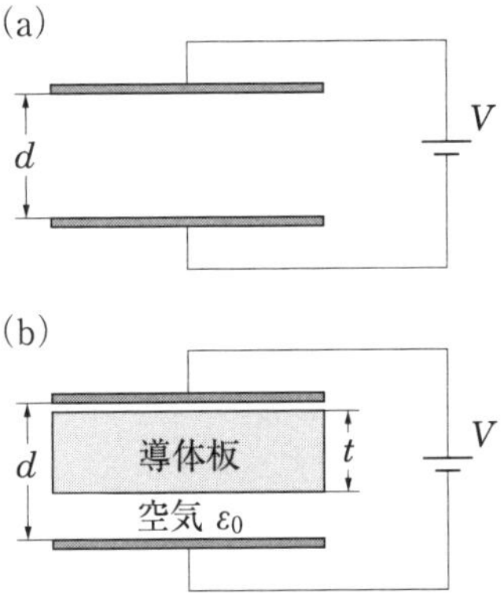

図 5.9

例題 5.4（導体板の挿入）

図 5.9(a) に示すように，距離 d だけ隔てた面積 S の極板からなる平行平板コンデンサーに，起電力 V の電池が接続してある．

(1) この状態で，両極板に蓄えられた電荷はいくらか．またコンデンサーの容量はいくらか．

(2) 次に，図 (b) に示すように，厚さ t の導体板を挿入したとき，両極板に蓄えられる電荷はいくらか．またこのときのコンデンサーの容量はいくらか．

（解） (1) 極板の電荷を $\pm Q$ とすれば，電荷面密度は $\pm\sigma = \pm Q/S$，で極板間の電界の強さは $E = \sigma/\varepsilon_0$ である．よって，電位差 $V = Ed = (\sigma/\varepsilon_0) = Q(d/\varepsilon_0 S)$ だから，電荷 $Q = CV = \boldsymbol{(\varepsilon_0 S/d)V}$，電気容量 $C = \boldsymbol{\varepsilon_0 S/d}$

(2) 極板上での電荷密度を $\pm\sigma$ とすれば，静電誘導により導体板上にも $\pm\sigma$ の電荷が現れる．導体内での電界は 0 で，空気中での電界は $E = \sigma/\varepsilon_0$ である．電界があるのは間隔 $d-t$ の部分だから，電位差は $V = (d-t)E = (d-t)\sigma/\varepsilon_0 = (d-t)Q/\varepsilon_0 S$ となる．よって，電荷 $Q = \boldsymbol{V\varepsilon_0 S/(d-t)}$，電気容量 $C = \boldsymbol{\varepsilon_0 S/(d-t)}$

■

つまり，コンデンサーに導体板を挿入すると，その厚さの分だけ間隔が狭いコンデンサーと同じ電気容量になる．

■絶縁体（誘電体）を挿入した場合

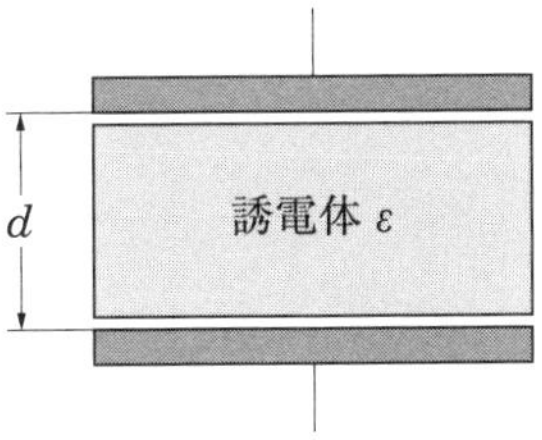

図 5.10

例題 5.5（誘電体の挿入） 図 5.10 に示すように，距離 d だけ隔てた面積 S の極板からなる平行平板コンデンサーの極板間に，誘電体（誘電率 ε）を挿入したときの電気容量はいくらか．

（解） 極板上の電荷を $\pm Q$ とすれば，電荷面密度は $\pm\sigma = \pm Q/S$ である．ガウスの法則を適用すると，誘電体内で $\sigma = D = \varepsilon E$ だから電界 $E = \sigma/\varepsilon = Q/\varepsilon S$．よって極板間の電位差 $V = Ed = Qd/\varepsilon S$．これから電気容量 $C = Q/V = \boldsymbol{\varepsilon S/d}$ ■

誘電体を挿入しない場合の電気容量は $C = \varepsilon_0 S/d$ だから，誘電体を挿入すると電気容量は $\varepsilon_r (\equiv \varepsilon/\varepsilon_0)$ 倍増加する．

まとめ（5. 静電誘導—導体と絶縁体）

整理・確認問題

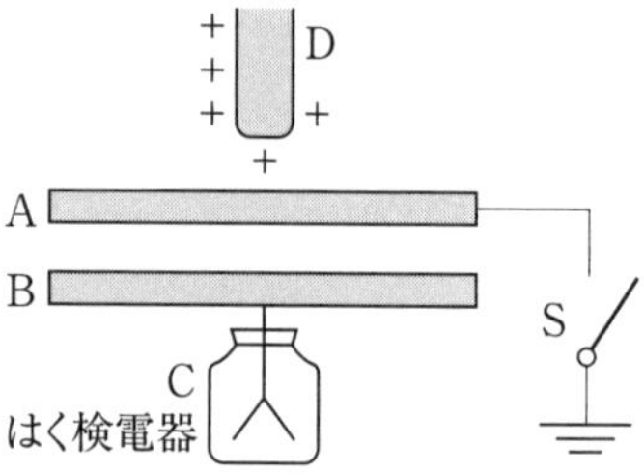

図 5.11　A

* 「はく検電器」内の 2 枚の金属はくが帯電すると，はくは電気的反発力で開く．

問題 5.2（はく検電器を用いた静電誘導の実験）　図 5.11 において，B ははく検電器 *C につながれた金属平板である．A は B に平行に置かれた金属平板で，スイッチ S を閉じると接地される．最初 A，B には電気がなく，C のはくは閉じている．次の［　　］に入れる適当な言葉を，{ ァ 正の電気が現れ，ィ 負の電気が現れ，ゥ 電気は現れない，ェ 開く，ォ 閉じる，ヵ 変わらない } のうちから選びその記号で答えよ．

(1) S を開いたまま，正の電気を帯びたプラスチック棒 D を近づけると，A の上面には［①］，A の下面には［②］，B の上面には［③］，C のはくは［④］．

(2) この状態で S を閉じると，A の上面には［⑤］,A の下面には［⑥］,B の上面には［⑦］，C のはくは［⑧］．

(3) さらに S を開いた後，プラスチック棒 D を遠ざけると，C のはくは［⑨］．

コーヒーブレイク

電池の物語 (1)

1780 年解剖学者ガルバーニ (1737～1798) は，カエルの足に銅のかぎを刺しバルコニーの手すりにかけておいたところ，カエルの足が手すりの鉄棒に振れるたびごとに，ピクッと急に縮むことを発見した **．

銀貨と金貨を舌の上にのせて針金で結ぶと苦い味がすることを知っていたボルタ (1745～1827) は，ガルバーニの報告を聞き，異種の金属の接触が水を含んだものをはさむと電気が起きると考えた．そして，カエルの足の代わりに食塩水を用いたときも電気が継続的に発生することを発見し，食塩水以外の塩類の水溶液を用いても同様の効果があることを突き止めた．さらに鉄と銅以外の組合せを調べ，「電圧列」と呼ばれる序列：

(+) 金－銀－銅－鉄－すず－鉛－亜鉛 (−)

を発表した．この電気列から 2 種類の金属を選んで接触すると，左側がプラス，右側がマイナスになる．1800 年には，希硫酸（電解液）中に銅板と亜鉛板をつけたボルタ電池を発明した ***．

** 検流計の記号 G は，ガルバーニの頭文字 G に由来する．

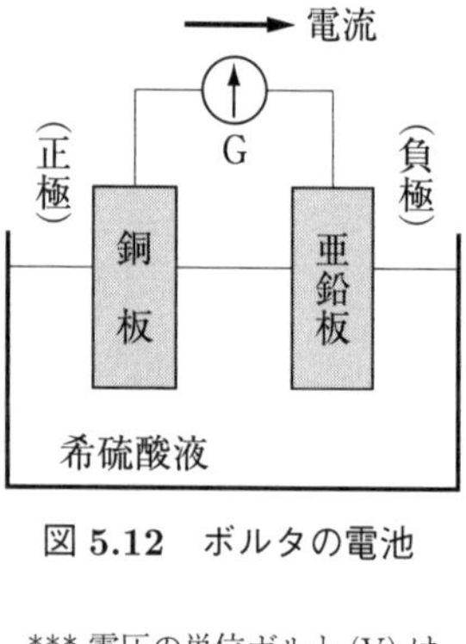

図 5.12　ボルタの電池

*** 電圧の単位ボルト (V) は，ボルタの名前に由来する．ちなみにボルタの電池は 1.1V である．

基本問題

問題 5.3（静電誘導） 正の帯電体を使って，他の 1 つの導体を

(1) 正に帯電させるにはどうすればよいか．
(2) 負に帯電させるにはどうすればよいか．

コーヒーブレイク

電池の物語 (2)

日本で初めて電池をつくり，電流の研究をしたのは，「公武合体」「開国佐幕」などの論客として江戸時代末期に勝海舟や吉田松陰に大きな影響を与えた佐久間象山 (1811～1864) である *．オランダの百科辞典を手に入れた象山は，ダニエル電池を自分でつくり，電池とコイルを使って誘導電流を起こした．1860 年頃のことである．

一般にはあまり知られていないが，「乾電池」を発明したのは日本人の屋井先蔵 (1863～1927) である．時計屋で年季奉公したことのある先蔵は，「電気時計」をつくろうとした．その開発の過程で，当時の電池（液体状の電解液をガラス容器に封入した電池）の不便さと不経済に気がつき，「乾いた電池」（乾電池）の必要性に目覚める．1885 年には初期の製品が完成していたが，品質面で問題があり，それを克服して「乾電池」を完成させたのは 1888 年である．資金不足からさらに出願が遅れ，（電気に関する日本で最初の）特許を取得したのは 1892 年になった．そのため，結局，乾電池に関する特許ではドイツのガスナー（1888 年に乾電池を発明）に先を越された形となった．「屋井乾電池」は通信用として日清戦争で使われた．

電池を使った製品で事業として大成功を収めたのは，自転車灯火用ランプを開発した松下幸之助 (1894～1989) である．幸之助は 22 歳のときに，自ら考案したソケットをもとに大阪電灯会社を辞め独立したが，それ以前の 10～15 歳までの 6 年間自転車屋に奉公した経験を持っている．商品化された自転車用の砲弾型電池式ランプは，幸之助の会社を飛躍的に成長させるきっかけになった．ときに幸之助 28 歳．妻と義弟と 3 人で設立した会社が，後に「パナソニック」の名前で世界中に知られるとは，そのとき想像もできなかったに違いない **．

* 1854 年 2 度目の来航の際，ペリーが電池 4 箱を将軍に献上したのが，日本に電池が持ち込まれた最初である．その年松陰は黒船に乗り込んでアメリカ密航を企てた．この事件に連座して，象山は 8 年間国元（松代）で蟄居したが，電池はその蟄居中に製作された．

図 5.13 屋井乾電池

図 5.14 砲弾型電池式ランプ

** 幸之助は説く「心を定め，希望を持って歩むならば，必ず道は開けてくる」と．

6　直流回路(1)

電気（電荷）の移動を電流とよぶ．1800 年頃ボルタが電池を発明し一定の電流を流し続けることが可能になると，電流の研究が飛躍的に進展した．ここでは，直流回路の基礎になるオームの法則と抵抗の接続を中心に学習する．

§ 6.1　オームの法則

■定常電流と電流の単位　時間的に変動しない電流（**定常電流**）では，運ばれる電気量 Q [C] は時間 t [s] に比例し，

$$Q = It \tag{6.1}$$

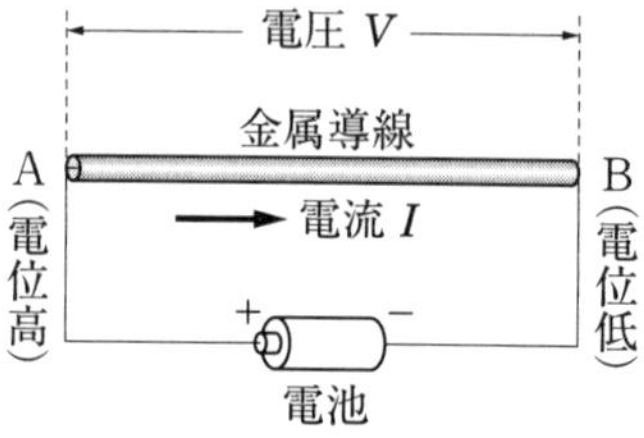

図 6.1　導線を流れる電流

と表せる．このときの I を**電流の強さ**といい，単位を**アンペア**（記号 **A**）で表す．1A の電流とは 1 秒間 1C の電気量を運ぶ電流で，1A=1C/s である．

■オームの法則　図 6.1 に示すように金属導線の両端に電位差（電圧）V を加え続けると，一定の電流が流れる．電流の大きさ I は電圧 V に比例する．これを**オームの法則**とよび，

$$V = IR \tag{6.2}$$

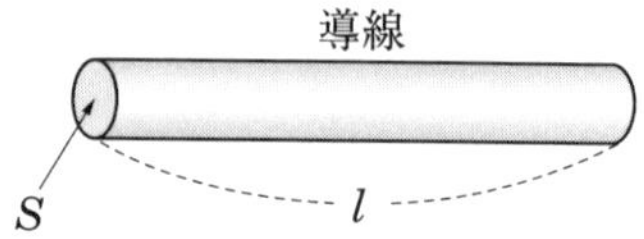

図 6.2　導線の抵抗率 ρ

と表す．比例定数 R は**電気抵抗**あるいは抵抗という．抵抗の単位は**オーム**（記号 Ω）で，1Ω=1V/A である．

■抵抗率　図 6.2 の導線の抵抗 R はその長さ l に比例し，断面積 S に反比例する．このことを，

$$R = \rho \frac{l}{S} \tag{6.3}$$

と表現すると，比例定数は ρ は材質によって決まる量で *，**抵抗率**とよばれる．抵抗率の単位はオーム・メートル（記号 Ω · m）である．

* 一般に抵抗率 ρ は温度にも依存する．

問題 6.1（電気抵抗と抵抗率）　図 6.3 に 3 つの金属の導線（銅，鉄，ニクロム）について行ったオームの法則の実験例を示す．

(1) この実験で使われた導線の抵抗はそれぞれ何 Ω か．

(2) この実験では，長さ 5.0m，断面積 $2.0 \times 10^{-7}\mathrm{m}^2$（半径約 0.5mm）の導線が使われた．銅，鉄，ニクロムの抵抗率はいくらか．

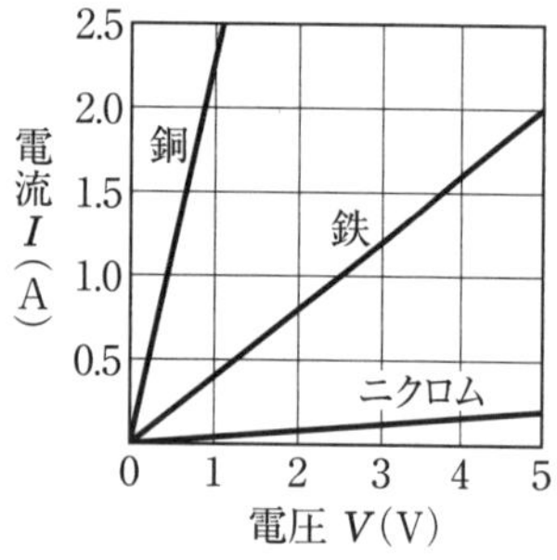

図 6.3

§ 6.2 自由電子の運動とオームの法則

■金属中の自由電子と電流　金属導体中を流れる電流は *, 金属内の自由電子によるものである．図 6.4 のように，断面積 $S[\mathrm{m}^2]$ の中を電荷 $-e\ (<0)$ [C] の電子が一定の速さ v [m/s] で移動していると仮定しよう．電子の電荷は負なので，電子の移動方向と電流の向きは逆向きである．区間 PP′（長さ vt [m]，体積 Svt [m^3]）に滞在している電子は，この時点から時間 t [s] 以内に断面 P を通過した電子である．単位体積あたりの自由電子の個数を n [1/m^3] とすると，図の PP′ 区間には $n \times Svt$ 個の自由電子がある．P′ から出た分だけ P から入るから，PP′ にはたえず同じ数の電子が含まれる．電子 1 個が電荷 e [C] を運ぶから，時間 t [s] 以内に P を通過する電気量は $Q = enSvt$ [C] である．電流の強さ I [A] は $I = Q/t$ で定義されるから，

$$I = enSv \tag{6.4}$$

* 金属はすべて導体であるので，以下では単に**金属**とかく．

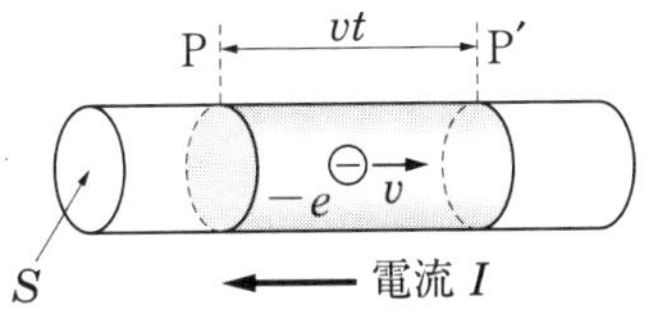

図 6.4　断面 P を通過した電子は t 秒後に P′ に達する．

■オームの法則の導出　図 6.5 のように，長さ l [m]，断面積 S [m^2] の金属線の両端に電圧 V [V] を加えると，金属線内には $E = V/l$ [V/m] の電界ができ，自由電子は $F = eE = eV/l$ [N] の力を受け，加速される．しかし，金属イオンの熱振動などによる抵抗力を受けて **，やがて一定の速さ v [m/s] に落ちつく．抵抗力 f [N] は電子の速さ v に比例すると考えてよく，$f = kv$（k は比例定数）と仮定できる．速さが一定のときには，電子にはたらく力がつり合っていて，

$$eE = f \quad \text{つまり} \quad \frac{eV}{l} = kv \tag{6.5}$$

が成り立つ．式 (6.5) より得る $v = eV/kl$ を式 (6.4) に代入して，電流の強さ I は，

$$I = \frac{ne^2S}{kl}V \tag{6.6}$$

となる．この結果はオームの法則を表現している．式 (6.2), (6.3) と比較して

$$\text{抵抗: } R = \frac{kl}{ne^2S} \qquad \text{抵抗率: } \rho = \frac{k}{ne^2} \tag{6.7}$$

を得る．

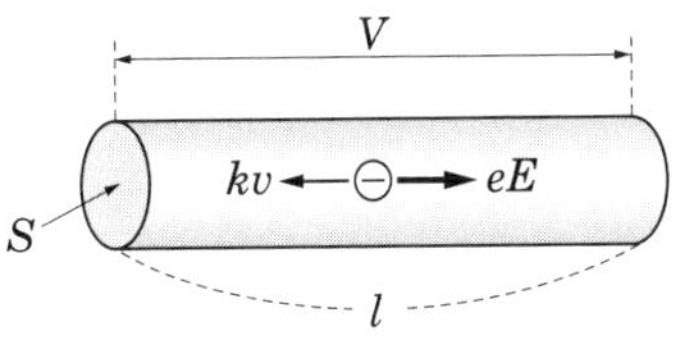

図 6.5

** イオンの熱振動は温度が高くなるほど激しい．このため温度が高いほど，金属の抵抗は大きい．

問題 6.2（**電子の移動速度**）　銅の単位体積あたりの自由電子数は $n = 8.5 \times 10^{28}\mathrm{m}^{-3}$ である．断面積 $S = 2.0 \times 10^{-7}\mathrm{m}^2$ の銅線に $I = 2.3$ A の電流が流れているとき，自由電子の平均の速さ *** は何 m/s か．ただし電子の電荷は $-e = -1.6 \times 10^{-19}$ C である．

*** **ドリフト速度**という．電子のドリフト速度は遅い（！）が，電気的信号は光の速さで伝わる．

§ 6.3　抵抗の接続と合成抵抗

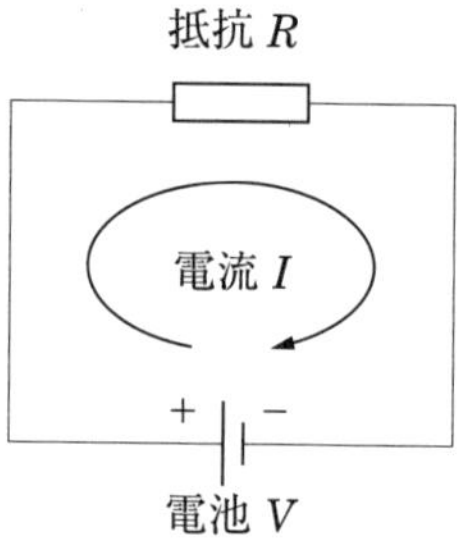

図 6.6

■直流回路　図 6.6 は，起電力 V の電池に抵抗 R を接続した回路である．この回路には矢印方向に

$$\text{電流}\quad I = \frac{V}{R} \tag{6.8}$$

が流れる．

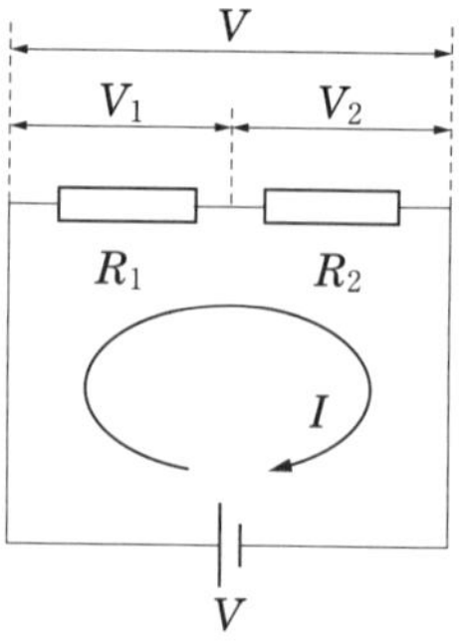

図 6.7　直列接続

■抵抗の直列接続　図 6.7 のように，抵抗が R_1，R_2 の 2 つの抵抗を直列に接続した場合には，各抵抗を流れる電流 I が共通なので，各抵抗に加わる電圧はそれぞれ，$V_1 = R_1 I$，$V_2 = R_2 I$ である．したがって全体では，$V = V_1 + V_2 = (R_1 + R_2)I$ の電位差となる．これを $V = IR$ と比べて

$$\textbf{直列接続の合成抵抗：}\boldsymbol{R = R_1 + R_2} \tag{6.9}$$

とおくと，図 6.7 と図 6.6 は**等価回路**となっている．

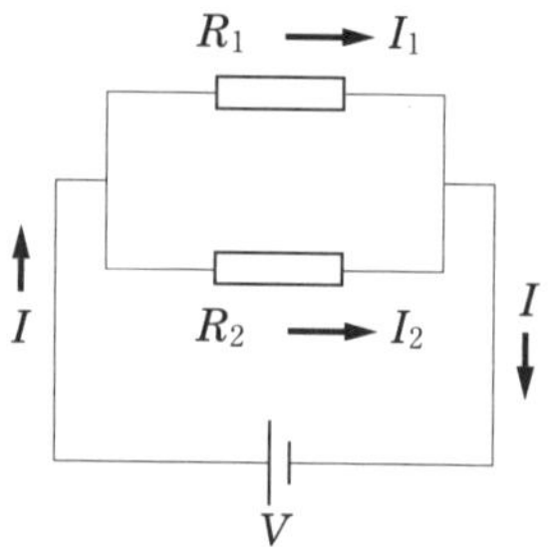

図 6.8　並列接続

■抵抗の並列接続　図 6.8 のように，抵抗が R_1，R_2 の 2 つの抵抗を並列に接続すると，R_1 と R_2 に加わる電圧 V は共通で，各抵抗を流れる電流はそれぞれ $I_1 = \dfrac{V}{R_1}$，$I_2 = \dfrac{V}{R_2}$ となるから，回路全体を流れる電流は $I = I_1 + I_2 = V\left(\dfrac{1}{R_1} + \dfrac{1}{R_2}\right)$ となる．これを $I = \dfrac{V}{R}$ と比較して，

$$\boldsymbol{\frac{1}{R} = \frac{1}{R_1} + \frac{1}{R_2}}\quad \therefore \textbf{並列接続の合成抵抗：}\boldsymbol{R = \frac{R_1 R_2}{R_1 + R_2}} \tag{6.10}$$

と置くと，図 6.8 と図 6.6 の 2 つの回路は等価になる．
3 個以上の抵抗の合成抵抗は上の考え方を拡張させて得られる．

問題 6.3（**合成抵抗**）　抵抗値 1.0, 2.0, 3.0 Ω の 3 つの抵抗を図 6.9 のように接続した．図 (a)～(e) のそれぞれの場合について，AB 間の合成抵抗を求めよ．

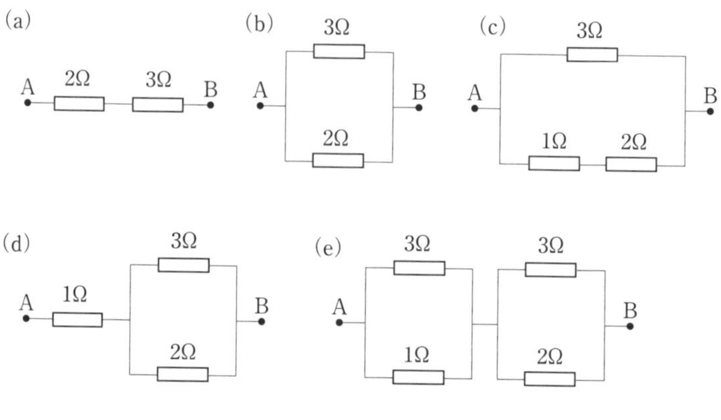

図 6.9

§ 6.4　電池と抵抗からなる直流回路

ここでは回路にオームの法則を適用する問題を扱う．問題の中で与えられている量（既知の量）と，これから求める量（未知量）を区別して計算を進めていくことが大事である．

例題 6.1（合成抵抗とオームの法則）　図 6.10(a) に示す回路で，

(1) BC 間の合成抵抗 R_{BC} は何 Ω か．
(2) AC 間の合成抵抗 R は何 Ω か．
(3) AC 間を流れる電流 I は何 A か．
(4) BC 間の電圧 V_{BC} は何 V か．
(5) 30Ω と 60Ω の抵抗を流れる電流はそれぞれ何 A か．

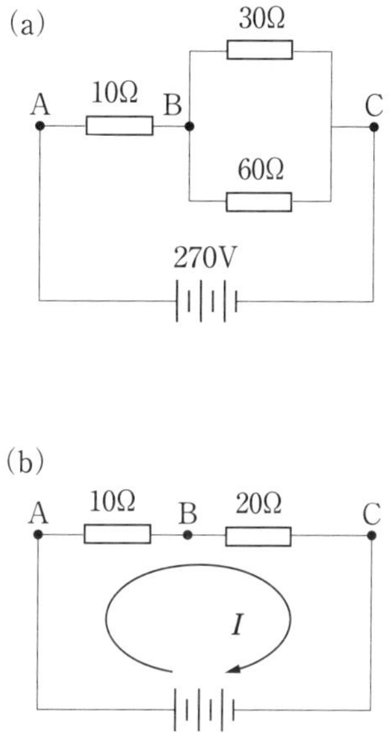

図 6.10

（解）(1) 抵抗の並列接続：$\dfrac{1}{R_{BC}} = \dfrac{1}{30} + \dfrac{1}{60} = \dfrac{1}{20}$ $\therefore R_{BC} = \mathbf{20}\Omega$.

(2)　図 (a) は図 (b) と等価である．直列接続で $R = 10 + 20 = \mathbf{30}\Omega$

(3)　オームの法則を適用して $I = V/R = 270/30 = \mathbf{9.0}\mathrm{A}$

(4)　$V_{BC} = I \times R_{BC} = 9.0 \times 20 = \mathbf{180}\mathrm{V}$

(5)　各抵抗に $V_{BC} = 180\mathrm{V}$ が加わるから，

抵抗 30 Ω を流れる電流 $I_1 = 180/30 = \mathbf{6.0}\mathrm{A}$

抵抗 60 Ω を流れる電流 $I_2 = 180/60 = \mathbf{3.0}\mathrm{A}$

■

問題 6.4（直流回路）　図 6.11 に示すように，1.0 Ω，2.0 Ω，3.0 Ω の 3 つの抵抗と電池 E を接続すると，3.0 Ω の抵抗には 4.0 A の電流が流れた．このとき

(1) BC 間の電圧は何 V か．抵抗 2.0 Ω を流れる電流は何 A か．
(2) AB 間を流れる電流は何 A か．AB 間の電圧は何 V か．
(3) 電池 E の起電力は何 V か．AC 間の全抵抗はいくらか．

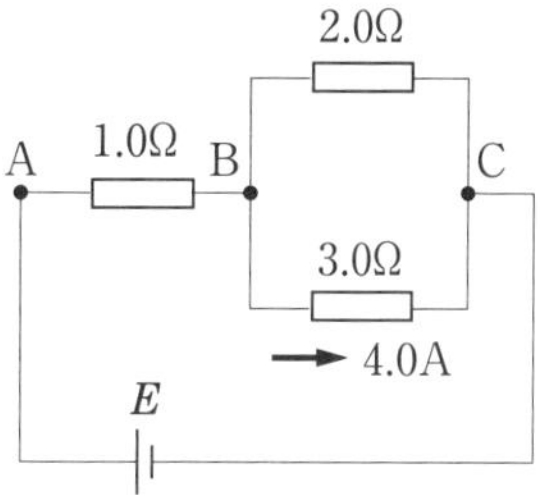

図 6.11

問題 6.5（等価回路）　図 6.12 に示すように，抵抗 r の 5 つの抵抗を接続した．

(1) AC 間の合成抵抗を求めよ．
(2) AB 間の合成抵抗を求めよ．

ヒント：複雑な回路はより簡単な回路にかき直して考えてみる．

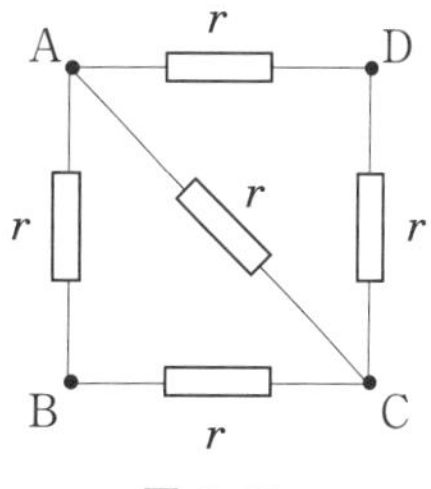

図 6.12

ま と め（6. 直流回路 (1)）

整理・確認問題

次の [　] には適当な言葉または数字を入れよ．

問題 6.6

(1) 電気抵抗の単位 [①]（オーム）は，電圧の単位 V（ボルト），電流の単位 A ([②]) を使って [③] と表せる．

(2) 導線の抵抗は導線の [④] に比例し， [⑤] に反比例する．抵抗率の単位は，Ω と m（メートル）を使って [⑥] と表せる．

(3) 長さ 20m，直径 1.0mm のニクロム線の抵抗を測定したら，28Ω だった．このニクロム線の抵抗率は [⑦] Ω·m である．

問題 6.7 長さ l [m], 断面積 S [m^2] の導体の両端に V [V] の電圧を加えると，導体内部に $E =$ [①] [V/m] の電界が生じ，導体中の自由電子（電荷 $-e$ [C]）は電界から $f = eE =$ [②] [N] の力を電界と [③] 向きに受けて進む．このとき，導体中の陽イオンと衝突によって速さ v [m/s] に比例した抵抗力 kv [N]（k は比例定数）も受けるので，電子の平均の速さ v [m/s] は，f と抵抗力 kv のつりあい条件より決まり，$v =$ [④] となる．導体の単位体積中の自由電子の数を n [1/m^3] とすると，断面を 1 秒間に通過する電子の数は $v\times$ [⑤] [1/s] となるので，電流の大きさは $I = v\times$ [⑥] $=$ [⑦] $\times V$ [A] となる．これはオームの法則に他ならないから，抵抗は $R =$ [⑧] $\times \dfrac{l}{S} = \rho \dfrac{l}{S}$ [Ω] となる．つまり，抵抗率 $\rho =$ [⑨] [⑩] と表せる．

基本問題

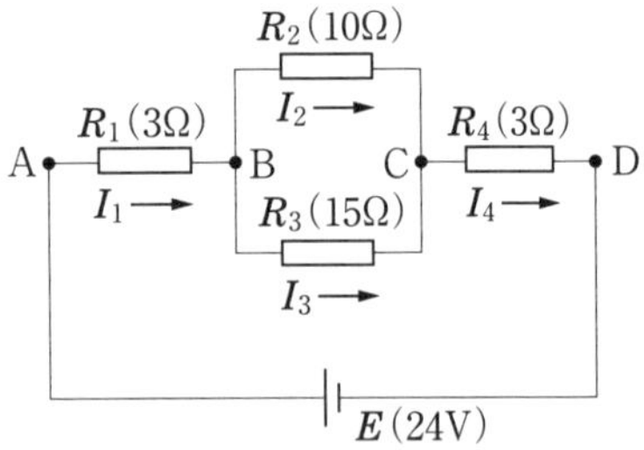

図 6.13

問題 6.8（電池と抵抗からなる回路） 図 6.13 のように，抵抗 R_1 (3Ω), R_2 (10Ω), R_3 (15Ω), R_4 (3Ω) と電池 E（起電力 24 V）を結線した回路がある．

(1) AD 間の全抵抗はいくらか．

(2) BC 間の電位差はいくらか．

(3) R_1, R_2, R_3, R_4 の抵抗を流れる電流 I_1, I_2, I_3, I_4 はそれぞれいくらか．

問題 6.9（合成抵抗）

(1) 抵抗 r を使って，図 6.14(a) のような回路を組み立てた．AB 間の合成抵抗はいくらか．

(2) 図 (b) のように無限に続くはしご形の回路における AB 間の抵抗を求めよ．

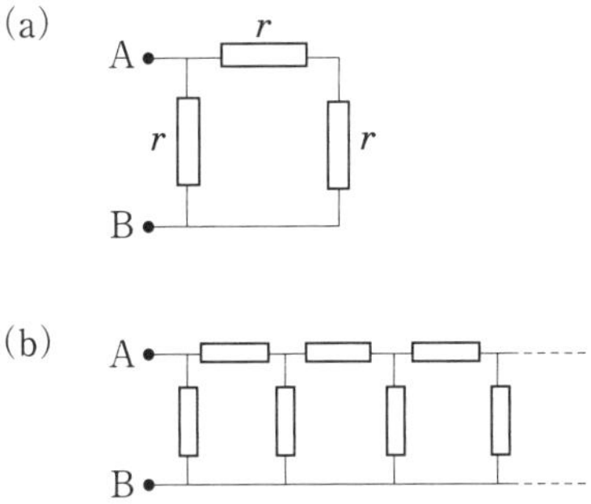

図 6.14

コーヒーブレイク

なかなか認められなかったオーム

電流を水流に，電位を高度（水位）に，電池を（水を持ち上げる）モーターに例えると，図 6.15(a) の回路は図 (b) のような水路になる．このとき「管 AB を流れる水流の強さ（単位時間の流量）は，水位差に比例する」というのがオームの法則である．このとき，管の内面の状態，太さ，長さによって水流の強さが異なるように，電気回路の場合にも，導線の物質，太さ，長さによって電流の強さが異なる．導線のもつこの性質が電気抵抗である．

幾つかある電磁気学の法則の中でも，オームの法則は最も簡単な法則であるが，必ずしも簡単に見つけられたわけではない．オームの法則の発表は 1826 年で，ボルタの電池の発明（1800 年）からかなり長い年月がたち，エルステッドによる電流の磁気作用の発見（1820 年，第 9 章参照）よりも後のことである．

オームは最初，ボルタの電池を使って電流の研究をしたが，ボルタの電池は，電圧が安定していない上に，電池の内部抵抗という，当時としては分りにくい現象があった．1821 年ゼーベックが熱起電力電源を開発したので，これによって内部抵抗の小さい安定した電圧を得た．さらに電流の大きさを正確に測定するために，電流の磁気作用を利用したねじり秤を使った．こうして初めて，回路に流れる電流の大きさ I は，途中に入れた抵抗 R に反比例することを証明した*．

苦心の末にまとめ上げたこの仕事で，オームは大学教授になることを期待した．しかし，これだけ大きな発見にもかかわらず，母国ドイツではなかなか認めてもらえなかった．先にフランスやイギリスで高く評価されて，やっと 1849 年にミュンヘン大学の員外教授に，1852 年に正教授になった．それは論文発表から 26 年後，亡くなる 2 年前のことである．

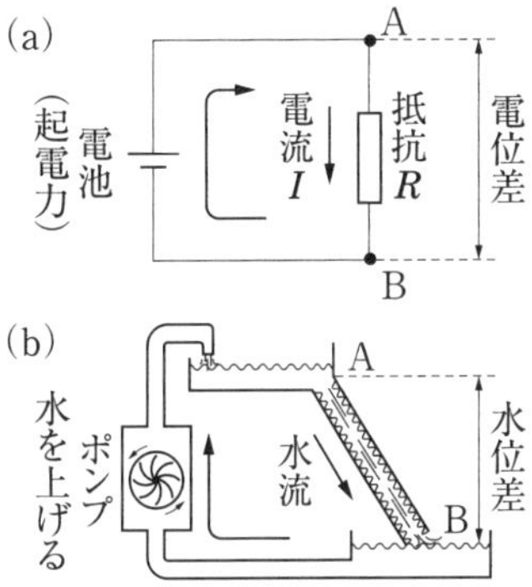

図 6.15　電流と水流の比較

図 6.16　オーム（1789～1854）

* オームの最大の功績は，それまで必ずしも明確でなかった「電流」と「電圧」という概念を確立したことにある．

7 直流回路 (2)

ここでは，電流のする仕事（電力）やキルヒホッフの法則を中心に，電流計・電圧計などの測定機器の基本について学ぶ．電気回路の学習の基本となる部分なので，演習問題を解きながらしっかりした実力を身につけよう．

§ 7.1 電流のする仕事

■電圧降下 (電位降下) 電流は電位の高い方から低い方に流れる．図 7.1 のように，抵抗 R に電流 I が流れているときには，その方向にそって電位が降下し，電位差 V $(= IR)$ を生じている．このことを**電圧降下**（**電位降下**）という．

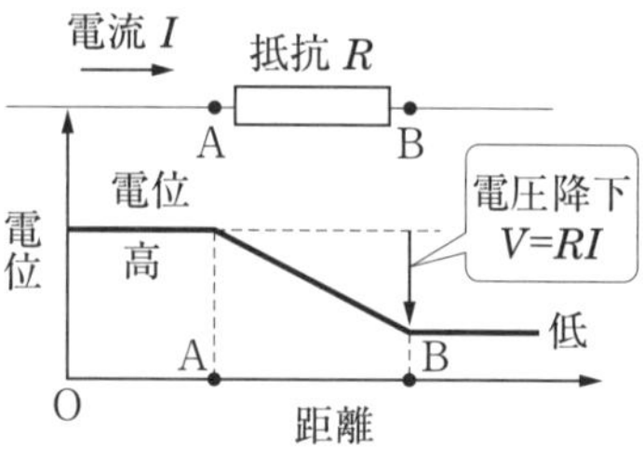

図 7.1

■電力量と電力 図 7.1 では，電流 I [A] によって，高電位の点 A から点 B へと時間 t [s] の間に電気量 $q = It$ [C] が移動している．AB 間の電位差を V [V] とすると，この間に電気的位置エネルギーが $qV = VIt$ [J] 減少し，その分が電気力による仕事へと変換している．このことから，電流がする仕事（**電力量**）W [J] は

$$電力量 \quad W = Pt = VIt \tag{7.1}$$

と表される．P は仕事率（電流が 1 秒間あたりする仕事）で，**電力**といい，単位ワット（記号 **W**）で表す．つまり，P [W] は

$$電力 \quad P = \frac{W}{t} = VI \tag{7.2}$$

■ジュール熱 導線に電流を通すと熱が生じる．これは電流のした仕事が熱エネルギーに変換したもので，**ジュール熱**とよばれる．導線の抵抗を R [Ω] とすると，

$$ジュール熱（=電力量）W = Pt = VIt = I^2Rt = \frac{V^2}{R}t \tag{7.3}$$

となる．

問題 7.1（電熱器） 100 V 用 400 W の電熱器がある．

(1) この電熱器の抵抗は何 Ω か．

(2) この電熱器を 80 V の電源につなぐと，流れる電流は何 A か．そのとき消費される電力は何 W か．抵抗は一定であるとする．

§ 7.2 キルヒホッフの法則

■キルヒホッフの法則 各部分の電流や電圧を求めるのに，簡単な回路ではオームの法則が利用されるが，より複雑な回路では次の**キルヒホッフの法則**が適用される．キルヒホッフの法則は次の 2 つの法則からなる *．

第 1 法則： 回路中のどの交点でも，
(流れこむ電流の和) ＝ (流れ出る電流の和)

第 2 法則： 任意の (ひとまわりの) 閉じた回路について，
(起電力の代数和) ＝ (電圧降下の代数和)

ただし回路を 1 周する向きを仮定し，起電力は，その向きに電流を流そうとする場合を正，反対向きを負とする．電圧降下は，仮定した回路の向きと電流の向きが一致する場合を正，反対向きを負とする．

* 電流を水の流れに例えると理解しやすい．
第 1 法則は，水路の交点で (流れ込む量) ＝ (流れ出る量)，
第 2 法則は，押し上げポンプ (電池) で汲み上げた水が，高さ (電位差) の分だけ流れ下り (電圧降下)，ポンプ (起電力) でまた汲み上げられて循環する．流れ降りるときの摩擦力 (抵抗) によってエネルギーが転換される．

例題 7.1 (キルヒホッフの法則) 図 7.2(a) に示す回路において，電流 I_1，I_2，I_3 [A] の向きを図に示したように仮定する．このとき

(1) C 点への電流の流入・流出について，第 1 法則をかけ．
(2) 閉回路 $\overrightarrow{\mathrm{ABCDEA}}$ (ァ) について，第 2 法則をかけ．
(3) 閉回路 $\overrightarrow{\mathrm{ABCFGEA}}$ (ィ) について，第 2 法則をかけ．
(4) 上の 3 式から電流 I_1，I_2，I_3 [A] を求めよ．

(解) (1) 点 C で (流れこむ電流の和) ＝ (流れ出る電流の和)

$$I_1 + I_2 = I_3 \ldots ①$$

(2) 図 (b) で，4.5 V の電池の向きと，抵抗 3 Ω を流れる電流 I_2 の向きが，考えている閉回路の向きと反対向きであることを考慮して負の符号をつける．(起電力の和) ＝ (電圧降下の和) の式は

$$+9 - 4.5 = 8I_1 - 3I_2 + 6I_1 \ldots ②$$

(3) 同様に，図 (c) より (起電力の和) ＝ (電圧降下の和) を表すと

$$+9 = 8I_1 + 8I_3 + 16I_3 + 6I_1 \ldots ③$$

(4) ①～③を連立して解くと

$$I_1 = \mathbf{0.30}\ \mathrm{A},\quad I_2 = \mathbf{-0.10}\ \mathrm{A},\quad I_3 = \mathbf{0.20}\ \mathrm{A}$$

(計算結果の I_2 が負の値になったのは，実際の I_2 の向きが最初図 (a) で仮定した向きと反対向きであることを意味する．)

■

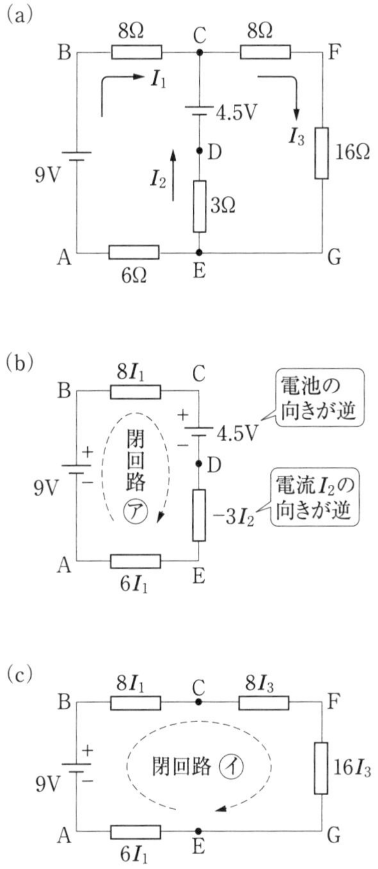

図 7.2

§ 7.3　電池・電流計・電圧計

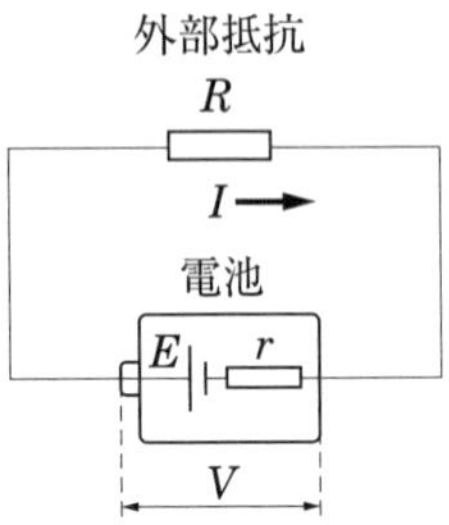

図 7.3　電池の内部抵抗 r

■電池の起電力と内部抵抗　図 7.3 は，電池のはたらきを示した図である．電流が流れていないときの電池の両極の電位差 E [V] を**起電力***，電流が流れているときの両極間の電位差 V [V] を**端子電圧**という．電池を流れる電流が I [A] のとき，

$$V = E - Ir \tag{7.4}$$

の関係がある．r [Ω] を**電池の内部抵抗**とよぶ **．

* 起電力というが，その単位は N でなく V である．電池の中で電位の低い方から高いほうへと電荷を持ち上げている**力**がはたらいていることからの連想．

** 例えばボルタの電池の内部抵抗は 0.3〜0.6 Ω，乾電池は 0.1〜4 Ω．

> **例題 7.2**（**電池の最大電力**）　図 7.3 に示すように，起電力 E，内部抵抗 r の電池を，可変抵抗 R に直列接続した．外部抵抗 R での消費電力が最大になるときの R の値と，その最大消費電力を求めよ．

（**解**）回路を流れる電流は $I = \dfrac{E}{R+r}$ であるから，

R での消費電力 $P = VI = I^2R = \left(\dfrac{E}{R+r}\right)^2 R = E^2 \times \dfrac{R}{(R+r)^2}$.

P を R の関数（E と r は一定）とみて微分すると，最大値の条件は

$$\frac{dP}{dR} = E^2 \times \frac{r-R}{(R+r)^3} = 0.$$

すなわち，外部抵抗と内部抵抗が等しい ($\boldsymbol{R = r}$) とき，

$$\text{外部抵抗の消費電力は最大値 } P = \frac{\boldsymbol{E^2}}{\boldsymbol{4r}}$$ ■

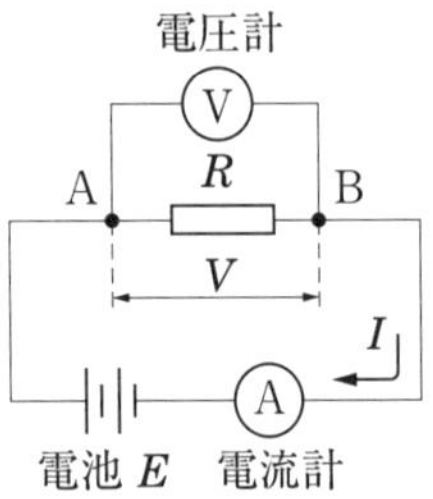

図 7.4　電流計と電圧計

■電流計と電圧計　図 7.4 に示すように，

- **電流計**は測定したい電流 I に直列に
- **電圧計**は電圧を測定したい 2 点 AB に並列に

接続する．計器を接続したことによる回路への影響をできるだけ小さくするため，電流計の内部抵抗は小さく，電圧計の内部抵抗は大きく設定されている．

問題 7.2（**電池の起電力と内部抵抗**）　ある電池に 130 Ω の外部抵抗をつないだところ 0.20 A の電流が流れ，40 Ω の外部抵抗をつないだら 0.60 A の電流が流れた．この電池の起電力と内部抵抗はいくらか．

§ 7.4　未知の抵抗と電位差の測定

問題の中で与えられている量（既知の量）とこれから求める量（未知量）を区別して計算を進めていくこと．

例題 7.3（ホイートストン・ブリッジ）　図 7.5 に示す回路において，R_1，R_2 は正確な値がわかっている抵抗，R_3 は可変抵抗，G は検流計，E は電池である．いま未知の抵抗 R_x を図のように取り付け，R_3 を調節して，検流計 G に電流が流れないようにした．このとき，R_x を R_1，R_2，R_3 で表せ．

（解）検流計 G に電流が流れないから，ADB を流れる電流を I_1，ACB を流れる電流を I_2 とおく．G に電流が流れないのは D と C が等電位だからである．

条件 $V_{\mathrm{AD}} = V_{\mathrm{AC}}$ より $I_1R_1 = I_2R_2 \cdots$ ①

条件 $V_{\mathrm{DB}} = V_{\mathrm{CB}}$ より $I_1R_x = I_2R_3 \cdots$ ②

①と②より　$R_x = \dfrac{\boldsymbol{R_1 \cdot R_3}}{\boldsymbol{R_2}}$.　■

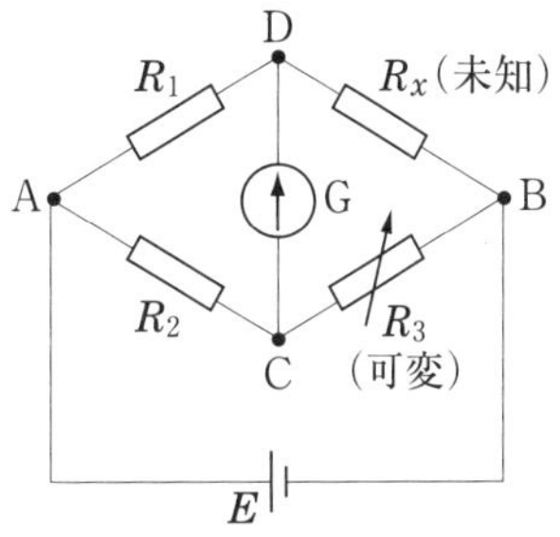

図 7.5　ホイートストン・ブリッジ

例題 7.4（メートル・ブリッジ）　図 7.6 に示す回路において，AB は長さ 1.0 m の太さ一様な抵抗線，R_1 は 10Ω の標準抵抗，R_x は抵抗値が未知の抵抗である．いま AC = 40 cm のとき，検流計 G には電流が流れなかった．未知の抵抗 R_x は何 Ω か．

（解）一様な抵抗線では（長さの比）＝（抵抗の比）．ホイートストン・ブリッジと同じ原理で，

$$R_x = \frac{R_{\mathrm{CB}}}{R_{\mathrm{AC}}} \times R_1 = \frac{\mathrm{CB}}{\mathrm{AC}} \times R_1 = \frac{60}{40} \times 10 = \mathbf{15\Omega}$$　■

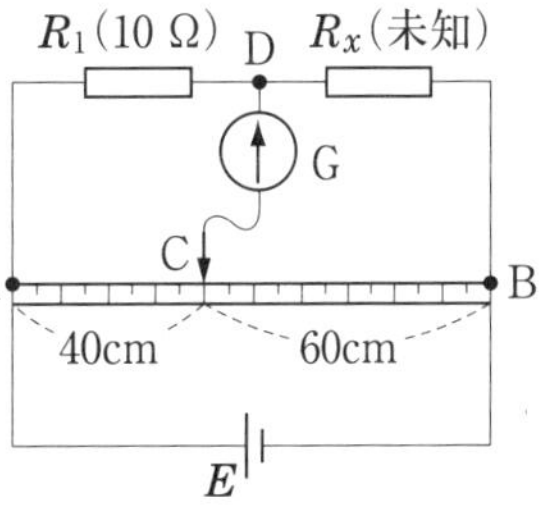

図 7.6　メートル・ブリッジ

例題 7.5（電位差計）　図 7.7 に示す回路において，AB は太さが一様な抵抗線である．いまスイッチ S を E_1（標準電池）側に入れて接点 C を移動させたところ，AC=l_1 の点 C_1 で検流計 G に電流が流れないようになった．次に S を E_x（未知の電池）側に入れて同様な実験をすると，電流が流れないときの長さは l_x になった．未知の起電力 E_x を，l_1，l_x と E_1 で表せ．

（解）G に電流が流れないときは，E_1 や E_x は回路 ACBE を流れる電流 I に影響しない．このため，$E_1 = I \times R_{\mathrm{AC1}} \ldots$ ① $E_x = I \times R_{\mathrm{AC}} \ldots$ ② が成立する．一様な抵抗線では（抵抗の比）＝（長さの比）だから，

$$\frac{E_x}{E_1} = \frac{IR_{\mathrm{AC}}}{IR_{\mathrm{AC1}}} = \frac{\mathrm{AC}}{\mathrm{AC_1}} = \frac{l_x}{l_1} \quad \therefore \quad E_x = \frac{\boldsymbol{l_x}}{\boldsymbol{l_1}}\boldsymbol{E_1}$$　■

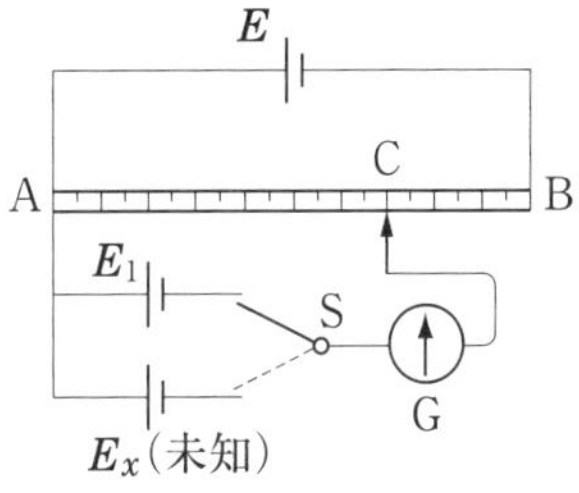

図 7.7　電位差計

まとめ（7. 直流回路 (2)）

整理・確認問題

次の［　　］には適当な言葉または数字を入れよ．

問題 7.3　抵抗値が 2.0 Ω と 3.0 Ω の 2 つの抵抗と，内部抵抗の無視できる起電力 6.0 V の電池がある．

(1) 2 つの抵抗を直列接続して電池に接続すると，各抵抗には同じ大きさの電流［①］A が流れる．このとき 2Ω の抵抗での消費電力は［②］W で，3Ω の抵抗での消費電力は［③］W である．回路全体では 1 分間で［④］J の熱が発生する．

(2) この 2 つの抵抗を並列接続して電池に接続した．このとき，2Ω の抵抗での消費電力は［⑤］W で，3Ω の抵抗での電力は［⑥］W である．回路全体では 1 分間で［⑦］J の熱が発生する．

コーヒーブレイク

物理のトリビア *

* trivia（トリビア）つまらない（ささいな）こと．物理のトリビアとは，知っていても物理のテストでは全く役に立たないムダな知識のこと．

● **ホイートストン・ブリッジを考案したのはホイートストンではない．**

ホイートストン (1802～1875) がブリッジ回路を考案したのは 1843 年であるが，この論文の中で，「この精密な抵抗測定法の最初の着想者はクリスティーで，10 年前の論文にその原理が述べられている」と記している．先輩の着想を装置化した測定法ではあったが，ホイートストン・ブリッジとして定着してしまった．ホイートストン自身は大変内気で恥ずかしがり屋で，あがってしまって講演を途中で中止したこともあったという **.

** 交流理論に複素数を導入したヘビサイド (1850～1925) はホイートストンの甥である．

● **クーロンの法則を最初に発見したのはクーロンではない．**

2 つの電荷の間にはたらく力が距離の 2 乗に反比例するということは，キャベンデッシュ (1731～1810) の方がクーロンよりも先に気づいていた．その他にも電気に関する研究や万有引力定数の測定などをしたが，名門貴族に生まれたキャベンデッシュは社交を極端に嫌い *** 自分の研究成果を発表しなかったため，その業績は約 100 年間世間に知られることはなかった．後にキャベンデッシュ家が研究所をつくり，電磁気学を大成したマクスウェルがその初代所長に就任したとき，遺された文書を整理して明らかになった．

*** 特に女嫌いは有名で，屋敷内で女の召使と会わなくてすむように，屋敷の裏に婦人専用の階段を作らせたという．

基本問題

問題 7.4（**電池の起電力**）　起電力が 1.5 V の電池に抵抗 R をつないだところ，5.0 A の電流が流れ，電池の両極間の電位差は 1.4 V になった．電池の内部抵抗 r およびつないだ外部抵抗 R の値を求めよ．

問題 7.5（**連結電球の消費電力**）　100V 用 100W の電球と 100V 用 50W の電球を直列にして，全体に 100V の電圧を加えると，両電球の消費電力は全体で何 W か．

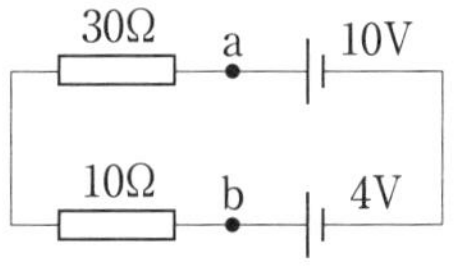

図 7.8

問題 7.6（**キルヒホッフの法則**）　図 7.8 に示す回路において，点 a を流れる電流の大きさと向きを求めよ．

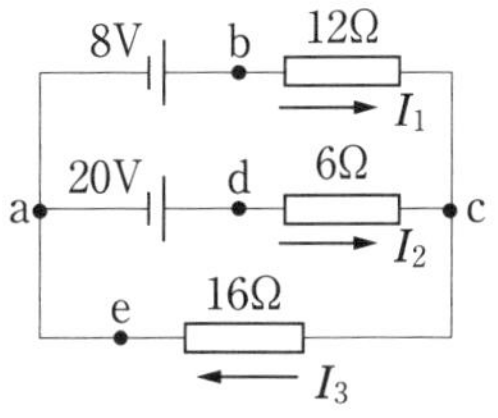

図 7.9

問題 7.7（**キルヒホッフの法則**）　図 7.9 に示すように，起電力 20 V，8.0 V の 2 つの電池（内部抵抗は無視できる）と，抵抗値 12Ω，6Ω および 16Ω の 3 つの電気抵抗をつかって直流回路をつくった．いま各抵抗を流れる電流の向きを図中のようにとり，その大きさを I_1，I_2，I_3 [A] とするとき，

(1) 点 a にキルヒホッフの第 1 法則を適用せよ．
(2) 閉回路 $\overrightarrow{\mathrm{abcea}}$ にそってキルヒホッフの第 2 法則を適用せよ．
(3) 閉回路 $\overrightarrow{\mathrm{adcea}}$ にそってキルヒホッフの第 2 法則を適用せよ．
(4) 各抵抗を流れる電流 I_1，I_2，I_3 を求めよ．

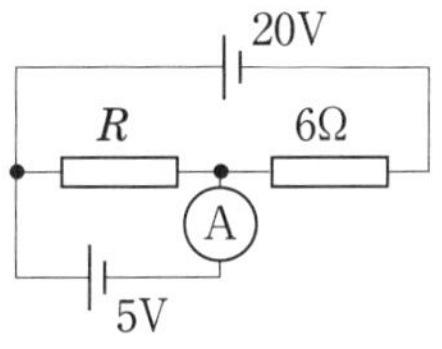

図 7.10

問題 7.8（**キルヒホッフの法則**）　図 7.10 の回路で，電流計 A を流れる電流が 0 ならば，抵抗 R は何 Ω か．

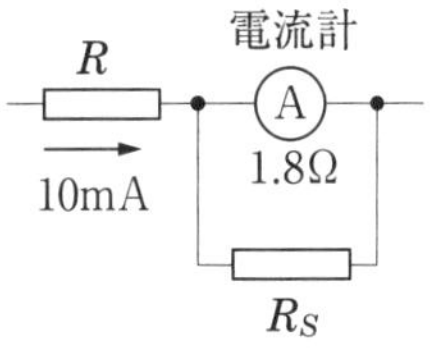

図 7.11

問題 7.9（**電流計の分流器**）　内部抵抗が 1.8 Ω で，1.0mA の電流が流れると指針が 1 目盛り振れる電流計がある．これに抵抗 R_S を図 7.11 のように並列に接続することで，抵抗 R に 10mA の電流が流れると，電流計の指針が 1 目盛り振れるようにしたい，抵抗 R_S（これを電流計の分流器という）を何 Ω にすればよいか．
※ ヒント：図で，電流計には 1.0mA の電流が流れている．
（この方法で電流計の許容範囲の 10 倍までの電流が計れる．）

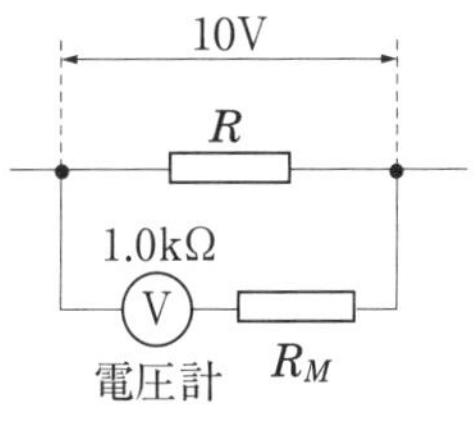

図 7.12

問題 7.10（**電圧計の倍率器**）　内部抵抗が 1.0 kΩ で，1.0 V の電圧が加わると指針が 1 目盛り振れる電圧器がある．これに抵抗 R_M を図 7.12 のように直列に接続することで，抵抗 R に 10V の電圧が加わると，電圧計の指針が 1 目盛り振れるようにしたい．抵抗 R_M（これを電圧計の倍率器という）を何 Ω にすればよいか．
※ この方法で電圧計の許容範囲の 10 倍までの電圧が計れる．

8 問題演習（電界と電流）

問題を解く一番の近道は，文章中で与えられている条件を紙に書き出してみることである．「3.0A の電流」と書いてあったらすぐ $I = 3.0$ A とノートに書いてみる，あるいは図に書き込む．その習慣をつけるだけで，正答率がぐ～んと向上するはずだ．数値計算では電卓を使用してもよいが，できるだけ手で文字式を整理して，最後の段階で数値を入れること．

A. 基本問題（電界）

問題 8.1（電子ボルト (eV)） 1 個の電子が 1V だけ電位の低い点に移動するとき，得られる位置エネルギーを 1 eV（エレクトロン・ボルト）とよび，原子物理学ではエネルギーの単位としてよく用いられる．電子の質量は $m = 9.1 \times 10^{-31}$ kg，電荷は $e = -1.6 \times 10^{-19}$ C として，

(1) 1 eV は何ジュール (J) か．

(2) 静止の状態から 1.0 eV で加速された電子の速さを求めよ．

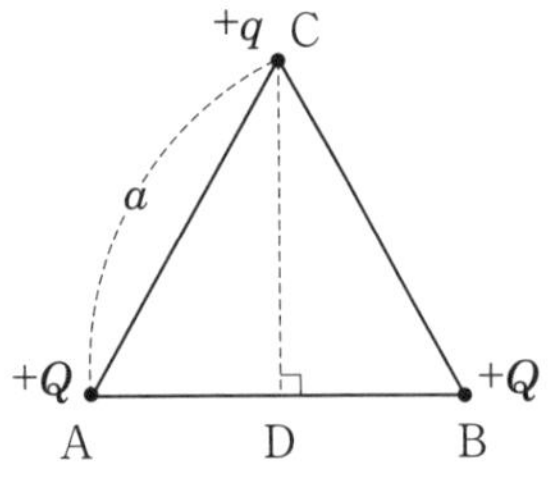

図 8.1

問題 8.2（2 電荷のつくる電界と電位） 図 8.1 に示すように，1 辺が a の正三角形 ABC の上の 2 点 A，B に正電荷 Q を，点 C に正電荷 q を置く．点 D は AB の中点である．空間の誘電率を ε_0 とする．

(1) 点 C の電荷 q の受ける力 F の大きさと向きを求めよ．

(2) 電荷 q を点 C から点 D へと運ぶときに要する仕事 W を求めよ．

問題 8.3（球対称に分布した電荷のつくる電界） 半径 a の球内に負電荷 $-Q$ が一様に分布し，その中心に正の電荷 Q があるとき，この球内外の電界の強さ E を，球の中心からの距離 r の関数として表せ．ただし空間の誘電率を ε_0 とする．

問題 8.4（平行平板コンデンサー） 面積 0.020 m^2 の絶縁した 2 枚の金属板を，互いに平行に 0.0050 m 離して対置させ，これに 400 V の電位差を与えた．空間の誘電率を $\varepsilon_0 = 8.85 \times 10^{-12}$C/V $\cdot$ m とするとき，

(1) 両板間にできる電界の強さはいくらか．

(2) 両板に現れる表面電荷密度はいくらか．

(3) 両板間の電界に蓄えられているエネルギーはいくらか．

(4) 両板が引き合う力はいくらか．

問題 8.5（平行平板コンデンサーの極板間にはたらく力）　面積が S の極板 2 枚を x だけ隔てておいてつくった平板コンデンサーに $\pm Q$ の電荷を蓄えたときのエネルギーは $W = (Q^2/2\varepsilon_0 S)x$ で与えられる．これを用いて，両極板荷引き合っている力を求めよ．また，極板に存在する電荷が受けている電界は，極板間に生じている電界の半分であることを示せ．

問題 8.6（ブラウン管の原理）　図 8.2 に示すように，水平に置かれている長さ l の偏向板（平行板電極）の右端から距離 L のところに蛍光面を置く．偏向板間の電界の強さは E で，その外側には電界はないものとしてよい．いま電子（質量 m，電荷 $-e$）が速さ v で偏向板に水平に飛び込んできた．電子が飛び込んできた方向を x 軸，鉛直方向に y 軸をとり，重力の影響は無視できるものとして，次の問いに答えよ．

(1) 電子が偏向板間を通過するのに要する時間 t_1 を求めよ．
(2) 電子が偏向板間を出るときの y 方向の位置の変化 y_1 を求めよ．
(3) 電子が偏向板間をでるときの向き（図中の角 θ の $\tan\theta$）を求めよ．
(4) 蛍光板上での x 軸からの変位 y を求めよ．

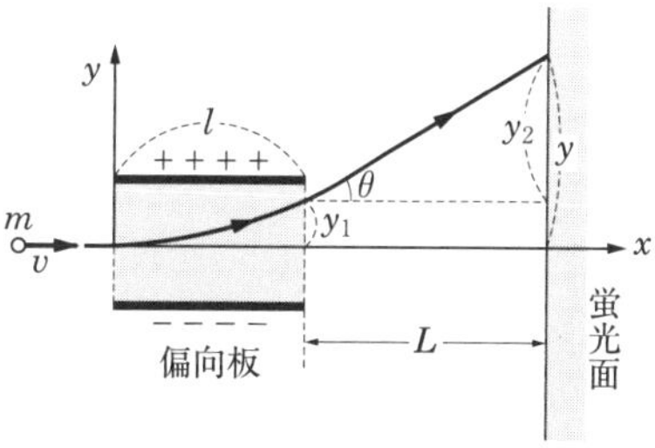

図 8.2　ブラウン管の原理

コーヒーブレイク

始まりは「イ」

高柳健次郎 (1899〜1990) はある日，本屋で立ち読みしたフランスの雑誌のなかに「未来のテレビジョン」という漫画を見つけた．「ラジオ放送が無線で声を送れるのなら，映像も可能ではないか」と，自ら「無線遠視法」と名づけ，空想を膨らませていた健次郎は，これをきっかけに本格的にテレビの研究を志す．それから 3 年後，浜松高等工業学校助教授となった健次郎は，ブラウン管の蛍光面に「イ」の文字を映し出すことに成功した．これは送像側はニポー円板を使った機械式だったが，受像側にブラウン管を使った電子式（走査線 40 本）で，世界で最初の電子式テレビジョンの実験とされる．この日（1926 年 12 月 25 日）大正天皇が亡くなり，「昭和」が始まった．健次郎はその後も長く，日本のテレビ開発のリーダーとして第一線で活躍を続け，「日本のテレビの父」とよばれた *．

ちなみに 1992 年日本で生まれたプラズマテレビが最初に表示したのは「愛」の文字である．開発に成功したのは，大手メーカーの「窓際」事業部（失礼！）の技術者たちで，「技術を育てるのは愛だ」がそのリーダーの信念だった．

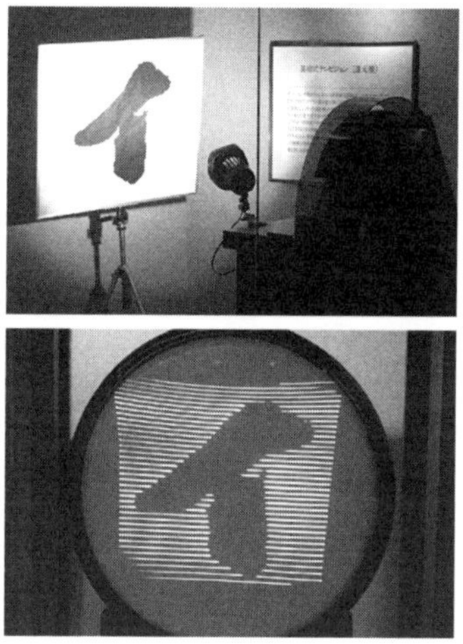

図 8.3　高柳式テレビ（上）ニポー円板で像「イ」を取り込む．（下）ブラウン管上に映し出された「イ」の字

* 健次郎は研究ノートに記す．「恒に夢を持つこと，志を捨てず，難しきにつく」(63 歳)．「神よ吾に知恵を授けた賜え」(69 歳のとき)

B. 標準問題（電界）

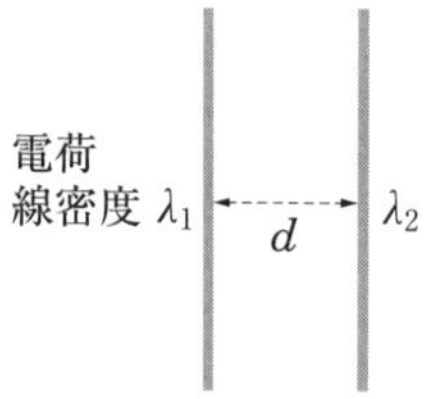

図 8.4

問題 8.7（帯電した平行な電線間にはたらく力） 図 8.4 に示すように 2 本の平行電線があり，その間隔は d である．それぞれを単位長さあたり λ_1，λ_2 に帯電させたとき，平行な電線間にはたらく力は，単位長さあたりいくらか．空間の誘電率を ε_0 とする．

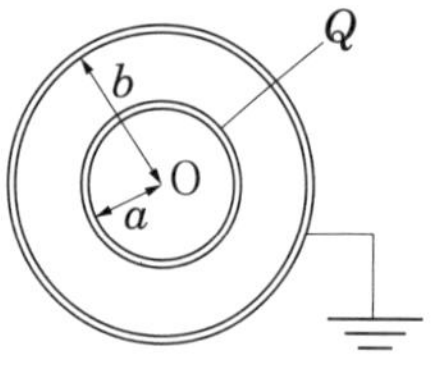

図 8.5

問題 8.8（同心導体球殻のコンデンサー） 図 8.5 に示すように，導体球（半径 a）と，これと同心の外側の導体球（半径 b）からなるコンデンサーがある．外側の球を接地し，内側の球に電荷 Q を与えると，内側の球の電位 V はいくらか．またこのコンデンサーの容量 C はいくらか．空間の誘電率を ε_0 とする．

問題 8.9（導体球の電気容量） 正電荷 Q をもつ導体球（半径 a）がある．誘電率を ε_0 とするとき，

(1) 導体球の電気容量 C を求めよ．

(2) この導体球コンデンサーに蓄えられているエネルギー W を求めよ *．

(3) 球の中心 O からの距離 $r\ (> a)$ での電界の強さ E を求めよ．

(4) 電界の強さ E の場所には単位体積あたり $u = \frac{1}{2}\varepsilon_0 E^2$ の「場のエネルギー」が存在する．電荷 Q をもつ導体球のまわりの場のエネルギー U を求めよ **．

* ヒント：$W = \dfrac{1}{2}CV^2 = \dfrac{Q^2}{2C}$

** 球の表面積は $4\pi r^2$ だから，半径 r と $r + dr$ の薄い球殻の体積中には $u \times 4\pi r^2 dr$ のエネルギーが存在する．この量を r について a から ∞ まで積分せよ．

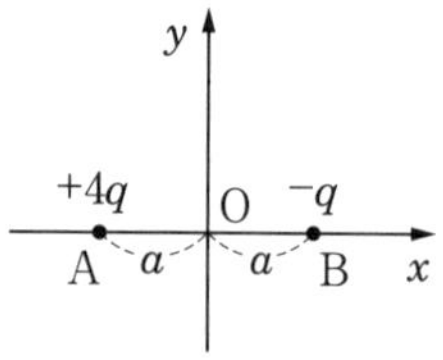

図 8.6

問題 8.10（電界と電位） 図 8.6 に示すように，$x-y$ 平面上の 2 点 A $(-a, 0)$，B $(a, 0)$ 上に，点電荷 $+4q$ と $-q$ をそれぞれ置いた $(q > 0)$．

(1) 生じた電気力線の様子を図示せよ（フリーハンドでよい）．

(2) 電位 0 の等電位線が $x-y$ 平面上で描く曲線の方程式を求めよ．ただし電位は無限遠を 0 にとる．

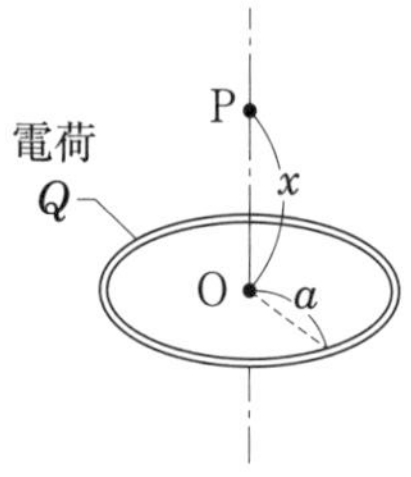

図 8.7

問題 8.11（円形電荷が中心軸上につくる電位と電界） 図 8.7 に示すように半径 a の円形導線上に電荷 Q が一様に分布している．中心軸上で，円の中心 O から x だけ離れた点 P の電位と電界の強さを求めよ．空間の誘電率を ε_0 とし，電位は無限遠方を 0 とする．

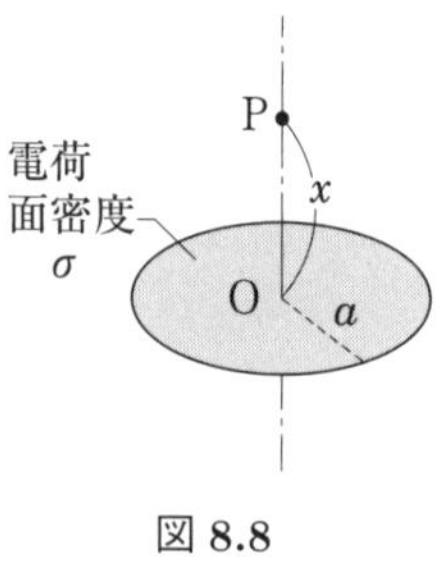

図 8.8

問題 8.12（円板状の一様電荷が中心軸上につくる電位と電界） 図 8.8 に示すように半径 a の円板導線上に単位面積あたり σ で一様に電荷が分布している．中心軸上で，円の中心 O から x だけ離れた点 P の電位と電界の強さを求めよ．空間の誘電率を ε_0 とし，電位は無限遠方を 0 とする．

A. 基本問題（電流）

問題 8.13（**コンデンサーを含む回路**）　図 8.9 に示す回路において，R_1，R_2，R_3，R_4 はそれぞれ，抵抗値が 1.0 Ω，2.0 Ω，3.0 Ω，4.0 Ω の抵抗で，C は電気容量が 5.0 μF のコンデンサー，E は起電力 6.0 V の電池（内部抵抗の無視できる）である．次の問いに答えよ．

(1) 点 a と点 b の電位はいくらか．ただし点 G で接地してある．

(2) コンデンサー C に蓄えられている電気量 Q はいくらか．

(3) 抵抗 R_3 を別の抵抗 X と置き換えたら，コンデンサー C の電荷が 0 になった．X は何 Ω か．

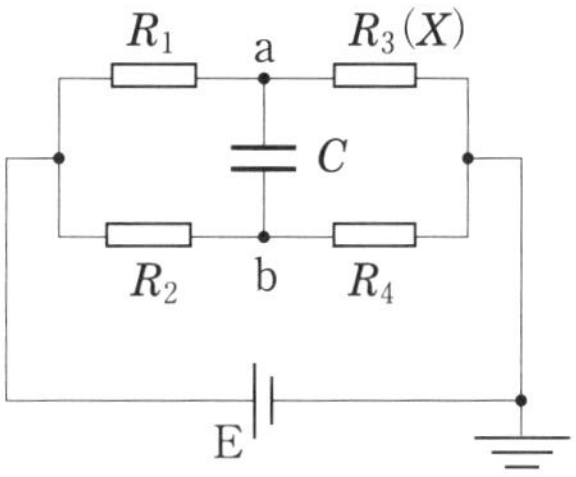

図 8.9

問題 8.14（**正四面体形回路の合成抵抗**）　同じ長さの抵抗線 6 本を使って図 8.10 に示すような正四面体形回路 ABCD を組み立てた．各抵抗線の抵抗は r である．いま 2 頂点 AB 間に電圧 V をかけたところ，回路全体には電流 I が流れた．対称性を考慮して各辺を流れる電流を，図のように I_1，I_2 とおく（DC 間には電流は流れない）．

(1) 点 B にキルヒホッフの第 1 法則を適用せよ．

(2) 閉回路 $\overrightarrow{\text{EBAE}}$ にキルヒホッフの第 2 法則を適用せよ．

(3) 閉回路 $\overrightarrow{\text{EBCAE}}$ にキルヒホッフの第 2 法則を適用せよ．

(4) I_1 と I_2 を I で表せ．

(5) AB 間の合成抵抗 $R\ (= V/I)$ を求めよ．

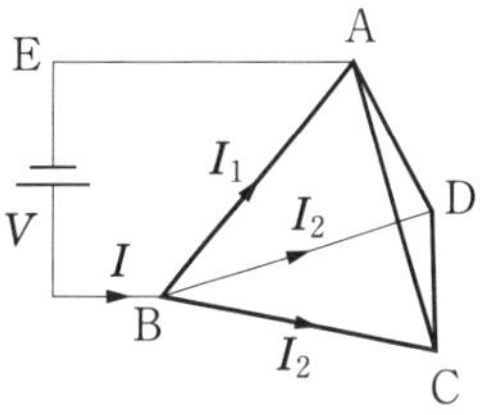

図 8.10

コーヒーブレイク

冬の日の静電気

冬の日に，何か金属に触れた時や衣服を脱ぐとき，バチッと来る嫌な衝撃を，皆さんも経験したことがあると思う．これは人体に蓄えられた静電気が逃げていくときに感じる感覚である．服を着て動く際，重なり合う繊維が摩擦を起こす．その摩擦によって静電気が生じる *．人体はその静電気を帯びるが，空気の乾燥している冬はその静電気が発生しやすいのである．

人にも個人差があって，静電気を帯びやすい人がいる．人によっては，1 万ボルト以上の高電圧状態になる **．ところで著者はあるとき，民放番組で，「激しいキッスをする男と女」という投稿ビデオを見たことがある．厚底の靴を履いた男と女が，それぞれ毛皮や絹製品などに体をこすり付けて帯電させた後，部屋を暗くして互いの唇を近づけると ... 2 人の唇の間に一瞬火花が飛んだのである！ 番組自体に何かトリックがあるようには見えなかった．とすると，あれは静電気による放電？ それとも 2 人の激しい愛の証し ...?

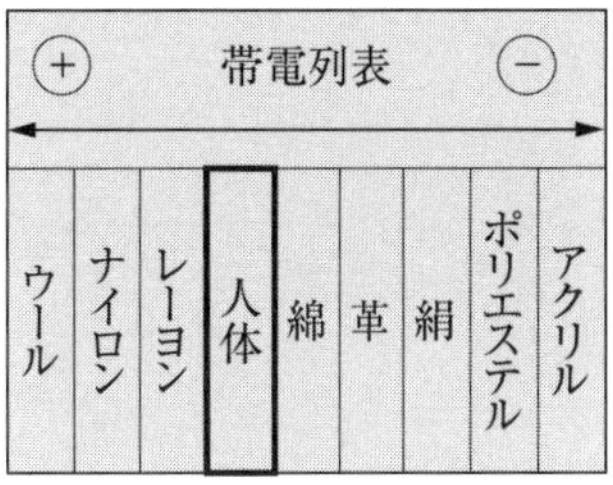

図 8.11

* 上の帯電列表から，例えば人体とウール（毛皮）をこすり合わせると，人体は負に，ウールは正に帯電することがわかる．

** 電圧 (V) が高くても電気量 (q) が非常に小さいので，身体への影響 (qV) は小さい．

B. 標準問題（電流）

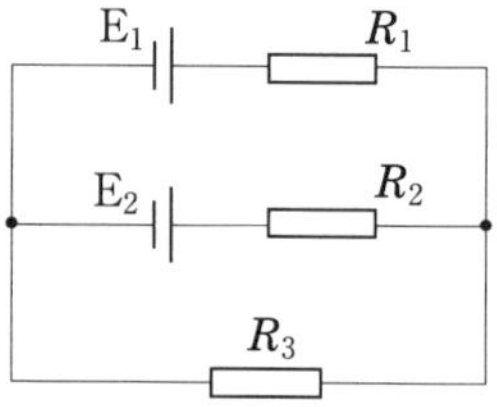

図 8.12

問題 8.15（キルヒホッフの法則） 図 8.12 の回路で，2 つの電池 E_1 (120V), E_2 (60V) の内部抵抗は無視できるとする．抵抗 R_1 (10Ω), R_2 (30Ω)，R_3 (45Ω) を流れる電流はそれぞれいくらか．

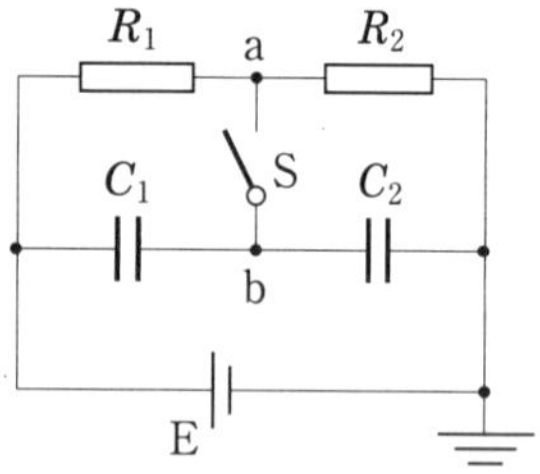

図 8.13

問題 8.16（コンデンサーを含む直流回路） 抵抗 R_1 (40 Ω)，R_2 (20 Ω)，コンデンサー C_1 (3 μF)，C_2 (2 μF)，電池 E (6 V) を使って，図 8.13 に示す回路を組み立てた．電池の内部抵抗は無視できる．最初スイッチ S は開いていた．

(1) C_1 の一方の極に蓄えられている電気量はいくらか．
(2) S を閉じたとき，電流はどの向きに流れるか (a→b か b→a か)．また S を通って移動する電気量はいくらか．

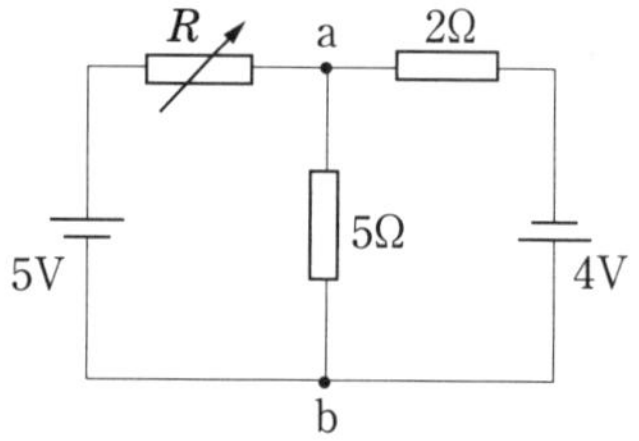

図 8.14

問題 8.17（可変抵抗を含む回路） 図 8.14 の回路において，R は可変抵抗器であり，電池の内部抵抗は無視できる．

(1) R の抵抗値が 10 Ω のとき，5 Ω の抵抗には何 A の電流がどの向きに流れるか．そのとき，5 Ω の抵抗の消費電力は何 W か．
(2) 5 Ω の抵抗に電流が流れなくするには，R の抵抗値を何 Ω にすればよいか．

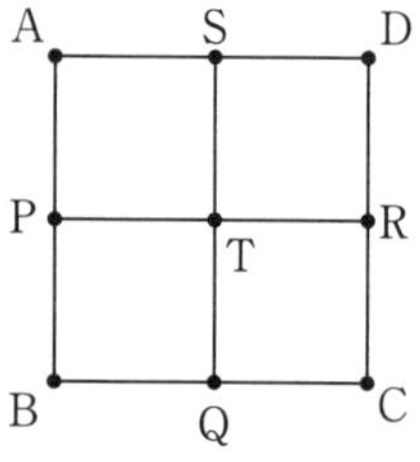

図 8.15

問題 8.18（正方格子状回路の合成抵抗） 同じ長さの抵抗線 12 本を使って図 8.15 に示すような 3 行 3 列の格子状回路を組み立てた．各抵抗線の抵抗は r である．

(1) AC 間の抵抗 R_1 を求めよ．
(2) AT 間の抵抗 R_2 を求めよ．
(3) AB 間の抵抗 R_3 を求めよ．

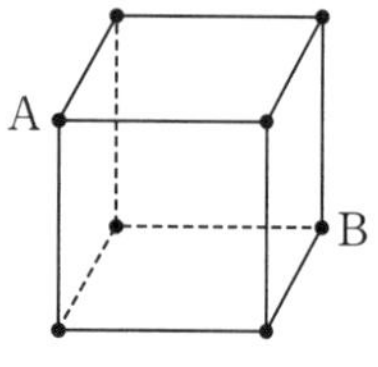

図 8.16

問題 8.19（立方体枠回路の合成抵抗） 同じ長さの抵抗線 12 本を使って図 8.16 に示すような立方体枠の回路を組み立てた．各抵抗線の抵抗は r である．対角線上の点 AB 間の抵抗 R を求めよ．

コーヒーブレイク

発明王　エジソン

皆さんの中にも，子供の頃エジソンの伝記を読んで，発明家になりたいと思った人もいるだろう．エジソンは，1847 年アメリカのオハイオ州で生まれた．ミシガン州で小学校に入ったが，好奇心から質問ばかりして教師を困らせ，3 ヶ月で退学．基礎的知識は元教師だった母親から学んだという．12 歳の時，鉄道で新聞売りの仕事を始めた．ひまなときはもっぱら貨車内で化学の実験をしていたが，火事騒ぎを出したため実験は 1 年で中止させられた．このとき車掌に殴られたのが原因で，難聴になった．15 歳のとき自分の作った新聞を汽車のなかで売り出す．アメリカ南北戦争の頃である．この「鉄道時代」にエジソンの発明家・科学技術者としての原点があるといわれている．この間にエジソンは，列車に轢かれそうになった駅長の子どもを救うという活躍をし，その駅長から謝礼として電信技術を学んだ．こうして電信技師となった彼は，16 歳から 4 年の間，アメリカ中西部の地方をまわった．この頃ファラデーの名著「電気学の実験的研究」を夢中になって読んだという．

エジソンは 1931 年に没するまでに，生涯で 1000 件以上の特許を取得したが，その第 1 号は 22 歳のときの自動投票記録機である *．電話の特許は 1876 年グラハム・ベルが取得したが **，ベルの電話は声が小さく実用的でなかった．エジソンが翌年，遠距離でも聞こえる炭素通話機を作ったことで，多くの人びとに喜んで利用してもらえる発明となった ***．電話での挨拶「ハロー (Hello)」を発案したのもエジソンである．ベルは船員用語の挨拶「アホイ (Ahoy)」を提唱したが，広まらなかった．30 歳で蓄音機を発明した（1877 年）．最初に録音されたのはエジソン自身によるアメリカ民謡「メリーさんのひつじ」で，ワッハッハという笑い声とともに吹き込まれた ****．32 歳で炭素フィラメントを使った電球を発明（1879 年）．フィラメント材として 6000 種類もの植物繊維を実験した結果，一番適していたのは京都の八幡市の竹だった．そのときすでにエジソンは，電灯を普及させるためには電気を供給するシステムとサービスが同時に必要なことを見抜いていた．その後，発電機，送電線，配電盤だけでなく，コンセント，ヒューズ，ソケット，スイッチやメーターなどの電気器具も次々に発明し，電力供給会社も設立した．

エジソンは終始明るく前向きの人だった *****．亡くなる 2 年前に奨学金を創設したが，そのテスト問題は次のような人生のポイントをついたユーモラスなものだった．

(1) もし 100 万ドル（約 1 億円）の遺産をもらったら，あなたはそれを何にどう使いますか？
(2) 幸福，快楽，名誉，金，愛情の中で，あなたが一生をかけたいと思うのは何ですか？
(3) 死に臨んで自分の一生を振り返ったとき，あなたは何をもって自分の一生が成功であったか失敗であったかを判定しますか？
(4) あなたはどういう場合にうそをついてもよいと思いますか？

図 8.17　エジソン (1847 〜1931)

* 議会に売り込んだものの不評で長く採用されなかった．現在ではアメリカ議会をはじめ，各国議会で採用されている．日本では，1998 年から参議院で採用されている．

** 3 人の人が独立にほぼ同時に特許申請をした．エジソンは 1 ヶ月早く申請したが，図面だけだった．グレーはベルより 2 時間（！）申請が遅れた．

*** ベルの母と妻は難聴者で，ベル自身はろうあ学校の教師だった．難聴者のエジソンによって現在の電話ができた．

**** エジソンの夫人の名前はメアリーという．学校に行かなかったエジソンは，歌の中のひつじのように，奥さん（メアリー）の後をついて学校に行ってみたかったのかもしれない．

***** エジソンの葬儀の日，それは偶然にもエジソンがこの地上に初めて電灯をともした日（10 月 21 日）だった．この夜アメリカ全土で 1 分間いっせいに電気を消し，この偉人の死を惜しんだ．エジソンはいう「天才とは 99 パーセントの汗と 1 パーセントのひらめきである」と．

第Ⅱ部

電流と磁界・電磁誘導と交流

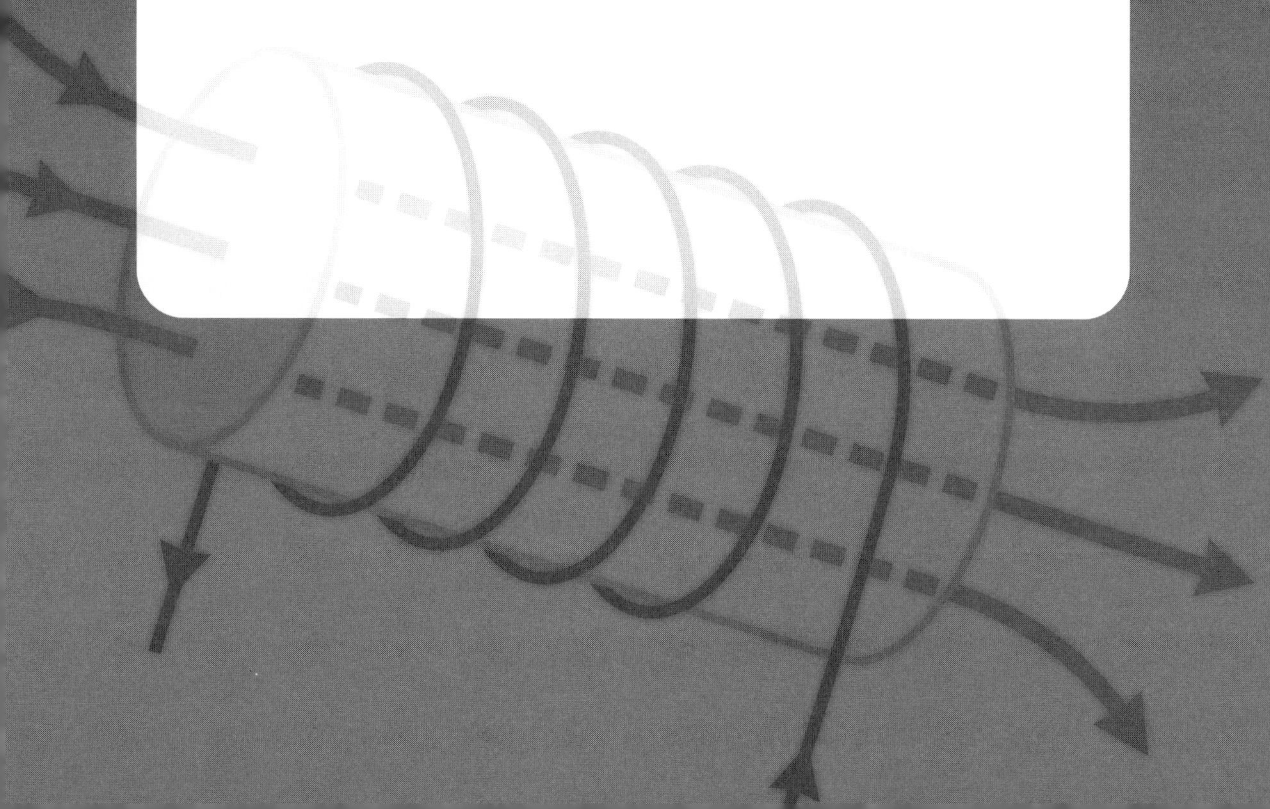

9 電流がつくる磁界

1820年エルステッドは，針金に電流を通すと，近くに置いてあった磁針が向きを変えることに気づいた．エルステッドの発表からわずか1週間後には「右ねじの法則」（アンペール）が，数週間後にはビオ・サバールの法則が報告されたという．ここではまず電流のまわりにはどのような磁界ができるのかを空間的（直感的）に把握することから始めて，次に定量的な扱いに進むことにする．

§ 9.1 磁石と磁界

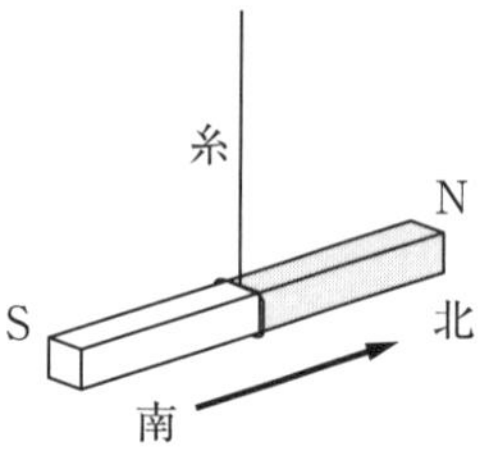

図 9.1

■**磁石の性質** (1) **磁石**は鉄，コバルト，ニッケルやそれらを含む合金からできている．磁石の両端（**磁極**）には，これらの金属をひきつけたり，他の磁石に力を及ぼしたりする性質がある．

(2) 図9.1に示すように，水平に支えた磁針（磁石）はほぼ南北を指す．北を向く端をN極，南を向く端をS極とよぶ．

(3) 1つの磁石にはN極とS極が必ず対になって存在し，その両端のもつ磁気量（磁荷）は等しい．**モノ・ポール**（分離された磁極）は存在しない．

(4) 同種の極どうし（N極どうし，S極どうし）は反発し，異種の極どうし（N極とS極）は互いに引き合う．このとき，**磁気に関するクーロンの法則**が成り立つ．

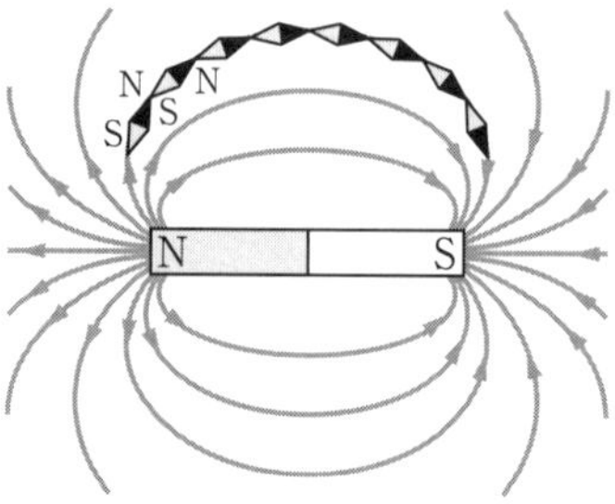

図 9.2 磁石の磁界

■**磁石のまわりの磁界** 磁石のそばに多数の小磁針を置くと，磁針は**磁気力**を受けて回転し，図9.2に示すような曲線に沿って向く．このように磁針に力を及ぼす空間を**磁界**といい，この曲線を**磁力線**という．磁針のN極の指す向きを**磁界の向き**とよび，磁力線にもこの向きに矢印をつける．

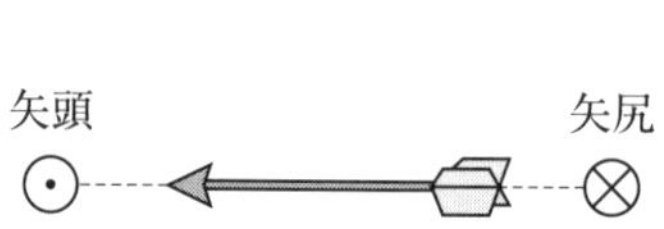

図 9.3

■**矢尻 ⊗ と矢頭 ⊙** 電流や磁界の向きを指定するのに，⊗（矢尻）や⊙（矢頭）がよく使われる．図9.3に示すように，それらの記号は矢を後尾（後ろ）または先頭（前）から見たときの様子をデザインしたもので，記号の意味もそれから明らかだろう．

§ 9.2 電流がつくる磁界

■直線電流がつくる磁界 図 9.4 に示すように，直線電流のまわりには磁界ができる．その磁界の向きは，電流の向きに右ねじを進めるとき右ねじをまわす向きである（**右ねじの法則**）．無限に長い電流のまわりには円形の磁力線ができる．このとき，電流のつくる磁界の強さ H は，電流の強さ I [A] に比例し，導線からの距離 r [m] に反比例するので，

$$\text{無限に長い直線電流のつくる磁界} \quad H = \frac{I}{2\pi r} \tag{9.1}$$

と表される．磁界 H の単位は A/m である．

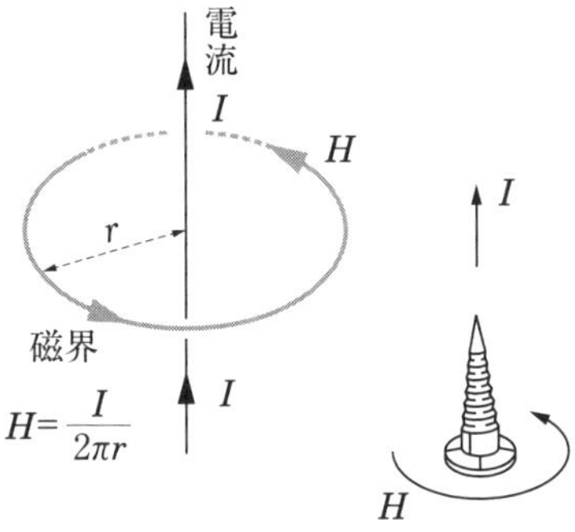

図 9.4 直線電流がつくる磁界と右ねじの法則

■円電流がつくる磁界 円電流のつくる磁界のようすは，図 9.5 のようになる．半径 R [m] の円形の導線に電流 I [A] を流すとき，円の中心 O における磁界の強さは

$$\text{円電流のつくる磁界} \quad H = \frac{I}{2R} \tag{9.2}$$

である（例題 9.2 参照）．

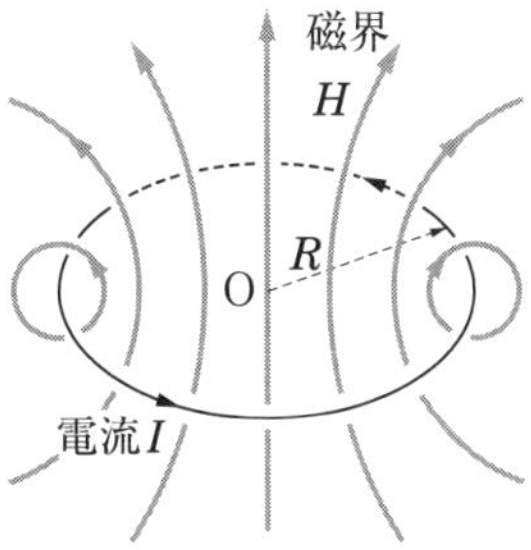

図 9.5 円電流のつくる磁界

■ソレノイドのつくる磁界 図 9.6 のように，長く密にまいた円筒形状のコイルを**ソレノイド**という．ソレノイドに電流を流すと，内部には軸方向にそった磁界ができる．1m あたりの導線の巻き数を n [回/m]，電流の強さを I [A] とするとき，無限に長いソレノイド内部には

$$\text{ソレノイド内部の磁界} \quad H = nI \quad [A/m] \tag{9.3}$$

ができる（例題 9.1 参照）．

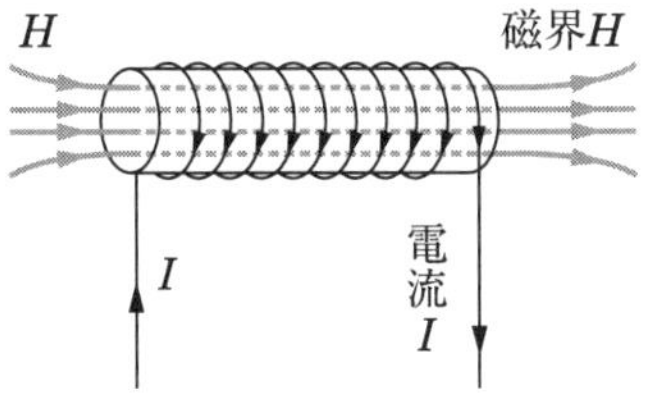

図 9.6 ソレノイドの磁界

■右手にぎりの法則 ソレノイドやコイルのつくる磁界の向きを知るには，図 9.7 に示すように，右手の 4 本指を電流に合わせたとき親指の向きが磁界の向きを示す（**右手にぎりの法則**）を覚えておくと便利である．

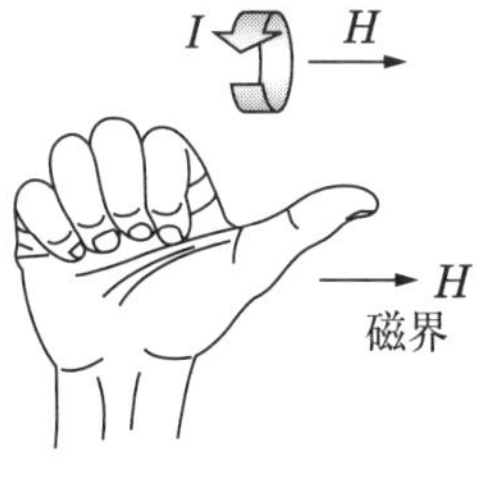

図 9.7 右手にぎりの法則

§ 9.3　アンペールの法則

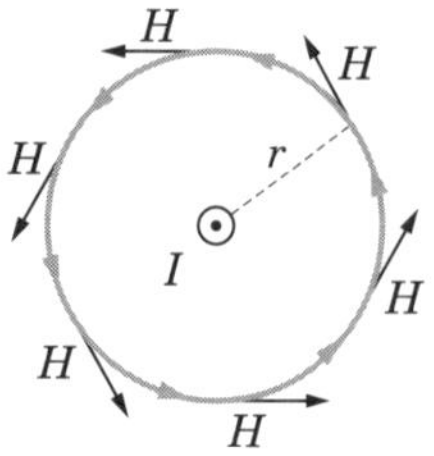

図 9.8　アンペールの法則

■アンペールの法則　式 (9.1) を書き直すと，

$$H \cdot 2\pi r = I \qquad (H\times \text{円周長 } 2\pi r) = (\text{円を貫く電流 } I) \tag{9.4}$$

となる．つまり，図 9.8 に示すように，円周（長さ $2\pi r$）にそって H を加算（**線積分**）したものは，その円内を貫く電流 I に等しい．この関係は円に限らず任意の閉曲面について成り立ち，

$$\oint H_s ds = I \tag{9.5}$$

（閉曲線にそった H の線積分）＝（閉曲線を貫く電流 I）

と表される．

この関係を**アンペールの法則**とよぶ．ただし線積分は，閉曲線を微小距離 ds に分けて，その場所での磁界の強さ H の曲線にそった成分 H_s に距離 ds をかけたもの $(H_s ds)$ を各区分ごとに加算（積分）する．

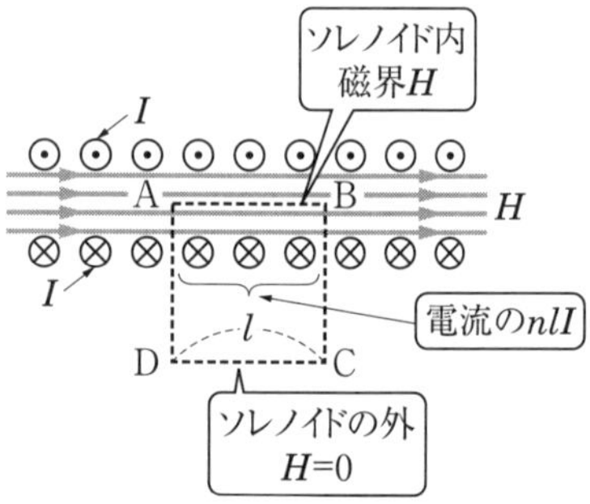

図 9.9　ソレノイド内外の磁界

例題 9.1（ソレノイド）　図 9.9 に示す無限に長いソレノイドに電流 I [A] を流したとき，その内部にできる磁界の強さ H [A/m] を求めよ．ただし単位長さあたりの巻き数を n [回/m] とする．

（解）　図 9.9 に示した経路 $\overrightarrow{\text{ABCDA}}$ を閉曲線にとり，アンペールの法則を適用する．$\overrightarrow{\text{AB}}$ では磁界の強さが $H_s = H$ でそれ以外では 0 だから，閉曲線にそった線積分は

$$\oint H_s ds \equiv \oint_{\overrightarrow{\text{ABCDA}}} H_s ds = \int_{\overrightarrow{\text{AB}}} H_s ds = H \cdot \overline{\text{AB}} = Hl$$

となる．一方閉曲線内には nl 本の電線が存在するので，

（閉曲線を貫く電流）$= nIl$

アンペールの法則を適用して $Hl = nIl$　　$\therefore H = \boldsymbol{nI}$ [A/m] ■

問題 9.1（平面を流れる電流）　図 9.10 のように，無限に広がる平面に，一定の方向に一様な電流が流れている．電流密度を i [A/m] とするとき，

図 9.10

(1) この平面状電流がつくる磁界の概略をスケッチせよ．

(2) 磁界の強さ H をアンペールの法則を用いて求めよ．

§ 9.4 ビオ・サバールの法則

■電流素片のつくる磁界 図 9.11(a) に示すように，直線電流 I が距離 R だけ離れた場所につくる磁界は $H = \frac{1}{2\pi}\frac{I}{R}\cdots$① である．一方図 (b) に示すように，線電荷密度 λ の直線状電荷のつくる電界は $E = \frac{1}{2\pi\varepsilon_0}\frac{\lambda}{R}\cdots$② である（問題 3.8）．式①と②を比較すると，$I \leftrightarrow \dfrac{\lambda}{\varepsilon_0}$ の置き換えをしただけで，全く同じ構造をしている．式②の電界は，図 (b) の導線上の微小電荷 $\lambda\Delta z$ のつくる電界 ΔE の導線に垂直方向の成分

$$\Delta E_\perp = \frac{\lambda}{4\pi\varepsilon_0}\frac{\Delta z \sin\theta}{r^2} \tag{9.6}$$

を導線上の電荷分布全体にわたって積分したものである．そこで式①の磁界もまた，導線を流れる電流の微小部分（電流素片）$I\Delta s$ が，図 (a) の点 P に

$$\Delta H = \frac{I}{4\pi}\frac{\Delta s \sin\theta}{r^2} \tag{9.7}$$

で与えられる磁界をつくり，それを導線全体にわたって積分したものであると考えることができる．

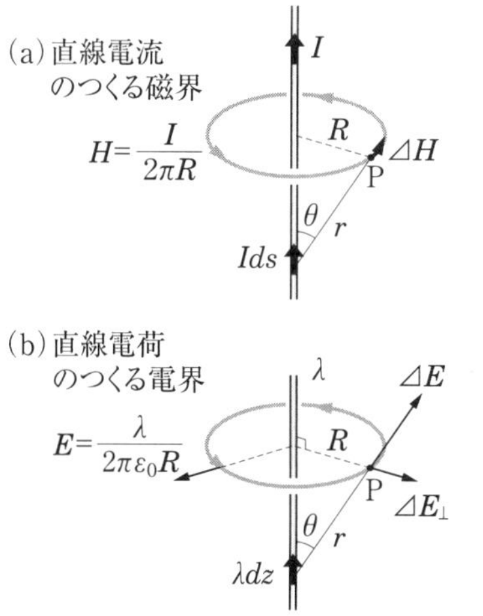

図 9.11

■ビオ・サバールの法則 一般に，図 9.12 に示すように，導線に電流 I が流れているときその電流素片 $I\boldsymbol{ds}$ が距離 r だけ離れた点 P につくる磁界の大きさは

$$dH = \frac{I\sin\theta}{4\pi r^2}ds \tag{9.8}$$

である．ただし θ は $\boldsymbol{ds}$ と $\boldsymbol{r}$ のなす角である．磁界の向きはベクトル $\boldsymbol{ds}$ から $\boldsymbol{r}$ にかけてまわした右ねじの進む向きである．これを**ビオ・サバールの法則**という．

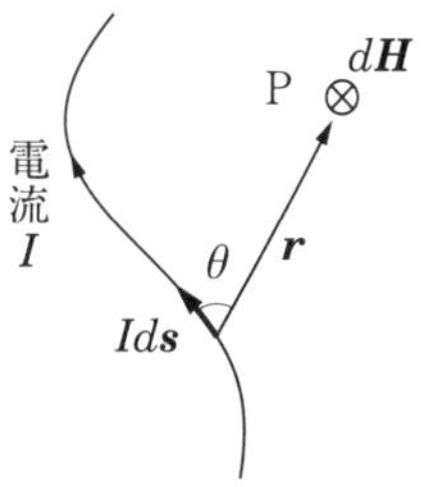

図 9.12 ビオ・サバールの法則

> **例題 9.2（円電流が中心軸上につくる磁界）** 図 9.13(a) に示すように，半径 R の円電流 I が，円の軸上で中心 O より距離 z の点 P につくる磁界の大きさと向きを求めよ．

（解） 図 (b) からわかるように，電流素片 $I\boldsymbol{ds}$ と $\boldsymbol{r}$ のなす角は 90°（つまり $\sin\theta = 1$）．そのため，$I\boldsymbol{ds}$ が点 P につくる磁界の大きさは

$$dH = \frac{I\sin\theta}{4\pi r^2}ds = \frac{I}{4\pi r^2}ds$$

で，向きは軸から角 ϕ をなす．このうち，円電流の平面と平行な成分 $dH\sin\phi$ は円周上で積分すると打ち消しあって消えるため，残るのは中心軸方向の成分 $dH\cos\phi$ だけである．$r^2 = R^2 + z^2$ で，$\cos\phi = \frac{R}{r}$ で，さらに $\oint ds = 2\pi R$ であることに注意すると，

$$H = \int dH\cos\phi = \frac{I\cos\phi}{4\pi r^2}\oint ds = \frac{I\cos\phi}{4\pi r^2}\times 2\pi R = \boldsymbol{\frac{IR^2}{2(R^2+z^2)^{\frac{3}{2}}}}$$

■

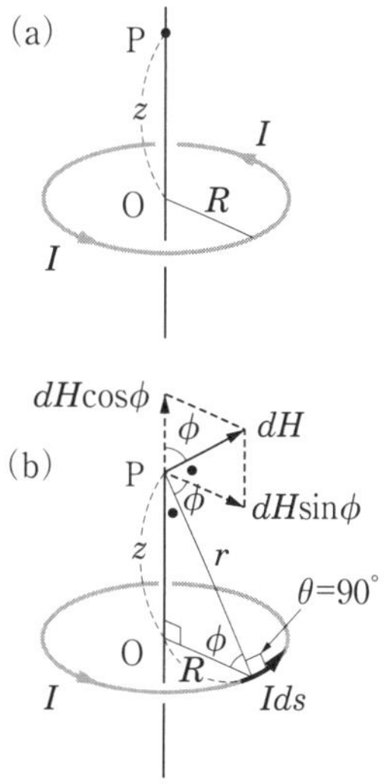

図 9.13 円電流が中心軸上につくる磁界

ま と め（9. 磁界—電流のつくる磁界—）

整理・確認問題

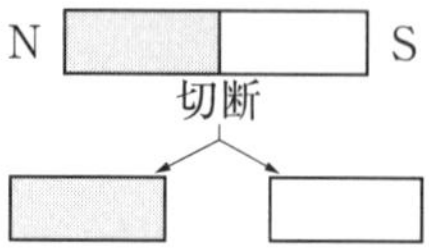

図 9.14

問題 9.2 図 9.14 のように，1 つの磁石を切断した．磁石はどうなるか．

問題 9.3 図 9.15 のように，磁石にくぎが引き付けられた．くぎはどうなっているか．

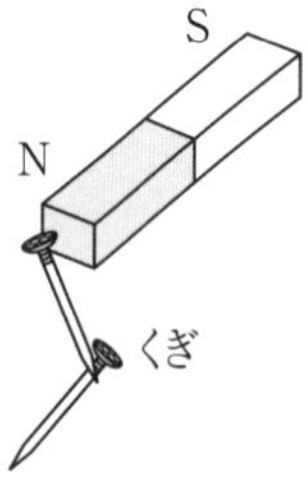

図 9.15

問題 9.4 次の (1)～(6) の場合について，磁界の様子はどうなっているか．周辺の磁力線の概略をかけ（フリーハンドでよい）．

(1) 棒磁石（図 9.16(1)）．
(2) U 字型磁石（図 (2)）．
(3) 図 (3) のように，2 つの磁石の N 極と N 極を近づけた場合
(4) 図 (4) のように，2 つの磁石の N 極と S 極を近づけた場合
(5) 直線電流（図 (5)）
(6) 円電流（図 (6)）

(1)
(2)
(3)
(4)
(5)
(6)

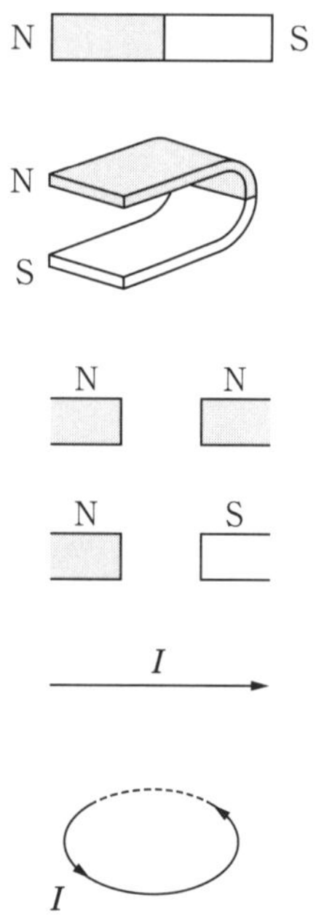

図 9.16

—— コーヒーブレイク ——

空き缶のリサイクル

ジュース等の缶の中にはアルミ製のものとスチール（鉄）製のものがある．一般にアルミ缶はつぶれやすく，（炭酸・ビールなどの）気泡性の液体の容器に適している．一方スチール製の缶はやや頑丈で，製造過程でできた継ぎ目がある．一番簡単な見分け方は磁石を使うことである（下の写真）．鉄は磁石にくっつくがアルミは付かない（正確には，付く力が非常に弱い）．なぜ鉄が磁化しやすくアルミが磁化しにくいのかは，現在でも物理学の興味あるテーマである．

図 9.17 キャンパス内で見つけた分別回収箱

基本問題

問題 9.5（電流がつくる磁界） 水平面内で自由に回転できる磁針が，初め南北の方向をとって，静止している．次の (1)～(4) のように電流をながしたとき，磁針の N 極は①東に振れる，②西に振れる，③振れない，のいずれであるか．

(1) 磁針の真上で，南から北に電流を流す（図 9.18(a)）．
(2) 磁針の N 極の北側で，鉛直下から上に電流を流す（図 (b)）．
(3) 磁針の真上で，西から東へ電流を流す（図 (c)）．
(4) 図 (d) のように，南北方向を含む鉛直面内の円形コイルの中心に磁針を置き，電流を下→北→上→南とまわる方向に電流を流す．

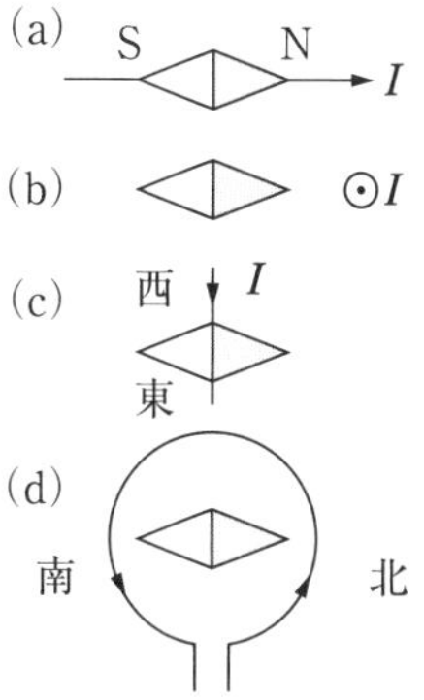

図 9.18

問題 9.6（トロイド） 図 9.19 に示すように，絶縁物の円環上に導線を一様に巻いたものを**トロイド**という．N 回巻きのトロイドに電流 I [A] の電流を流したとき，トロイドの内部の磁界の強さを求めよ．ただし円環の半径を R [m] とし，トロイド内部の磁界は一様であるとする．ヒント：半径 R の円を閉曲線（積分経路）としてアンペールの法則を適用せよ．

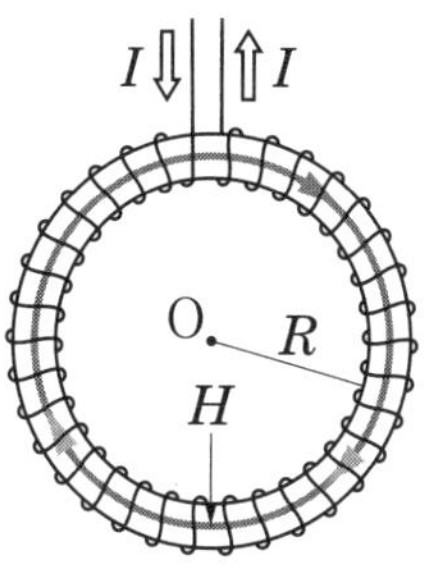

図 9.19

――― コーヒーブレイク ―――

電磁石

コイルに電流を流すことによって，磁石と同じはたらきをさせることができる（図 9.20）．これを**電磁石**とよぶ．しかも永久磁石とちがって，流す電流を変えることで，磁力の on-off や強さ，向きまでもが自在に変えられる．

ベルもこの電磁石を利用している．図 9.21 に示すように電流が流れると，板バネはコイル（電磁石）に引き付けられてカネをたたく．同時に板バネは接点から離れるから，電流が流れなくなる．するとコイルの磁界は消えるので，板バネは再び接点側にもどる．そしてまた電流が流れ，コイルに板バネが引き付けられて”ジリリーン”という音を発生させるのである．

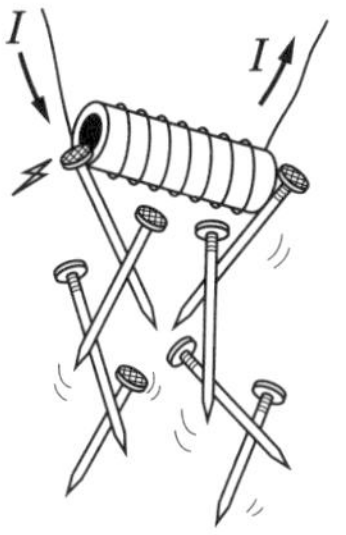

図 9.20 電磁石

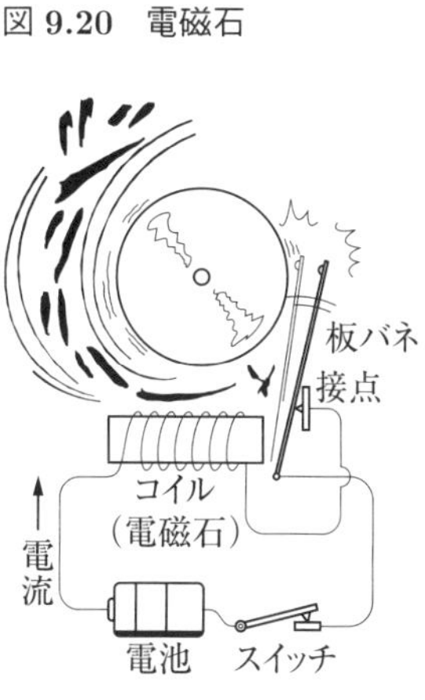

図 9.21

10 電流が磁界から受ける力

電流は磁界中で力（電磁力）を受ける．一方磁界中を運動する荷電粒子も磁界から力（ローレンツ力）を受ける．この 2 つの力の起源は同じで，そこでは磁束密度 B が重要な役割を果たす．この章は学ぶべき事項が多くて電磁気学を学習する上で一番の難所かもしれない．がんばって！

§ 10.1 電流が磁界から受ける力

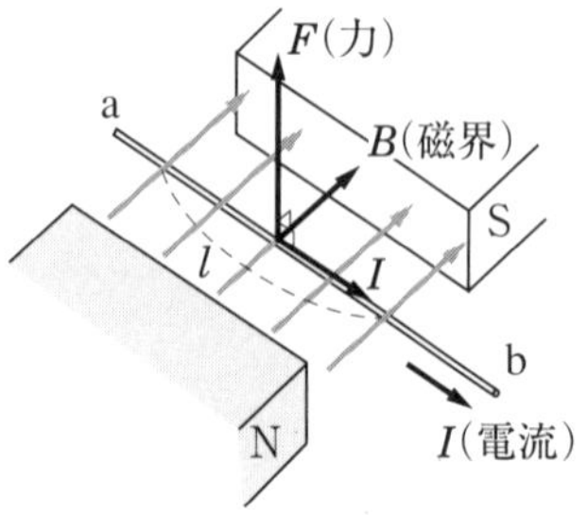

図 10.1 電流が磁界から受ける力（電磁力）

■電磁力（電流と磁界が垂直な場合） 図 10.1 に示すように磁界に垂直に導線 ab を置き，これに電流 I を流すと，導線は磁界から力を受ける．この力を**電磁力**または**アンペールの力**とよぶ．このとき電流と磁界，力の向きの関係は**フレミングの左手の法則**で表すと便利である．すなわち，図 10.2 に示すように互いに直角に開いた左手の指で，中指を電流，人さし指を磁界の向きにあわせたとき，親指のさす向きが力の向きにあたる．図 10.1 で導線に電流 I [A] が流れているとき，導線の長さ l [m] の部分が受ける力の大きさ F [N] は，磁界の強さに対応する量 B に比例し，

$$\text{電磁力の大きさ} \quad F = lIB \tag{10.1}$$

と表される．B を**磁束密度**とよび，その単位は**テスラ**（記号 **T**）である＊．本書では

$$\text{磁束密度 } B \text{ と磁界 } H \text{ の関係} \quad B = \mu H \tag{10.2}$$

の関係が成立する場合のみを扱う．μ を透磁率とよぶ．真空では，

$$\text{真空の透磁率：} \mu_0 = 4\pi \times 10^{-7} \mathrm{N/A^2} \tag{10.3}$$

である．強磁性体内部以外は事実上 $\mu = \mu_0$ として扱ってよい．

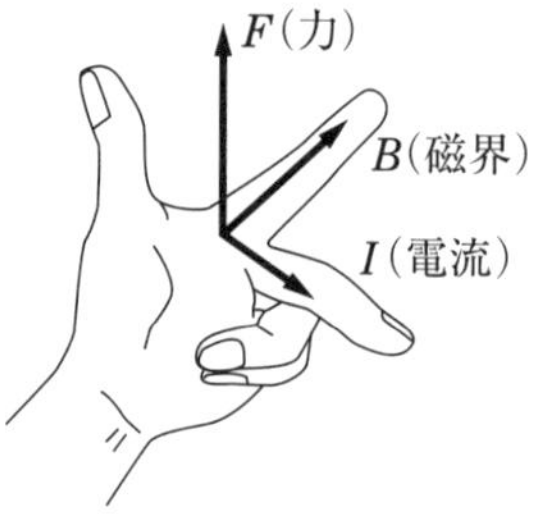

図 10.2 フレミングの左手の法則

＊磁気の現象においては，磁束密度 B が最も重要な磁気量なので，本書では単位 T を中心として記述している．

■電磁力（一般の場合） 磁束密度ベクトル $\boldsymbol{B}$ の中で電流ベクトル $\boldsymbol{I}$ が電線の長さ l あたり受ける電磁力 $\boldsymbol{F}$ は，**ベクトル積（外積）**表示で

$$\text{電磁力} \quad \boldsymbol{F} = l\boldsymbol{I} \times \boldsymbol{B} \tag{10.4}$$

と表される．ベクトル積の約束事により，図 10.3 に示すように $\boldsymbol{B}$ と $\boldsymbol{I}$ が角 θ をなすとき，その力の大きさは

$$\text{電磁力の大きさ} \quad F = lIB\sin\theta \tag{10.5}$$

で，力の向きは $\boldsymbol{I}$ ベクトルから $\boldsymbol{B}$ ベクトルの方にまわしたときの右ねじの進む方向である．

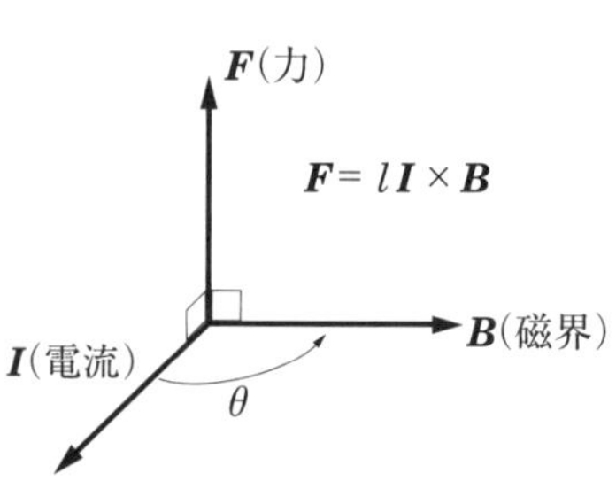

図 10.3 電磁力（ベクトル表示）

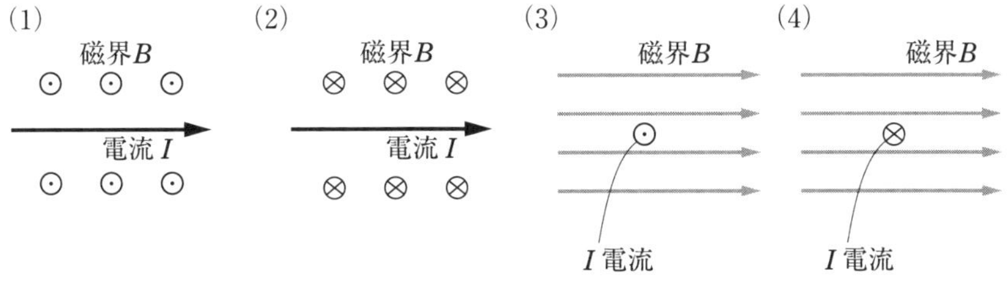

図 10.4

問題 10.1（フレミングの左手の法則）図 10.4 に示す (1)～(4) の場合について，電流が磁界から受ける力の向きを示せ．

§ 10.2　平行電流間にはたらく力

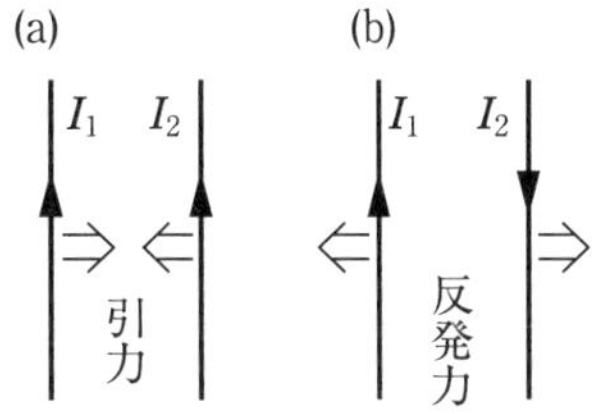

図 10.5　平行電流間にはたらく力

■**平行電流にはたらく力**　図 10.5 に示すように，2 本の導線を平行に保って電流を流すとき，電流の向きが同じなら引力（図 (a)），逆向きなら反発力（図 (b)）がはたらく．導線自体は全体として電荷を帯びていないから，導線を流れる電流がそのまわりに磁界をつくり，その磁界が他の電流に力を及ぼしていると考えることができる．図 10.6 のように間隔 r [m] の平行導線の中を同じ向きに電流 I_1 [A]，I_2 [A] が流れている場合を考えよう．このとき図のように，電流 I_2 の流れている場所には，電流 I_1 が磁束密度

$$B_1 = \mu_0 H_1 = \mu_0 \frac{I_1}{2\pi r}$$

をつくる．したがって，電流 I_2 が受ける電磁力は（フレミングの左手の法則より）I_1 に引き寄せる方向である．長さ l [m] あたりの電磁力の大きさ F [N] は

$$\text{平行電流間の力の大きさ}\quad F = lI_2 \times B_1 = \frac{\mu_0 I_1 I_2}{2\pi r} l \qquad (10.6)$$

となる．同様に I_1 は，I_2 によって，同じ大きさの力を I_2 に引き寄せる方向に受けている．

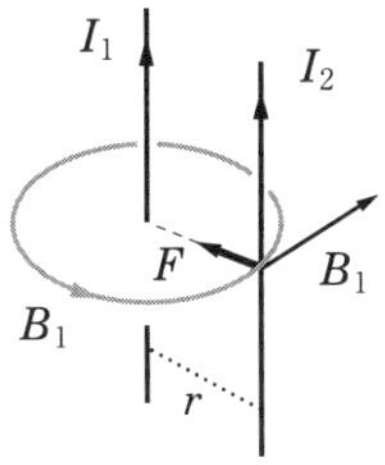

図 10.6　同じ向きの平行電流

■**アンペアの定義**　電流の単位アンペアは式 (10.6) をもとにして定められている．すなわち真空中で間隔 1m 離した無限に長い平行導線に同じ大きさの電流を流したとき ($d = 1$m)，1m あたり電線間にはたらく力の大きさが $F = \dfrac{\mu_0}{2\pi} = 2 \times 10^{-7}$ N になるときの電流を **1A** と定義する．

§ 10.3　ローレンツ力

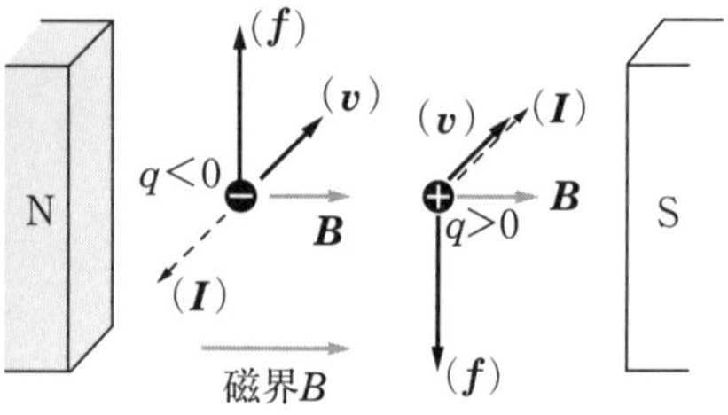

図 10.7　ローレンツ力 f の向き

* 電界 $\boldsymbol{E}$ [N/C] も存在するときのローレンツ力 $\boldsymbol{f}$ [N] は，

$\boldsymbol{f} = q(\boldsymbol{E} + \boldsymbol{v} \times \boldsymbol{B})$

■ローレンツ力　図 10.7 のように，荷電粒子（電荷 q [C]）が磁束密度 $\boldsymbol{B}$ [T] の磁界中で速度 $\boldsymbol{v}$ [m/s] で運動しているとき受ける力（ローレンツ力）$\boldsymbol{f}$ [N] は，

$$\text{ローレンツ力}\quad \boldsymbol{f} = q\boldsymbol{v} \times \boldsymbol{B} \tag{10.7}$$

である *．式 (10.7) はベクトル表示でかかれているので，力の向きはベクトル積の定義から求めることもできるが，フレミングの左手の法則を使っても得られる．このとき電流の向きを，$q > 0$ ならば $\boldsymbol{v}$ と同じ向き，$q < 0$ ならば逆向きにとって，電 (I) 磁 (B) 力 (F) を左手の指にあてはめること．

■ローレンツ力と力学的エネルギー　つねに荷電粒子の運動方向 $\boldsymbol{v}$ に垂直にはたらくので，ローレンツ力 $\boldsymbol{f}$ は仕事をしない．つまり，磁界中を運動する荷電粒子の力学的エネルギーは保存され，粒子の運動方向は変わるが，速さは一定に保たれる．そのため，一様な磁界中に飛び込んだ荷電粒子は，ローレンツ力を受けて，円運動する（飛び込んできた方向によってはらせん運動をする）．

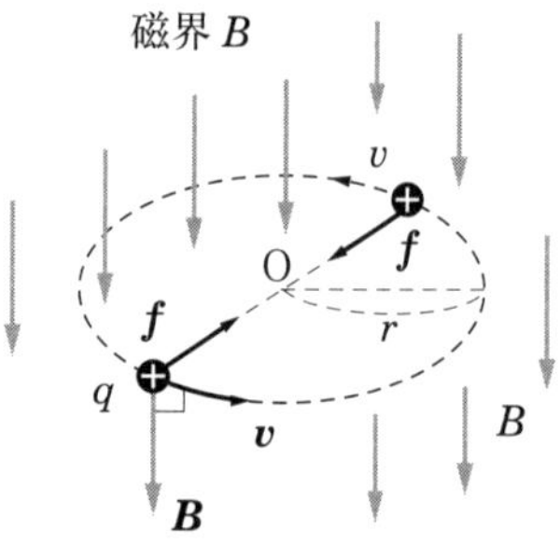

図 10.8　一様な磁界中で円運動する荷電粒子

** このような運動を**サイクロトロン運動**とよぶ．

例題 10.1（ローレンツ力）　図 10.8 に示すように，磁束密度 B の一様な磁界中で，荷電粒子がローレンツ力を受けて円運動をしている．荷電粒子の質量を m，電荷を q (> 0)，速さを v とするとき

(1) 粒子にはたらくローレンツ力の大きさはいくらか．

(2) 粒子の円軌道の半径を求めよ．

(3) 円運動の周期は B によって決まり，v に無関係であることを示せ **．

（解）(1) ローレンツ力の大きさは $f = \boldsymbol{qvB}$

(2) ローレンツ力 f が向心力となって円運動を行っている．半径を r として，円運動の方程式をたてると

$$m\frac{v^2}{r} = qvB \qquad （質量 m）\times（向心加速度 \frac{v^2}{r}）=（向心力 qvB）$$

となる．これから軌道半径は，$r = \boldsymbol{\dfrac{mv}{qB}}$

(3) したがって円運動の周期は，$T = \dfrac{2\pi r}{v} = \boldsymbol{\dfrac{2\pi m}{qB}}$ となる．

すなわち，周期 T は磁束密度 B だけできまり v に無関係である．

■

§ 10.4 磁界中におかれた導体中の自由電子

■電磁力とローレンツ力 導体内を運動する自由電子も磁界からローレンツ力を受ける．磁界中に置かれた電流が受ける電磁力はこの自由電子が受けるローレンツ力が原因である．

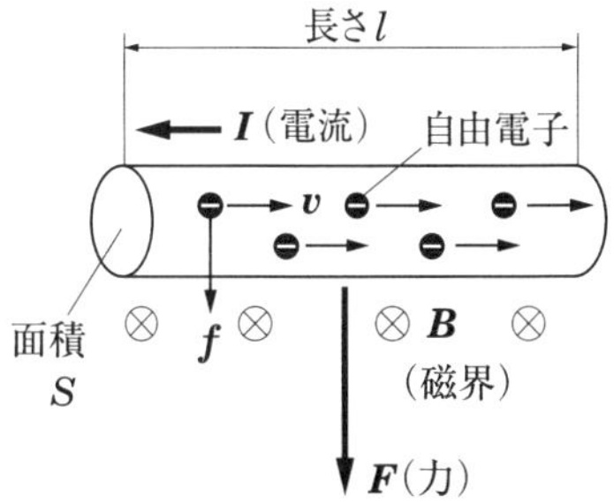

図 10.9 磁界中におかれた導体中の自由電子

例題 10.2（電磁力とローレンツ力） 図 10.9 に示すように，磁束密度 B [T] の一様な磁界中に垂直におかれた導線中を自由電子（質量 m [kg]，電荷 $-e(<0)$ [C]）が平均の速さ v [m/s] で運動している．導線は長さ l [m]，断面積 S [m^2] で，密度 n [個/m^3] の自由電子を含んでいるとして，次の量を求めよ．

(1) 1 つの電子が磁界から受ける平均の力の大きさ f [N]
(2) 導線内の自由電子の総数 N [個]
(3) 導線内の自由電子のが磁界から受ける力の総和 F [N]
(4) 微視的な量（n, m, e, v）と S を使って表した電流 I [A]
(5) 巨視的な量（I, B, l）を使って表した電磁力 F [N]

（解） (1) 自由電子にはたらくローレンツ力 $f = \boldsymbol{ev} \times \boldsymbol{B}$

(2) 密度が n だから体積 Sl 内にある自由電子の総数は $N = \boldsymbol{nSl}$ 個

(3) N 個の電子がそれぞれ力 f を受けているから，その力の総和は $F = Nf = \boldsymbol{lnSev} \times \boldsymbol{B}$

(4) 導線の断面 S を 1 秒以内に通過する電気量が電流の大きさである．それは体積 Sv に含まれている電気量だから（(6.4) 式参照），$I = \boldsymbol{Svne}$

(5) F を I を使って表す．$F = Nf = l(Svne) \times B = \boldsymbol{lI} \times \boldsymbol{B}$

■

まとめ（10. 電流が磁界から受ける力）

整理・確認問題

次の［　］には適当な言葉または数字を入れよ．

問題 10.2 フレミングの左手の法則によれば，左手の中指を［①］，人さし指を［②］としたとき，電流にはたらく力の方向は［③］の向きになる．つまり，磁界が南から北へかかっている場所で，東から西へと流れる電流が受ける力の向きは［④］である．

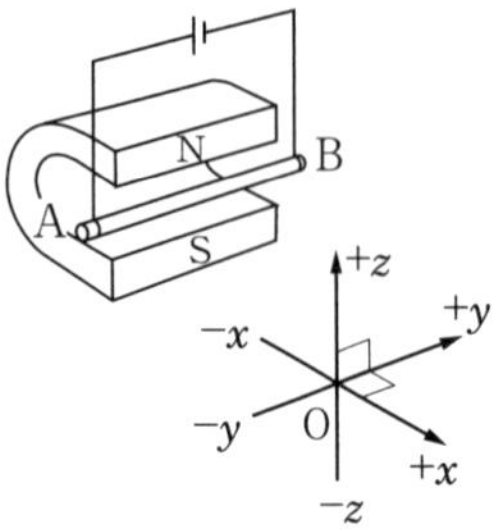

図 10.10

問題 10.3 図 10.10 のように，U 字形磁石の間に導線 AB を入れ，この導線に電池をつなぎ，電流を流した．このとき，導線 AB の受ける力は図中の座標 x, y, z を使うと，［①］の向きである．

問題 10.4 鉛直に下げた導線 0.50m 中を 10A の電流が上から下へと流れるとき，導線が地磁気により受ける力は［①］N で，力の向きは［②］である．ただし，東京地方の地磁気による磁束密度 B を 3.0×10^{-5} T とする．

問題 10.5 透磁率 μ_0 を使って，電流 I [A] が距離 r [m] の場所につくる磁束密度は，$B =$［①］と表される．このとき磁束密度の単位［②］（記号 T）は，1T=1N/A·m =1 Wb/m^2 である．$\mu_0 = 4\pi \times 10^{-7}$[N/A^2] を使って計算すると，5.0A の電流が距離 0.4m 離れた場所につくる磁束密度は［③］T である．

問題 10.6 2 本の平行電線に同じ向きに電流が流れているときはたらく力は［①］で，反対向きに電流が流れているときは［②］である．

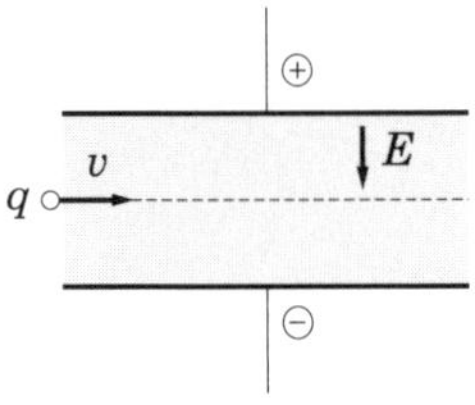

図 10.11

問題 10.7 図 10.11 のように，一様な電界 E [V/m] と垂直方向に正電荷 q [C] をもつ粒子が速さ v [m/s] で進んでいる．磁界も同時に加えて粒子を直進させるためには，磁束密度 $B =$［①］[T] の磁界を［②］の向きに加えればよい．

基本問題

問題 10.8（平行電流間にはたらく力）　図 10.12 のように，2 本の長い導線 A，B が互いに距離 0.12m 隔てて平行に張られていて，それぞれに 3.0A，6.0A の電流が同じ向きに流れている．この空間の透磁率を $\mu_0 = 4\pi \times 10^{-7}$ N/A^2 とする．

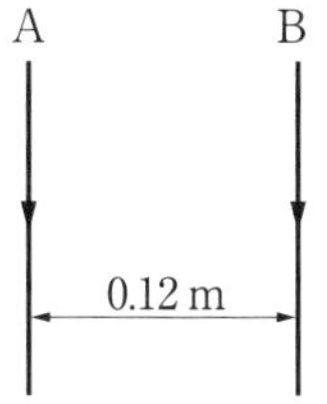

図 10.12

(1) 電流 A が導線 B の位置につくる磁束密度 B の向きと大きさを求めよ．
(2) 導線 B は，電流 A がつくった磁界から，どの向きに力を受けるか．またその力の大きさは，1m あたり何 N か．

問題 10.9（磁界中での電子の運動）　図 10.13 のように，磁束密度 5.0×10^{-4} T の紙面に垂直で一様な磁場の中で，電子が 8.0×10^{6} m/s の速さで紙面上を矢印の向きに等速円運動をしている．電子の質量を 9.0×10^{-31} kg，電荷を -1.6×10^{-19} C として，次の問いに答えよ．

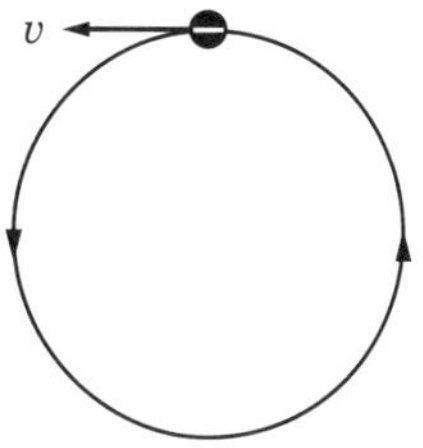

図 10.13

(1) 磁界の向きはどちら向きか．
(2) 電子が磁界から受ける力の大きさは何 N か．
(3) 電子の描く軌道の半径は何 m か．
(4) 電子が 1 周する時間は何 s か．

コーヒーブレイク

アンペール

アンペールはフランスの裕福な商家に生まれた．神童と謳われ，12 歳までにほとんどすべての数学を独学で学んだ．フランス革命の騒然たる世相の中，18 歳のとき父がギロチンで処刑されると大きなショックを受けて 1 年間ふさいでしまった．やがて立ち直り，苦学の末パリの理工科学校の教授になった．

エルステッドの研究に刺激され，2 本の電流間にはたらく力についてのアンペールの法則を発見する (1820)．その後，電磁気現象の統一的理論の研究を行った．電流が流れているコイルのまわりの磁界が同形同大の磁石のまわりの磁界と同等であることを見いだし，磁気の本性は分子内部の円電流によるという分子電流説を唱えた．また電流によって磁針が振れることを利用して，電流の強さが測れるのではないかと考えた．

彼はうっかり型の教授で，黒板ふきの布で鼻をかんだとか，道路に停車していた馬車の背板を黒板と間違えて数式を書きつけたなどの逸話も伝えられている．

図 10.14　アンペール (1775〜1836) の記念切手

11　電磁誘導

電流が流れれば磁界ができる．それならば，磁界は電流を生じる原因になるのではないだろうか．その素朴な発想からファラデーは（多くの失敗を繰り返した後で偶然），磁界そのものではなく，磁界の変動こそが電流を流す原因になることに気がついた．

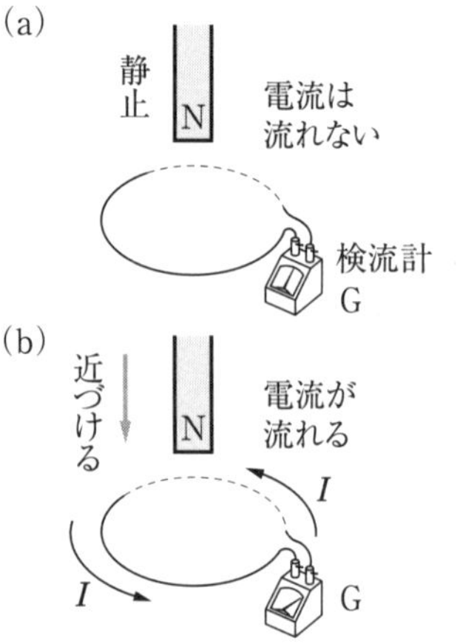

図 11.1　電磁誘導の現象

§ 11.1　電磁誘導の法則 (1)

■電磁誘導　図 11.1 に示すように，コイルの両端に検流計 G をつなぐ．このとき

(a)　棒磁石が近くにあっても静止していると，検流計の針は振れない（図 (a)）．ところが，

(b)　棒磁石をコイルに近づけたり遠ざけたりすると，検流計の針が振れる（図 (b)）．

このように磁界の変動に伴って起電力が発生する現象を**電磁誘導**とよび，生じた起電力を**誘導起電力**という．コイルの回路が閉じていると，電流（**誘導電流**）が流れる．回路が開いていると誘導電流は流れないが，この場合でも誘導起電力は生じている．

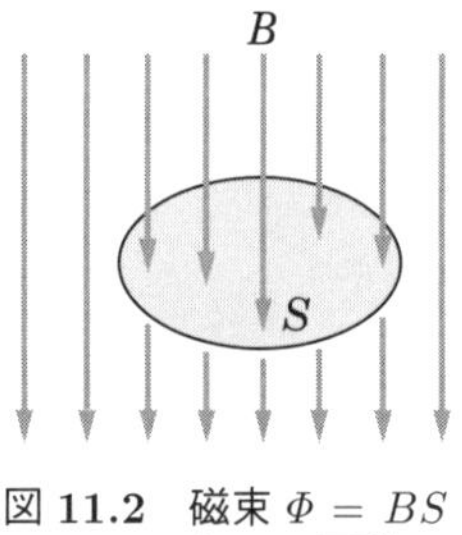

図 11.2　磁束 $\Phi = BS$ とは，面積 S を貫く磁束線の本数

■電磁誘導の法則　図 11.2 に示すように，磁束密度 B [T] の磁界に垂直に，面積 S [m^2] のコイルが置かれているとき，

$$\Phi = BS \quad （磁束\ \Phi）=（磁束密度\ B）\times（面積\ S） \tag{11.1}$$

で，そのコイルを貫く**磁束**を定義する．磁束の単位は**ウエーバー**（記号 **Wb**）で，1Wb=1T·m^2 である．

電磁誘導の現象は磁束の時間的変化によって引き起こされる．このとき誘導起電力は，誘導電流がつくる磁界がコイルを貫く磁束の時間的変化を妨げる向きに生じる．これを**レンツの法則**とよぶ．例えば図 11.3 で，磁石の N 極が接近すると (①)，下向きの磁束が増加する (②)．これを妨げるために上向きの磁束 (③) を発生させようと，誘導起電力が生じ誘導電流が流れる (④)．

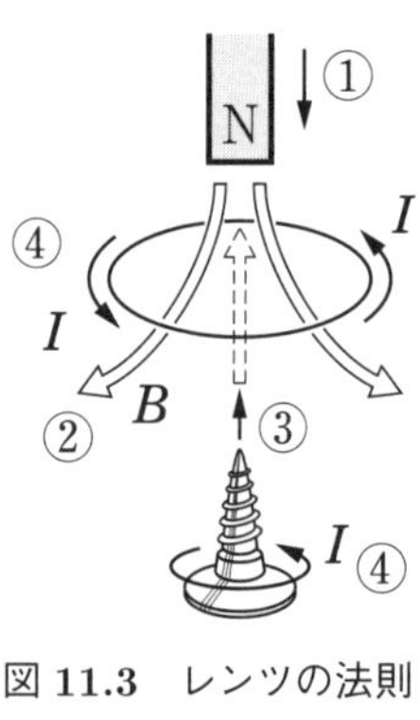

図 11.3　レンツの法則

誘導起電力の大きさは，コイルを貫く磁束の時間的変化の割合に比例する．これを**ファラデーの電磁誘導の法則**とよぶ．すなわち，コイルを貫く磁束 Φ [Wb] が時間 t [s] とともに変化するときに生じる誘導起電力 V [V] は次式で与えられる．

$$V_1 = -\frac{d\Phi}{dt} \qquad N\ 回巻きコイルでは\ \ V = NV_1 = -N\frac{d\Phi}{dt} \tag{11.2}$$

この式で，負の記号は起電力の向き（レンツの法則）を意味する．

問題 11.1（レンツの法則） 図 11.4 の回路で，次の操作を行ったとき，検流計 G にはどの向きに電流が流れるか．

(1) 図 (a) で磁石を①の方向に動かす．
(2) 図 (a) で磁石を②の方向に動かす．
(3) 図 (b) でスイッチ S を入れた直後．
(4) 図 (b) でスイッチ S を入れて時間が充分経過した後．
(5) 図 (b) でスイッチ S を入れたまま左の回路を⑤の方向に動かす．

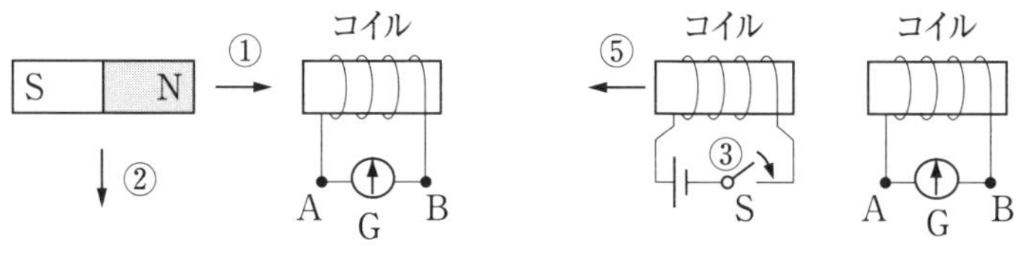

図 11.4

> **例題 11.1（電磁誘導の法則）** 図 11.5(a) に示すように，コイル（断面積 $S = 3.0 \times 10^{-4}$ m^2，巻き数 $N = 400$ 回）を貫く磁束密度 B が，時間 Δt=0.20 s の間に 0 から 5.0 T に一定の割合で増加した．このとき
>
> (1) AB 間に生じる誘導起電力の大きさは何 V か．
> (2) 抵抗 R （$= 2.0\Omega$）にはどちら向きに何 A の電流が流れるか．また A と B では，どちらの電位が高いか．

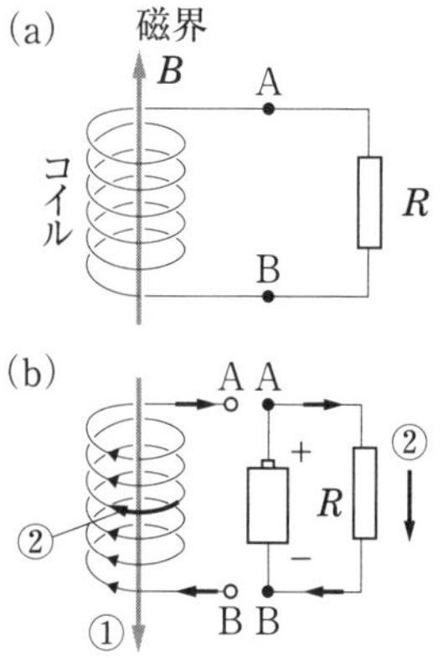

図 11.5

（解） 誘導起電力の大きさ（絶対値）をファラデーの法則の式で計算して，レンツの法則で誘導起電力の向きを判断する方が実際的．

(1) $V = N\dfrac{d\Phi}{dt} = NS\dfrac{\Delta B}{\Delta t} = 400 \times 3.0 \times 10^{-4} \times \dfrac{5.0}{0.20} = \mathbf{3.0}$ V

(2) コイル内で磁界が増加しているから，誘導電流がつくる磁界はそれを妨げるように下向きにできる (図 (b) の①)．つまり，誘導電流は B →コイル→ A → R → B の向きに流れる (②)．
∴抵抗 R 内を電流 $I = V/R = 3.0/2.0 = \mathbf{1.5}$ A が **A → B の向き**に流れる．これは電池の正極に A，負極に B をつないで R に接続したのと同じである *．よって **A の方が高電位**．

■

* 電池内では「力」がはたらいて電位が低い方から高いほうへ持ち上げられることを思い出そう．

§ 11.2　電磁誘導の法則 (2)

■コイルを貫く磁束線の数 Φ が変化する場合　磁束は $\Phi = BS$ で定義されるから，磁束密度 B が一定でも磁界を貫く閉回路の面積 S が変化すれば誘導起電力 V を生じる．

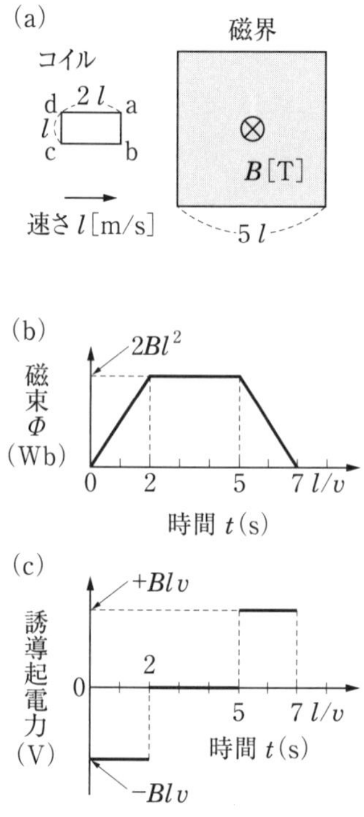

図 11.6

* 磁束 Φ は増加するので，誘導電流が ⊙ の向きに磁界をつくるように，誘導起電力は発生する．

> **例題 11.2（磁界中を横断するコイル）**　図 11.6(a) に示すように，紙面の表から裏面の向きに磁界（磁束密度 B [T]）が存在する長さ $5l$ [m] の区間内を，長方形のコイル abcd が，一定の速さ v [m/s] で右向きに横断する．長さ ab = cd = l [m], ad = bc = $2l$ [m] とし，辺 ab が磁界の左端に達する時間を 0 [s] とする．
>
> (1) コイルを貫く磁束 Φ [Wb] を時刻 t [s] の関数として図示せよ．
>
> (2) コイルに生じる誘導起電力 V [V] を時刻 t [s] の関数として図示せよ．ただし，a → b → c → d の向きに誘導電流を流そうとする起電力を正とする．

（解）(1) 答は図 **11.6(b)**．$t = 2l/v \sim 5l/v$ [s] の間ではコイルの全面積 $S = 2l^2$ が磁界の中なので，貫く磁束 $\Phi = BS = 2Bl^2$ [Wb]．Φ は $0 \le t \le 2l/v$ [s] で一定の割合で 0 から増加し，$5l/v \le t \le 7l/v$ [s] では一定の割合で減少し最後は 0 になる．

(2) 答は図 **11.6(c)**．コイルが磁界に侵入するとき ($0 \le t \le 2l/v$[s]) には誘導起電力は a → d → c → b（負の向き）に生じ *，そのとき起電力は $V = -\dfrac{d\Phi}{dt} = -\dfrac{2Bl^2}{2(l/v)} = \boldsymbol{-Blv}$ [V]．同様に $t = 2l/v \sim 5l/v$ [s] で $V = \mathbf{0}$ [V]，$t = 5l/v \sim 7l/v$ [s] で $V = \boldsymbol{+Blv}$ [V].

■

■磁界中を横切る導体棒に生じる誘導起電力　図 11.7 に示すように，磁界（磁束密度 B）の中で，導体棒 PQ（長さ l）を，磁界と導体棒の両方に垂直な向きに速さ v で動かすとき，導体内の自由電子（電荷 $-e$）は P → Q の方向にローレンツ力 $f = evB$ を受ける．これは導体内に

$$\text{Q → P の向きに\textbf{誘導電界}} \qquad E = v \times B \qquad (11.3)$$

が生じたことを意味する．つまり磁界中を横切る長さ l の導体棒には

$$\text{誘導起電力:} \qquad V = v \times Bl \qquad (11.4)$$

が Q → P の向きに生じている *.

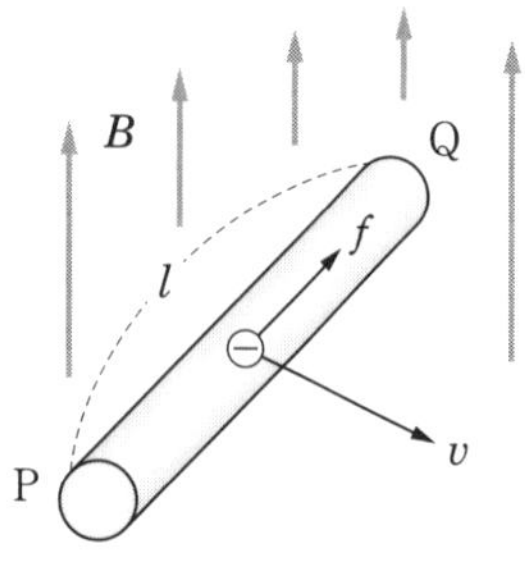

図 11.7　磁界中を運動する導体棒には起電力 $V = El = vBl$ が生じる

* 磁界中を運動する導線は「電池」になる．Q より P の方が高電位なことに注意.

§ 11.3 電磁誘導の法則 (3)

■電磁誘導とエネルギー保存の法則 誘導起電力を得るために外部から加える仕事は，電力に変換される．

> **例題 11.3（電磁誘導とエネルギー）** 図 11.8 に示すように，$+z$ 方向の一様な磁界（磁束密度 B）の中で 2 本の導線を $+x$ 方向に間隔 l で平行に並べ，左端に抵抗 R をつないだ．この 2 本の上に y 軸と平行に導線棒をのせ，一定の速さ v で $+x$ 向きに動かした．接触部の摩擦や R 以外の電気抵抗は無視する．
>
> (1) この閉回路に生じる誘導起電力を求めよ．
> (2) 導体棒を流れる電流の大きさと向きを求めよ．
> (3) 導体棒を速さ v で動かすのに必要な力の向きと大きさを求めよ．
> (4) 抵抗での消費電力と棒を動かす外力のする仕事率が等しいことを示せ．

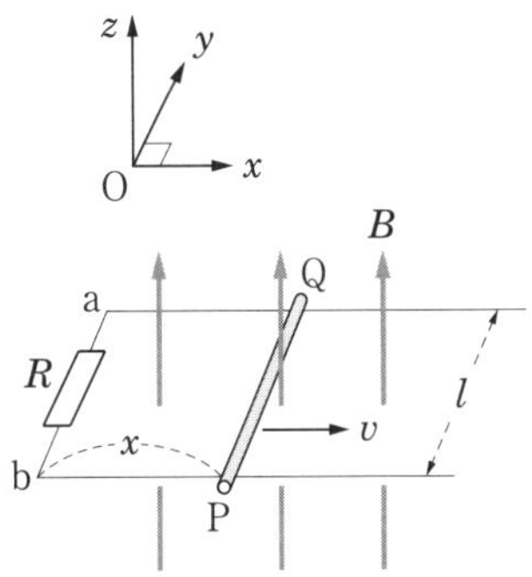

図 11.8 磁界を横切る導線を含む回路

（解） (1) 閉回路 abPQ の面積は $S = lx$ で，磁束は $\Phi = BS = Blx$．

導体棒が速さ v で動くとき，生じる誘導起電力の大きさは

$$V = \frac{d\Phi}{dt} = \frac{d}{dt}(Blx) = Bl\frac{dx}{dt} = \boldsymbol{Blv}\ ^{*}$$

* 磁界中を運動する導線は起電力 $V = Blv$ の「電池」

(2) 導体棒内を流れる電流の大きさは $I = \dfrac{V}{R} = \dfrac{\boldsymbol{Blv}}{\boldsymbol{R}}$.

PQ が動くことで閉回路 abPQ の面積は広がり，面内を貫く $+z$ 方向の磁束が増加するから，レンツの法則により，誘導電流のつくる電界は $-z$ の向きでる．すなわち導体棒内を流れる電流の向きは **Q → P**.

(3) 導体棒（Q → P に流れる電流 I）が磁界から受ける力（電磁力）は $-x$ 方向で，大きさは $F' = lI \times B$．この力 F' に抗して棒を動かすのに必要な力は，

$$x \text{ 方向に } F = lI \times B = \frac{\boldsymbol{(Bl)^2}}{\boldsymbol{R}}\boldsymbol{v}$$

(4) 抵抗での消費電力は $P = VI = (Blv)\cdot(\dfrac{Blv}{R}) = \dfrac{\boldsymbol{(Blv)^2}}{\boldsymbol{R}}$

一方棒を動かすために外力のする仕事は，$P' = Fv = \dfrac{\boldsymbol{(Blv)^2}}{\boldsymbol{R}}$

よって $P = P'$.

つまり，抵抗で消費される電力（ジュール熱）は外力のする仕事によって供給されている．

■

まとめ（11. 電磁誘導）

整理・確認問題

次の［　　］には適当な言葉または数字を入れよ．

問題 11.2　コイルに棒磁石を近づけるとコイルのには誘導起電力が生じる．この現象は［①］とよばれている．誘導起電力の大きさはコイルの巻き数に［②］し，コイルを貫く［③］の時間的な変化に比例する．これを［④］の法則という．

問題 11.3　図 11.9 のように棒磁石の N 極を左からコイルに近づけると，コイルを貫く［①］向きの磁束が増加する．［②］の法則により，その増加を妨げる向きに，誘導電流は磁界をつくる．すなわち，コイルに流れる誘導電流の向きは［③］である．

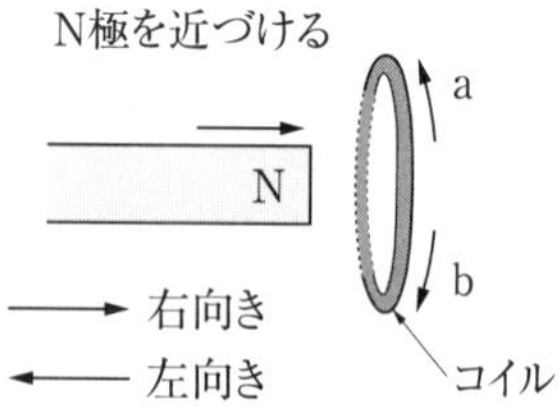

図 11.9

問題 11.4　図 11.10 のように，長さ l の金属棒 PQ と導線 abcd からなる回路があり，面 abcd には垂直上向きに一様な磁束密度 B が存在している．PQ を一定の速さ v で左方に動かすとき，PQ 中の自由電子（電荷 $-e\ (<0)$）には［①］力がはたらくが，その力の大きさは［②］，向きは［③］である．この力を PQ 内に生じた誘導電界によるものとみなすと，電界の大きさは $E =$［④］に相当し，PQ 間の電位差は $V =$［⑤］となる．このとき，PQ 間では，［⑥］の向きに電流が流れる．この電流を［⑦］，電圧 V を［⑧］とよぶ．V の表式のうち，［⑨］は回路内の面積 bcQP の単位時間あたりの増加率に等しく，V は回路内の［⑩］の変化率に比例することがわかる．電流 I によって発生する磁束密度の向きは B と［⑪］向きで，PQ の移動による閉回路 bcQP 内の磁束の増加を妨げている．この事実を［⑫］の法則という．

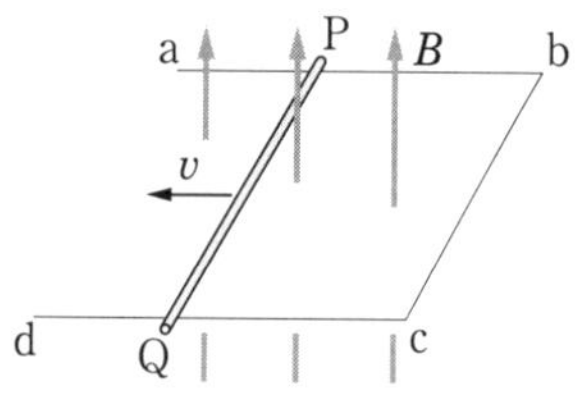

図 11.10

問題 11.5　図 11.11 の各図で，流れる誘導電流の向きを矢印の向き (a，b) の中から選べ．

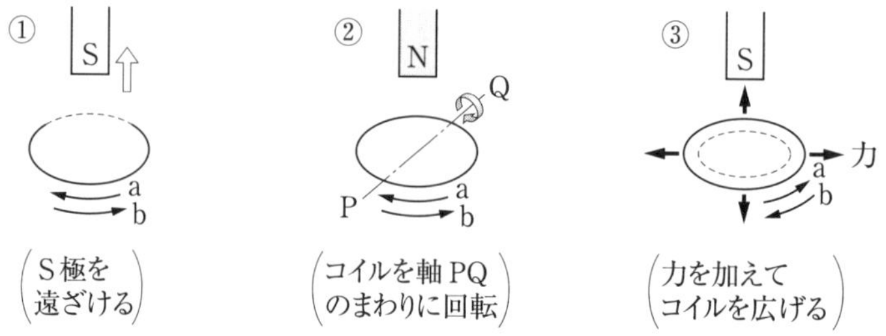

図 11.11

基本問題

問題 11.6（磁界中を運動する導線を含む回路） 図 11.12 のように，磁束密度 0.40T の磁界（紙面に垂直，表から裏への向き）に垂直に導線 PQ（長さ 0.30 m）を含む閉回路が置かれている．いま PQ を右向きに一定の速さ 2.0 m/s で動かすとき，

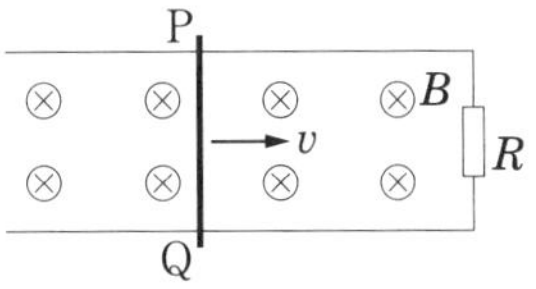

図 11.12

(1) 誘電起電力の大きさは何 V か．

(2) 誘導起電力の向きを示せ．また，P と Q ではどちらの電位が高いか．

(3) 抵抗 R が 5.0 Ω のとき，PQ には何 A の電流が流れるか．

コーヒーブレイク

変幻自在

ここまで電磁誘導に関連して幾つかの法則がでてきたが，実はそれは 1 つの法則の異なる顔であることに，皆さんは気がついているだろうか？ここでもう一度確認しておこう．

ファラデーの電磁誘導の法則　$\boldsymbol{V = -\dfrac{d\Phi}{dt}}$

を図 11.13(a) のような閉回路に適用し，磁束 $\Phi = \int BdS$（面積分），誘導起電力 $V = \oint Eds$（線積分）を使うと，

誘導電界 $\boldsymbol{E}$ による起電力　$\boldsymbol{\oint Eds = -\dfrac{d}{dt}\int BdS}$

となる．ここで磁束 Φ の変化は，図 (a) のように回路を貫く磁束密度 B の変動であってもよいし，図 (b) のように閉回路（コイル）の面積の変化であってもよい．そこで図 (b) で，導線 PQ が速さ v で動くとすると，誘導起電力（誘導電界）が生じるのは動く導線部分（長さ l）で

誘導起電力 $\boldsymbol{V = El = v \times Bl}$　　**誘導電界 $\boldsymbol{E = v \times B}$**

となっている．このため導線内の電荷 $q\ (>0)$ は誘導電界から力 $f = qE$ を受けるが *，これが

ローレンツ力　　$\boldsymbol{f = qv \times B}$

に他ならない．図 (b)(c) では導線が（したがってその中の電荷 q も）外力によって動いているとしたが，図 (d) のように導線内を電荷 q が動く（すなわち電流 I が流れる）場合には，電流は磁界から図に示した方向に

電磁力　　$\boldsymbol{F = lI \times B}$

を受けることになる．力の向きはフレミングの左手の法則とも一致する．このように，これらの法則は個々独立ではなく，すべてつながったものなのである．

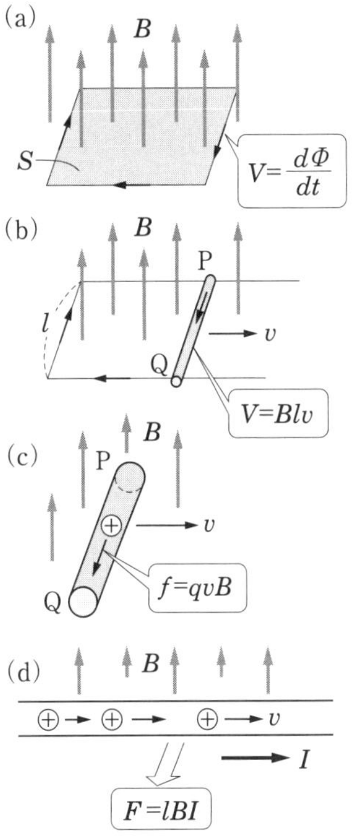

図 11.13

* 簡単のため $q > 0$ で議論する．負電荷の自由電子の場合は，ローレンツ力の向きが逆になるが，本質的な議論は変わらない．

12　自己誘導・相互誘導

コイルを流れる電流はその周囲に電界をつくるから，電流が変動するとき自分自身および近くの他のコイルに電磁誘導を引き起こす．その自己誘導，相互誘導によって引き起こされる起電力と，過渡現象を考えてみよう．

§ 12.1　自己誘導

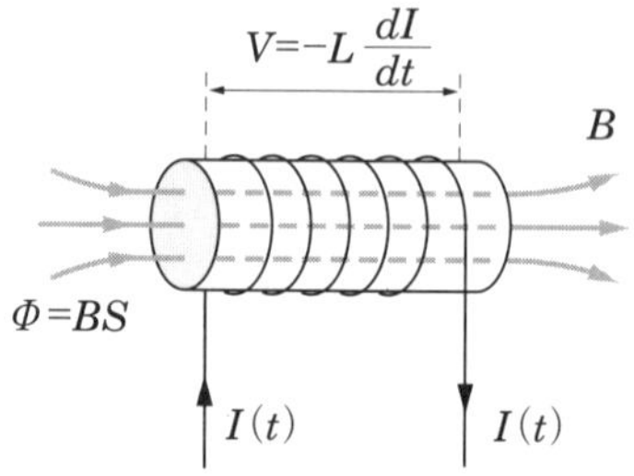

図 12.1　自己誘導による起電力

■**自己インダクタンス**　図 12.1 に示すようなコイルに電流 I が流れると，コイル内には磁界（磁束密度 B）ができる．このとき電流 I が変動すると，コイルを貫く磁束 Φ が変動するから，そのことによってコイル自身に誘導起電力が生じる．この現象を**自己誘導**という．Φ は I に比例するから，自己誘導による起電力 V [V] は電流 I [A] の時間変化に比例し，

$$V = -L\frac{dI}{dt} \tag{12.1}$$

と表される．比例定数 L を**自己インダクタンス**とよぶ．その単位は**ヘンリー**（記号 **H**）で，1H =1V·s/A である．負の符号は，自己誘導による起電力が電流の変化を妨げる向き（**逆起電力**）であることを示している．

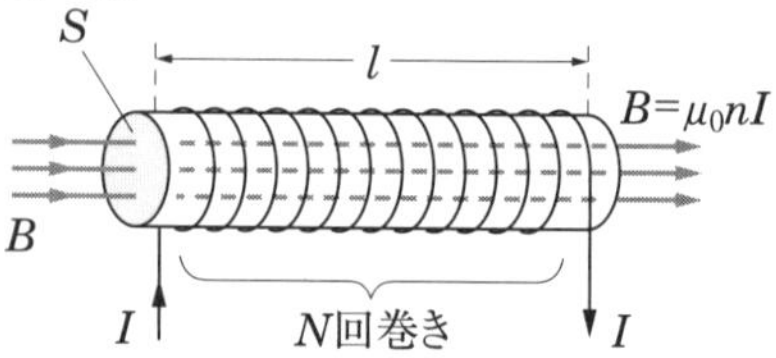

図 12.2　ソレノイドの自己インダクタンス L

> **例題 12.1**（ソレノイドの自己インダクタンス）　図 12.2 に示すようなソレノイド（長さ l [m]，断面積 S [m^2]，巻き数 N 回）の自己インダクタンスを求めよ．

（解）ソレノイドに電流 I [A] を流すとき，内部にできる磁束密度の

大きさは　　$B = \mu_0 nI = \mu_0\left(\frac{N}{l}\right)I$ [T]

したがって N 回巻きのコイル（ソレノイド）に生じる誘導起電力は

$$V = -N\frac{d\Phi}{dt} = -NS\frac{dB}{dt} = -\frac{\mu_0 N^2 S}{l}\frac{dI}{dt} \text{ [V]}$$

である．この式を $V = -L\dfrac{dI}{dt}$ と比べると，

ソレノイドの自己インダクタンス $\boldsymbol{L = \dfrac{\mu_0 N^2 S}{l}}$ [H]

■

§ 12.2　相互誘導

■**相互インダクタンス**　図 12.3 に示すように，2 つのコイルを互いに近くに置き，コイル 1 を流れる電流 I_1 がつくる磁界（磁束 Φ_1）がコイル 2 を貫くようにする．このとき，I_1 が変動すると，Φ_2 が変動するから，電磁誘導によりコイル 2 に誘導起電力 V_2 が生じる．この現象を**相互誘導**とよぶ．Φ_2 は明らかに I_1 に比例するので，相互誘導によりコイル 2 に生じる起電力 V_2 [V] は電流 I_1 [A] の時間変化に比例し，

$$V_2 = -M\frac{dI_1}{dt} \tag{12.2}$$

と表される．負の符号は，この起電力 V_2 が I_1 の変化を妨げる向きに生じることを示す．比例定数 M を**相互インダクタンス**とよぶ．単位には，自己誘導と同じく，ヘンリー（記号 **H**）を用いる．M の値は 2 つのコイルの断面積，巻き数，相互位置などによって決まる *．

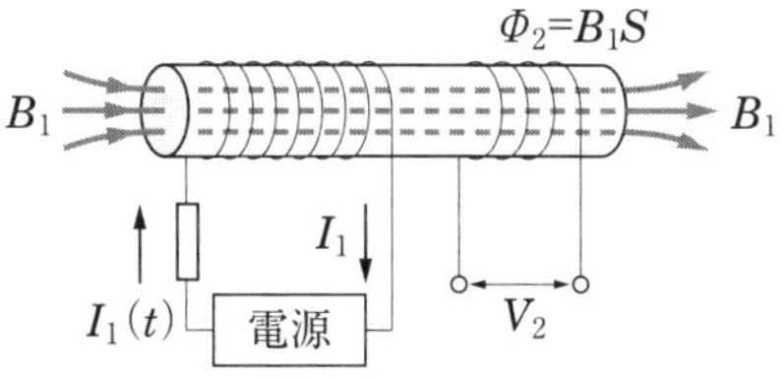

図 **12.3**　**相互誘導**

*このときコイル 1 に生じる起電力 V_1 は，コイル 2 を流れる電流 I_2 の変動に比例し

$$V_1 = -M\frac{dI_2}{dt}$$

と表される（相反定理）．

例題 12.2（相互誘導）　図 12.4(a) に示す回路で，コイル 1 に流れる電流が図 (b) のように変化するとき，コイル 2 に生じる誘導起電力 V と時間 t との関係を図示せよ．ただし，相互インダクタンスを 0.60H とし，P が Q より高電位になる向きを正とする．

（解）
- 時間 $t = 0 \sim 2 \times 10^{-2}$ [s] の間にコイル 1 の電流 I_1 が 0A から 0.4A へと変化している．このときコイル 2 に生じる誘導起電力は

$$V = -M\frac{\Delta I_1}{\Delta t} = -0.60 \times \frac{0.40}{2 \times 10^{-2}} = \mathbf{-12.0}\ \mathrm{V}$$

- 時間 $t = 2 \times 10^{-2} \sim 4 \times 10^{-2}$ [s] の間では，電流 I_1 が一定だから誘導起電力は起きない．
- 時間 $t = 4\times10^{-2} \sim 7\times10^{-2}$ [s] の間では時間 $\Delta t = 3\times10^{-2}$ [s] にコイル 1 を流れる電流が $\Delta I_1 = -0.4$ A だけ変化している．コイル 2 に生じる誘導起電力は

$$V = -M\frac{\Delta I_1}{\Delta t} = -0.60 \times \frac{(-0.40)}{3 \times 10^{-2}} = +\mathbf{8.0}\ \mathrm{V}$$

答は図 **(c)** になる．

■

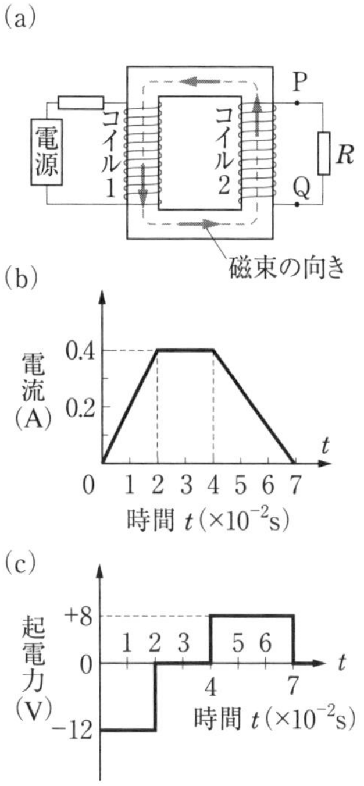

図 **12.4**

§ 12.3　磁界のエネルギー

■コイルに蓄えられるエネルギー　コイルに流れる電流を増すには，そのために生じる逆起電力に逆らって電荷を移動させなければならない．自己インダクタンス L のコイルを流れる電流が，時間 dt の間に，I から $I+dI$ へと増えたとき生じる誘導起電力は $V=-LdI/dt$ であるから，この起電力に逆らって電気量 $dq=Idt$ を移動させるために電源のする仕事は，

$$dW=|V|dq=L\frac{dI}{dt}\cdot Idt=LI\,dI$$

である．したがって，コイルに流れる電流を 0 から I まで増やすときに電源がする仕事は

$$W=\int_0^I LIdI=\frac{1}{2}LI^2 \tag{12.3}$$

である．この仕事は，磁界のエネルギー U となって電流が流れているコイルに蓄えられていると考えることができる．

■磁界のエネルギー　一般に磁界が存在する場所では，

$$\text{単位体積あたりの磁界のエネルギー：}u=\frac{1}{2\mu_0}B^2=\frac{1}{2}\mu_0H^2 \tag{12.4}$$

が「場のエネルギー」として蓄えられている．この考え方は磁界が存在する場所で広く成り立つ（下の例題 12.3 参照）．

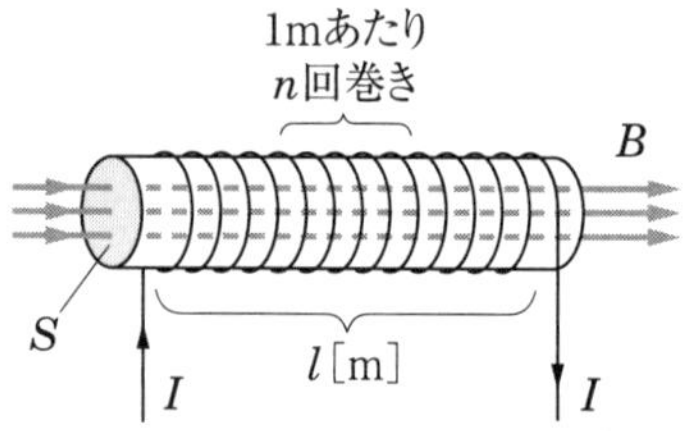

図 12.5

> **例題 12.3**（**ソレノイドの磁界のエネルギー**）　図 12.5 に示すように，長いソレノイド（長さ l，断面積 S，1m あたりの巻き数 n）に電流 I が流れている．このときソレノイドに蓄えられた磁界のエネルギーを求めよ．またそのときの単位体積あたりの磁界のエネルギーが $u=\dfrac{1}{2\mu_0}B^2$ であることを示せ．

（解）　ソレノイドの自己インダクタンスは（例題 12.1 より）$L=\mu_0n^2Sl$ なので，蓄えられた磁界のエネルギーは

$$U=\frac{1}{2}LI^2=\boldsymbol{\frac{1}{2}(\mu_0 n^2 Sl)}I^2$$

と表される．ソレノイドに電流 I が流れるときの内部の磁束密度は $B=\mu_0nI$ なので，$I=B/\mu_0n$ である．これを代入すると，$U=\dfrac{1}{2\mu_0}B^2(Sl)$ となる．外部では $B=0$ で，Sl はソレノイドの体積であることに注意すると，ソレノイドの内部には単位体積あたり $u=\dfrac{1}{2\mu_0}B^2$ の磁界のエネルギーが存在している．

■

§ 12.4　準定常電流

■**LR 回路**　コイルに流れる電流が一定である限り，コイルは単なる導線に過ぎない．しかし電流が変動すると，自己誘導による逆起電力を生じる．そのため，コイルと電気抵抗を直列に電池につないだ回路（LR 回路）では，スイッチを入れたり切ったりしても電流は直ちに一定の値とはならず，時間をかけて次第に近づく．このような現象を**過渡現象**とよび，流れる電流を**準定常電流**とよぶ．

例題 12.4（LR 回路）　図 12.6(a) に示すように，抵抗（抵抗値 R）とコイル（自己インダクタンス L），電池（起電力 V）を直列につないだ回路がある．

(1) スイッチ S を閉じてから時間 t 秒後の回路を流れる電流 I [$\equiv I(t)$] が満たす式を書け．
(2) S を閉じてから時間 t 秒後の電流 I を求め，時間の関数としてグラフに表せ．

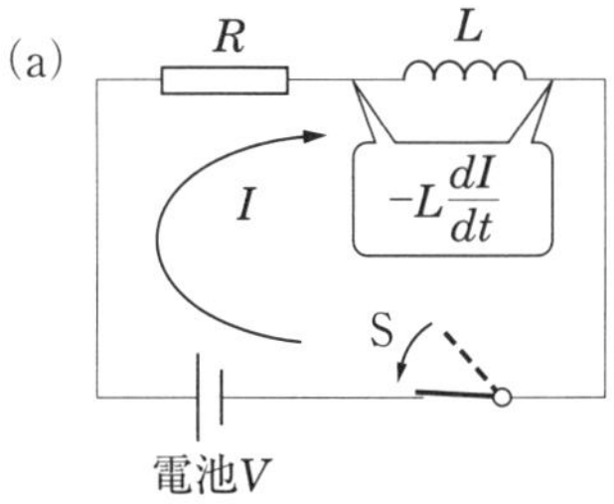

（解）(1) 電流の向きを図中の矢印のようにとると，
キルヒホッフの第 2 法則（起電力の和＝電圧降下）より，

$$V - L\frac{dI}{dt} = IR \qquad \therefore \boldsymbol{\frac{dI}{dt} = -\frac{R}{L}\left(I - \frac{V}{R}\right)}$$

(2) 電流 I を時間 t の関数とみて積分する (R，L，V は定数)．(1) の結果より

$$\frac{dI}{I - V/R} = -\frac{R}{L}dt \qquad \therefore \int \frac{dI}{I - V/R} = -\frac{R}{L}\int dt$$

この両辺を積分して

$$\log\left(I - \frac{V}{R}\right) = -\frac{R}{L}t + C \qquad \therefore I = \frac{V}{R} + C_1 e^{-\frac{R}{L}t}$$

ここで C，C_1 は積分定数で，$C_1 = e^C$ の関係があり，時刻 $t = 0$ で $I = 0$ という条件（これを**初期条件**という）より決まる．この条件は $I(0) = \frac{V}{R} + C_1 = 0$ なので，これより $C_1 = -\frac{V}{R}$ を得る．結局

$$I = \boldsymbol{\frac{V}{R}\left(1 - e^{-\frac{R}{L}t}\right)}$$

となる．S を閉じてから t 秒後の電流 I の様子を図 **(b)** にグラフに示す．電流は $t = 0$ での値 $I = 0$ から次第に増加して，$t \to \infty$ で一定値 $I = V/R$ に到達する．

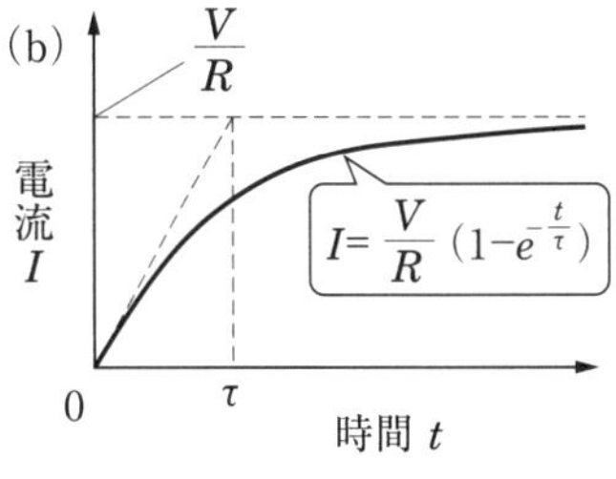

図 12.6

■

■**時定数**　LR 回路の**時定数** $\tau \equiv L/R$ とは，電流 I が飽和値の V/R の $(1 - e^{-1}) = 0.632$ 倍になるまでの時間のことである．

まとめ（12. 自己誘導・相互誘導）

整理・確認問題

次の［　　］には適当な言葉または数字を入れよ．

問題 12.1　コイルに電流が流れると，コイル内には磁界ができる．電流 I [A] が時間 t [s] とともに変化すると，コイルを貫く磁束 Φ が変動するから，コイル自身に誘導起電力を生じる．この現象を［　①　］という．Φ は I に比例するから，これによって生じる起電力 V [V] は電流 I の時間変化に比例し，［　②　］（式）と表される．比例定数 L を［　③　］とよび，その単位は［　④　］（記号 H）である．単位 A, V, s を使うと，1H =1［　⑤　］と表される．式②の負の符号は生じた起電力 V が電流の変化を［　⑥　］向きであることを示している．

問題 12.2　$L = 30$ H のコイルに流れていた 0.050 A の電流が，スイッチを切ることによって 0.010 秒間に 0 A になった．この間にコイルに生じた自己誘導起電力（の平均値）は［　　］である．

問題 12.3　コイル 1 に流れていた電流を 6.0 A/s の割合で減少させるとき，コイル 2 には 2.4 V の起電力が誘導されたとすると，コイル 1 と 2 の間の相互インダクタンス M は［　　］H である．

基本問題

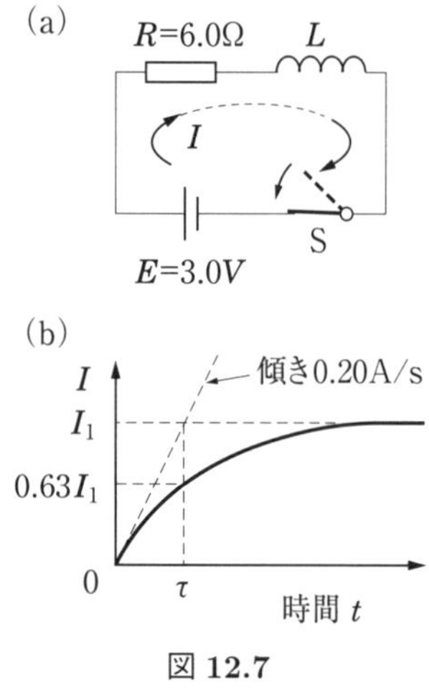

図 12.7

問題 12.4（自己誘導）　図 12.7(a) の LR 回路において，$E = 3.0$ V，$R = 6.0\ \Omega$ で，はじめスイッチ S が開いていた．回路を流れる電流 I は，図 (b) のように，スイッチを閉じた瞬間から 0.20 A/s の割合で増加し，時間 t が充分経過すると一定値 I_1 になった．電池の内部抵抗とコイルの抵抗は無視する．

(1) 一定値 I_1 はいくらか．

(2) キルヒホッフの第 2 法則（起電力の和＝電圧降下）を適用し，回路を流れる電流 I が満たす式を導け．

(3) このコイルの自己インダクタンス L はいくらか．

(4) この LR 回路の時定数 $\tau \equiv L/R$ を求めよ．

問題 12.5（相互誘導）　図 12.8(a) のように，相互インダクタンスが 0.02 H のコイル 1，2 がある．コイル 1 に流れる電流 I_1 [A] が時間 t [s] とともに図 (b) のように変化した．コイル 2 に生じる誘導起電力 V_2 [V] を求め，その時間変化を図示せよ．ただし，B が A より高電位になる向きを正とする．

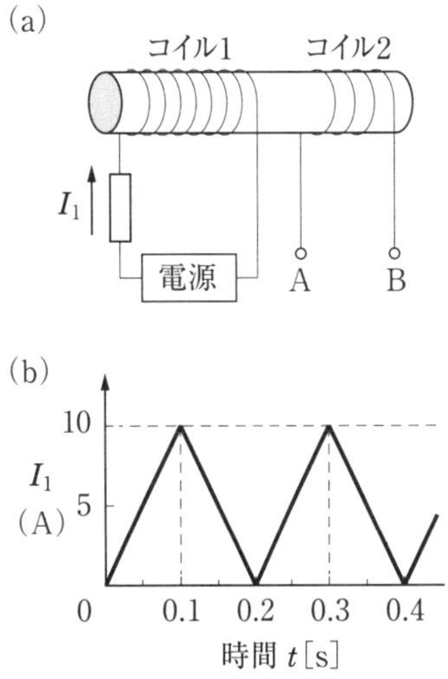

図 12.8

コーヒーブレイク

Back to Faraday !

ファラデーはロンドン郊外の鍛冶屋の息子として生まれた．家が貧しかったので，13 歳から製本文具店に奉公した．仕事をしながら本を読み，次第に化学や電気に興味を持つようになった．21 歳のとき王立研究所のデービーの公開講義を聞き，本格的に科学の研究にかかわるような仕事をしたいと思った．そこでデービーに手紙を出したところ，ちょうどデービーの助手がやめたところだったので幸運にも彼の希望がかなえられた．

青年期に充分な学校教育を受けられなかったので，ファラデーは数学や科学の素養に欠けるところがあった *．しかしそれだけに，既成の概念にとらわれることなく自然の本質に迫ることができたともいえる．ファラデーの業績としては，電磁誘導の法則（1831 年）のほかに，ベンゼンの発見（1825 年），電気分解の法則（1833 年）などがあげられる．ファラデーによって導入された「電界」「磁界」といった場の概念は，電磁気学の発展を方向づけた．

大学教授や王立学会長への就任要請を断り，ファラデーは名誉とか金銭を得ることよりも，研究所で研究に専念する道を選んだ．ファラデーは非常に話が上手で，彼の話を聞いたものは皆その話に引き込まれたという **．科学知識の普及にも意を用い，王立研究所で毎週**「金曜日の夕刻講演」**を行った．この講義は実験も含めて 1 時間あまりのものであった．またクリスマス休暇には青少年のためにやさしい講義を行った．この**クリスマス講義**の内容は「ローソクの科学」などとして後に出版された．ファラデーはすぐれた研究者であると同時にすぐれた教育者でもあったのだ．*Back to Faraday !* 物理教師はかくありたい．

図 12.9　ファラデー (1791〜1867)

* マクスウェルは評す，「ファラデーが数学者でなかったことは，おそらく科学にとって幸運なことであった」と．

** ファラデーは人を見て法を説いた．「電磁誘導の研究が何かの役に立つのか？」という問いに，婦人には「生まれたばかりの赤ん坊が何になるのかは誰にもわかりません」とやさしく答え，役人には「将来，税の収入源になるでしょう」と答えた．

13 交　流

交流は，電圧（と電流）の大きさと向きが周期的に変化する電流である．交流電圧を加えると，コンデンサーやコイルでは，直流電圧を加えたときとはかなり異なる性質を示す．日常生活の電気器具のほとんどで交流が使われているが，ここでは，実効電流，実効電圧，交流の電力の意味をしっかり理解して欲しい．

§ 13.1　交流の実効値

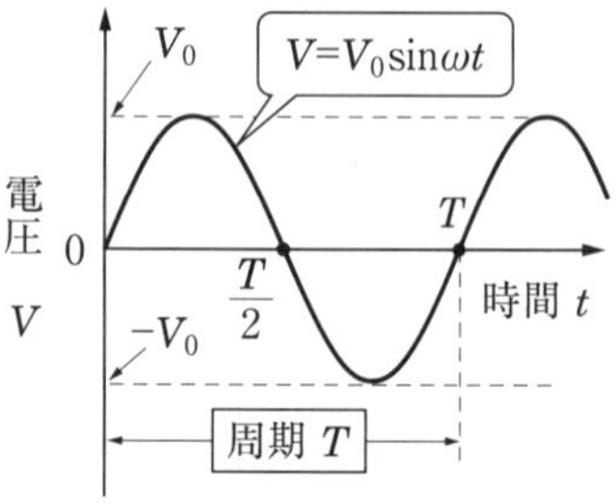

図 13.1　交流電圧

■交流電圧　図 13.1 に示すように，電圧 V [V] が時刻 t [s] とともに，

$$V = V_0 \sin \omega t \tag{13.1}$$

のように周期的に変動する電圧を**交流電圧**とよぶ．**角周波数** ω [rad/s] を使って，交流の**周期** T [s] と**周波数** f [Hz] は，

$$\text{周期}\ T = \frac{2\pi}{\omega} \qquad \text{周波数}\ f \equiv \frac{1}{T} = \frac{\omega}{2\pi} \tag{13.2}$$

と定義される．周波数の単位はヘルツ（記号 Hz）で，1Hz=1/s である．

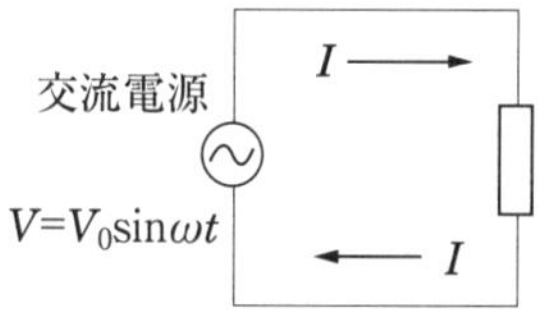

図 13.2　抵抗 R をもつ交流回路

■交流と抵抗　図 13.2 の回路において，抵抗 R に交流電圧 $V = V_0 \sin \omega t$ を加えると，

$$I = \frac{V}{R} = \frac{V_0}{R} \sin \omega t = I_0 \sin \omega t \tag{13.3}$$

が流れる．つまり，電圧の最大値 V_0 と電流の最大値 I_0 の間には $V_0 = I_0 R$ の関係がある．図 13.3(a) に示すように，I は V と同じ周期，同じ位相をもつ**交流電流**である．

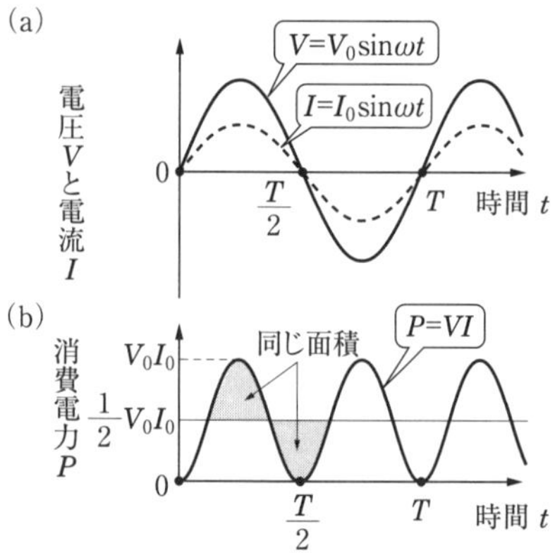

図 13.3　抵抗 R に流れる交流と消費電力 P

■交流の実効値　図 13.2 の回路において，抵抗 R で消費される電力は $P = VI$ であるが，これは周期 $T/2$ の関数である．その時間平均値は，図 13.3(b) に示すように，$\langle P \rangle = \frac{1}{2} V_0 I_0$ である．そこで交流の場合は，**実効値**として，

$$\text{電圧の実効値: } V_e = \frac{1}{\sqrt{2}} V_0 \qquad \text{電流の実効値: } I_e = \frac{1}{\sqrt{2}} I_0 \tag{13.4}$$

を定義すると

（電力の時間平均値 $\langle P \rangle$）＝（電圧の実効値 V_e）×（電流の実効値 I_e）

つまり

$$\langle P \rangle = V_e I_e = I_e^2 R = \frac{V_e^2}{R} \tag{13.5}$$

となり，直流の場合と同じになって都合がよい．

一般に交流の電流・電圧は実効値を使って表される*．

* 交流の電流計，電圧計が示すのは実効値である．

§ 13.2 コンデンサーに流れる交流

■コンデンサーを流れる直流と交流の違い コンデンサーと電球を直列につなぎ，図 13.4(a) のように直流電源に接続すると，電球はスイッチを入れた直後一瞬点灯するだけである．ところが，図 (b) のように交流電圧を加えると電球は点灯を続ける．直流ではコンデンサーが充電（放電）するときだけ電流が流れ，その後は流れない．交流では電圧が周期的に変動するため，コンデンサーで充電と放電を繰り返し，交流電流が流れるのである．

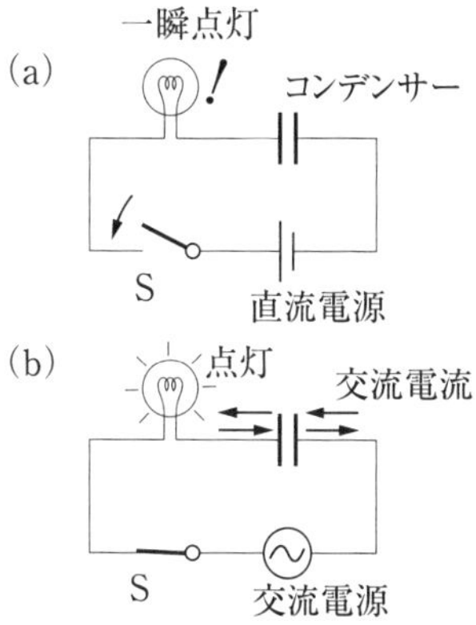

図 13.4 コンデンサーを流れる直流と交流の違い

■コンデンサーのリアクタンス * 電気容量 C [F] のコンデンサーに角周波数 ω [rad/s]，実効電圧 V_e [V] の交流電圧を加えると，流れる交流電流の実効値は $I_e = \omega C V_e$ [A] である ** （例題 13.1）．つまり，コンデンサーに交流が流れる場合

$$\text{容量リアクタンス} \quad Z = \frac{1}{\omega C} \tag{13.6}$$

が抵抗のはたらきをしている ($V_e = I_e Z$)．リアクタンスの単位は抵抗と同じくオーム (Ω) である．コンデンサーに流れ込む (流れ出る) 電流は，交流電圧の変化率 $\dfrac{dV}{dt}$ に比例するので，変化を先取りすることになる．このためコンデンサーを流れる電流は電圧よりも位相が進む．

* **インピーダンス**（交流抵抗）のうち，通常の抵抗を除外した部分をとくに**リアクタンス**とよぶ．§13.4 参照

** $\omega \to 0$（直流のとき）で $I_e \to 0$（電流が流れない）

> **例題 13.1（コンデンサーに流れる交流）** 図 13.5(a) に示すコンデンサー（電気容量 C [F]）を含む回路に，交流電圧 $V(t)$ [V] を加えたとき，流れる電流を $I(t)$ [A]，コンデンサーに蓄えられる電荷を $Q(t)$ [C] とする．t は時刻 ([s]) である．
>
> (1) Q を C と V で表せ．　(2) Q と I の関係を表せ．
>
> (3) 交流電源 $V(t) = V_0 \sin \omega t$ を加えたとき，流れる電流を $I(t) = I_0 \sin(\omega t + \phi)$ の形で表せ．このときのインピーダンス（容量リアクタンス）$Z = V_0/I_0$ はいくらか．
>
> (4) コンデンサーを含むこの回路に交流が流れるとき，消費電力が 0 であることを示せ．

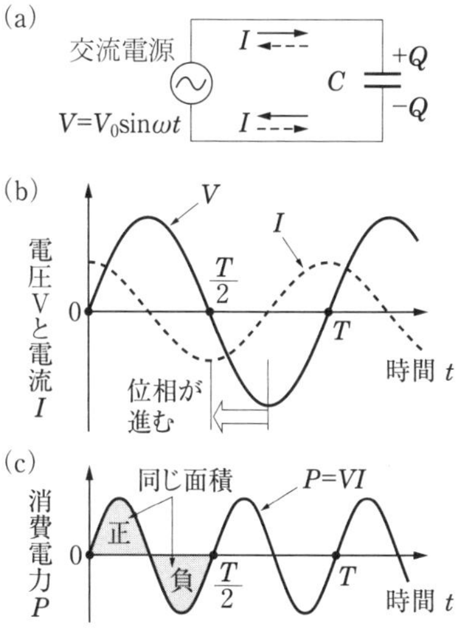

図 13.5

（解） (1) $\boldsymbol{Q = CV}$　　(2) $\boldsymbol{\dfrac{dQ}{dt} = I}$

(3) $I = \dfrac{dQ}{dt} = C\dfrac{dV}{dt} = C\dfrac{d}{dt}(V_0 \sin \omega t) = \omega C V_0 \cos \omega t$

$\therefore \boldsymbol{I = \omega C V_0 \sin\left(\omega t + \frac{\pi}{2}\right)}$***．よって $Z = \dfrac{V_0}{I_0} = \boldsymbol{\dfrac{1}{\omega C}}$．

(4) 図 (b) に電圧 V と電流 I，図 (c) に消費電力 $P = VI$ を時間 t の関数として示した．P の時間平均 $\langle P \rangle = \mathbf{0}$． ■

*** コンデンサーを流れる交流電流 I は電源電圧 V よりも位相が $\frac{\pi}{2}$ だけ進む．

§ 13.3 コイルに流れる交流

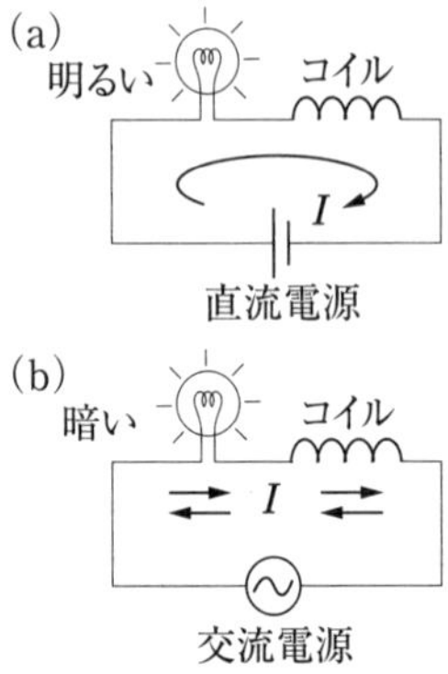

図 13.6 コイルを流れる直流と交流の違い

■コイルを流れる直流と交流の違い 図 13.6 はコイルと電球を直列につなぎ，これに直流電圧を加えたとき（図 (a)）と，同じ実効値の交流電圧を加えたとき（図 (b)）の電球の明るさを比較したものである．交流では電流の向きが時間とともに変わるので，コイルに自己誘導による起電力（逆起電力）が生じる．そのため，コイルを含む回路の電球は，（直流の場合よりも）交流の方が暗いのである．

■コイルのリアクタンス 自己インダクタンス L [H] のコイルに角周波数 ω [rad/s]，実効電圧 V_e [V] の交流電圧を加えると，流れる交流電流の実効値は $I_e = V_e/\omega L$ [A] である *（例題 13.2）．つまり，コイルに交流が流れる場合

$$\text{誘導リアクタンス}\ Z = \omega L \tag{13.7}$$

が抵抗のはたらきをしている ($V_e = I_e Z$)．逆起電力のため，電圧を加えてもすぐには電流が流れず，また電圧を 0 にしても（慣性のため）電流はすぐには 0 にはならない．∴電流は電圧よりも位相が遅れる．

* $\omega \to 0$（直流のとき）で $I_e \to \infty$（抵抗 0）

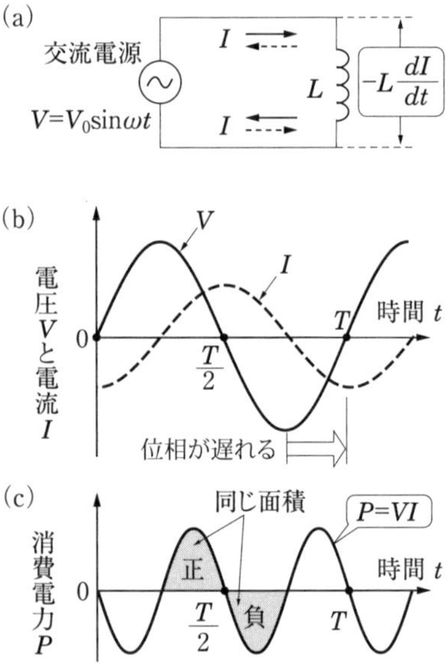

図 13.7

例題 13.2（コイルを流れる交流） 図 13.7(a) に示すコイル（自己インダクタンス L [H]）を含む回路に，交流電圧 $V(t)$ [V] を加えたとき，流れる電流を $I(t)$ [A] とする．

(1) V と I の満たす関係式を求めよ．

(2) 交流電源 $V(t) = V_0 \sin \omega t$ を加えたとき，流れる電流を $I(t) = I_0 \sin(\omega t - \phi)$ の形で表せ．このときのインピーダンス（誘導リアクタンス）$Z = V_0/I_0$ はいくらか．

(3) コイルを交流が流れるとき，消費電力が 0 であることを示せ．

（解） (1) コイルには逆起電力 $-L\dfrac{dI}{dt}$ が発生する．

キルヒホッフの第 2 法則（起電力の和 $= IR$，ただし $R = 0$）を適用して，$\boldsymbol{V - L\dfrac{dI}{dt} = 0}$.

(2) (1) より $\dfrac{dI}{dt} = \dfrac{V}{L} = \dfrac{V_0}{L}\sin\omega t$

$$\therefore I = \frac{V_0}{L}\int \sin\omega t dt = -\frac{V_0}{\omega L}\cos\omega t = \boldsymbol{\frac{V_0}{\omega L}}\sin\left(\omega t - \frac{\pi}{2}\right)^{**}$$

よって $I_0 = \dfrac{V_0}{\omega L}$ だから $Z = \dfrac{V_0}{I_0} = \boldsymbol{\omega L}$.

(3) 図 (b) に電圧 V と電流 I，図 (c) に消費電力 $P = VI$ を時間 t の関数として示した．P の時間平均 $\langle P\rangle = \mathbf{0}$.

■

** $\sin\left(\omega t - \dfrac{\pi}{2}\right) = -\cos\omega t$

積分定数は自明の条件 ($V_0 = 0$ ならば $I_0 = 0$) より決まる．コイルを流れる交流電流 I は電源電圧 V よりも位相が $\dfrac{\pi}{2}$ だけ遅れている．

§ 13.4 交流回路とインピーダンス

■インピーダンス 交流電源に接続した回路を**交流回路**といい，回路を構成する要素（抵抗器，コイル，コンデンサーなど）を**回路素子**とよぶ．一般に交流回路では，電圧 $V(t) = V_0 \sin \omega t$ を接続したとき，電流 $I(t) = I_0 \sin(\omega t - \phi)$ が流れる．ϕ を電圧 V に対する電流 I の**位相の遅れ**とよぶ．回路の交流抵抗（インピーダンス）は，

$$\text{インピーダンス} \quad Z = \frac{V_e}{I_e} = \frac{V_0}{I_0} \tag{13.8}$$

で定義される．このとき，回路の消費電力の平均値は（問題 13.3）

$$\langle P \rangle = \langle VI \rangle = \frac{1}{2} V_0 I_0 \cos \phi = V_e I_e \cos \phi \tag{13.9}$$

となる．$\cos \phi$ を**力率**とよぶ．

■LCR 回路 図 13.8 のように，抵抗とコンデンサーとコイルを直列に接続した交流回路を考える．交流では実効電圧 V_e [V] と実効電流 I_e [A] との間に $V_e = I_e Z$ の関係がある．抵抗を R [Ω]，コンデンサーの電気容量を C [F]，コイルの自己インダクタンスを L [H] とすれば，この LRC 回路のインピーダンスは（問題 15.18），

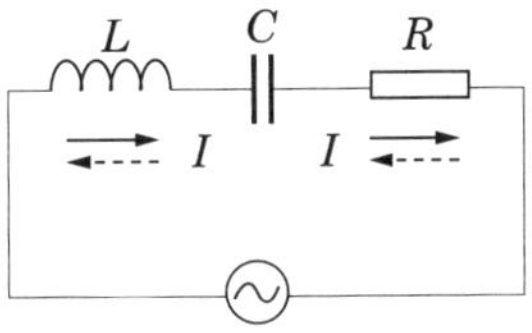

V=V_0sinωt

図 13.8 LCR 回路

$$\text{インピーダンス} \quad Z = \sqrt{R^2 + \left(\omega L - \frac{1}{\omega C}\right)^2} \tag{13.10}$$

である．電圧 V に対する電流 I の位相の遅れ ϕ（遅れ角）は

$$\cos \phi = \frac{R}{Z}\,, \qquad \tan \phi = \frac{\omega L - \frac{1}{\omega C}}{R} \tag{13.11}$$

となる．

■回路素子のはたらき 交流回路での抵抗・コンデンサー・コイルのはたらきをまとめると下の表のようになる．

	抵抗としてのはたらき	電圧に対する電流の位相 ϕ	消費電力（時間平均）	周波数 $f = \omega/2\pi$ と電流との関係
抵抗 R [Ω]	R [Ω]	$\phi = 0$（同位相）	$\frac{1}{2}V_0 I_0 = V_e I_e$	無関係
コンデンサー C [F]	$\frac{1}{\omega C}$ [Ω]	$\phi = -\pi/2$（位相 $\pi/2$ 進む）	0	f が大きいほど実効電流が大
コイル L [H]	ωL [Ω]	$\phi = +\pi/2$（位相 $\pi/2$ 遅れる）	0	f が大きいほど実効電流が小

まとめ（13. 交流）

整理・確認問題

次の [　　] には適当な言葉または数字を入れよ．

問題 13.1　時刻 t [s] での 100V，50Hz の交流電圧は $V=$ [①] [V] と表される．ただし sin 関数を使い，時刻 $t=0$ で $V=0$ であるとした．この電源を 20Ω の抵抗に接続するとき，交流電流の実効値は [②] [A] で，時刻 t [s] での交流電流は $I=$ [③] [A] と表される．

問題 13.2　(1) 100V の 50Hz の交流電源がある．この交流電源の周期は $T=$ [①] [s] で，角周波数は $\omega=$ [②] [rad/s] である．

(2) この電源を 40W の電球に接続するとき，流れる電流の実効値は [③] [A] である．

(3) コンデンサーを直流電源につなぐと電流は [④]．角周波数 ω [rad/s] の交流電源に対する，電気容量 C [F] のコンデンサーの（容量）リアクタンスは [⑤] [Ω] であるから，(1) の電源を $C=20\mu$F のコンデンサーに接続したとき流れる交流電流の実効値は [⑥] [A] である．

(4) 角周波数 ω [rad/s] の交流電源に対する，自己インダクタンス L [H] のコイルの（誘導）リアクタンスは [⑦] [Ω] である．(1) の電源を $L=0.20$ H のコイルに接続したとき流れる交流電流の実効値は [⑧] [A] である．

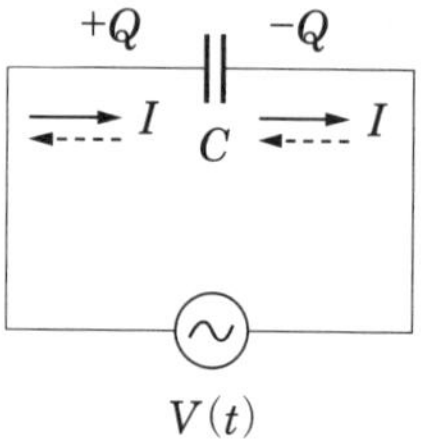

図 13.9

問題 13.3　図 13.9 のように，電気容量 C のコンデンサーに交流電圧 V を加える．時刻 t における電圧の瞬間値が $V(t)$ のとき，両極板には電荷 $Q(t)=$ [①] が蓄えられているが，V の変化に伴いこの電荷 Q も変化する．いま短い時間 Δt の間に，電荷が ΔQ だけ変化したとすれば，このときのコンデンサーに流れる電流は $I=$ [②] である．つまり，電圧の最大値や最小値では電荷 Q は瞬間的に変化しないから電流は [③] で，その中間で電圧と電荷の変化の最も大きいところでの電流は [④] となる．このように，コンデンサーに流れる交流電流は電圧の変化を先取りし，位相が [⑤] だけ [⑥] ことになる．このコンデンサーに交流電圧 $V(t)=V_0\sin 2\pi ft$（ここで V_0 は電圧の最大値，f は周波数）を加えたときの電流は $I=$ [⑦] で，最大値は $I_0=$ [⑧] である．この回路のインピーダンスは $Z=V_0/I_0=$ [⑨] である．

基本問題

問題 13.4（位相差と消費電力） 周期関数の平均値は，1 周期分だけ時間平均をとればよい．ある回路素子に交流電圧 $V(t) = V_0 \sin \omega t$ を付加したところ，交流電流 $I(t) = I_0 \sin(\omega t - \phi)$ が流れた．このときの消費電力

$$\langle P \rangle = \frac{1}{T} \int_0^T V(t) I(t) dt$$

を計算せよ．ただし，周期 $T = 2\pi/\omega$ である *．

* 数学公式：
$\sin\alpha \sin\beta$
$= \frac{1}{2}[\cos(\alpha - \beta) - \cos(\alpha + \beta)]$
$\cos\alpha \cos\beta$
$= \frac{1}{2}[\cos(\alpha - \beta) + \cos(\alpha + \beta)]$

問題 13.5（LR 回路のインピーダンス） 図 13.10 のように，自己インダクタンス L のコイル，抵抗値 R の抵抗を直列に接続し，交流電源 $V = V_0 \sin \omega t$ につないだ．このとき回路を流れる電流を I とすると　$V_0 \sin \omega t - L\dfrac{dI}{dt} = IR \cdots$① が成立している．

(1) 交流電流 $I = I_0 \sin(\omega t - \phi)$ を①式に代入し，

$$X \sin \omega t + Y \cos \omega t = 0 \qquad \cdots ②$$

の形に整理し，時刻 t によらない係数 X と Y を求めよ **．

(2) 式②が時刻 t によらずに常に成り立つ条件は，$X = 0$ および $Y = 0$ である．まず $Y = 0$ の条件より $\tan\phi$ および $\cos\phi$ の値を求め，次に $X = 0$ の条件より $Z = V_0/I_0$ を L, R, ω で表せ．

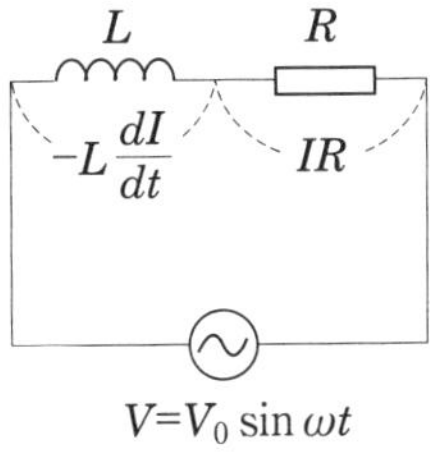

図 13.10　LR 回路

** 数学公式：

$\sin(\alpha \pm \beta) = \sin\alpha \cos\beta \pm \cos\alpha \sin\beta$

$\cos(\alpha \pm \beta) = \cos\alpha \cos\beta \mp \sin\alpha \sin\beta$

コーヒーブレイク

交流発電機の原理

図 13.11(a) のように，磁界中に置いたコイルを回転させると，コイルを貫く磁束が発生するので，コイルに誘導起電力が発生する．このような原理で交流の起電力を発生させる装置を**交流発電機**とよぶ．いま磁界は一様で，その磁束密度を B，コイルの面積を S，回転の角速度を ω とする．コイルの面が磁界と垂直になるときを時刻 0 にとると（図 (b)），時間 t の間にコイルは ωt 回転するので，コイルを貫いている磁束は

$$\Phi = BS \cos \omega t$$

で表される（図 (c)）．コイルに発生する起電力は，

$$V = -\frac{d\Phi}{dt} = BS\omega \sin \omega t = V_0 \sin \omega t$$

となる．起電力の最大値は，$V_0 = BS\omega$ である．

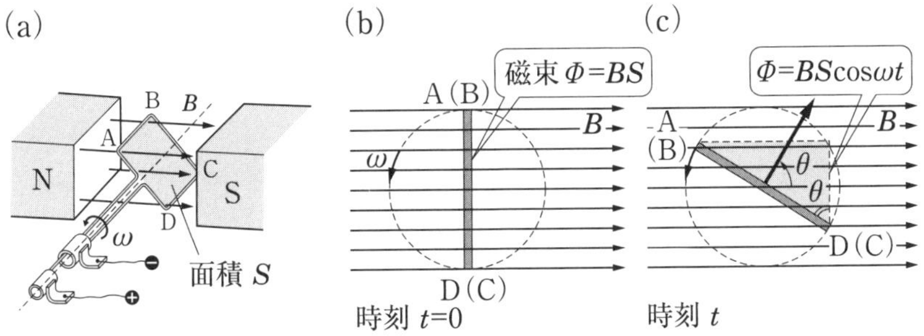

図 13.11　交流発電機の原理

14 ＊電磁波

磁界が変動するとそのまわりに電界が誘起される．その電界が変動するとそのまわりに磁界が誘起される．これを繰り返して，電界と磁界が振動しながら伝わる波を電磁波という．テレビ・ラジオ・携帯電話と私達の生活は電磁波なしでは成り立たないほどだ．光もまた電磁波の一種である．

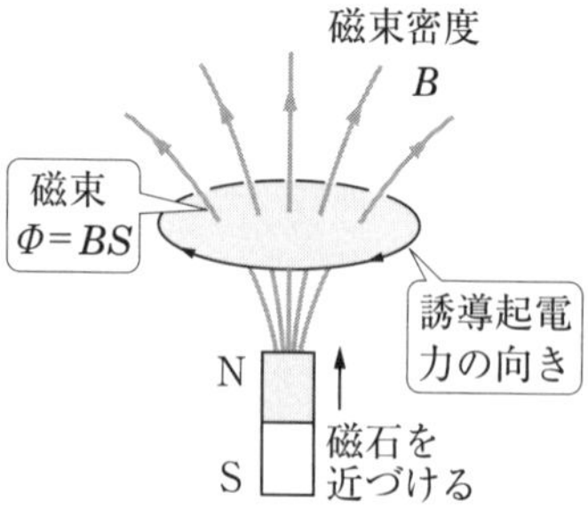

図 14.1　磁束が変動すると起電力が生じる

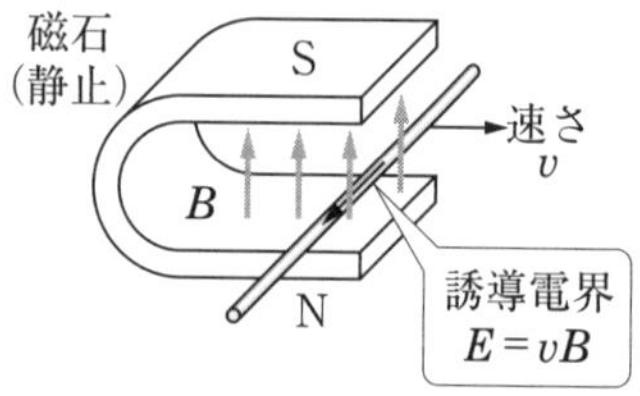

図 14.2　磁界中を運動する導体には誘導電界 E が生じる

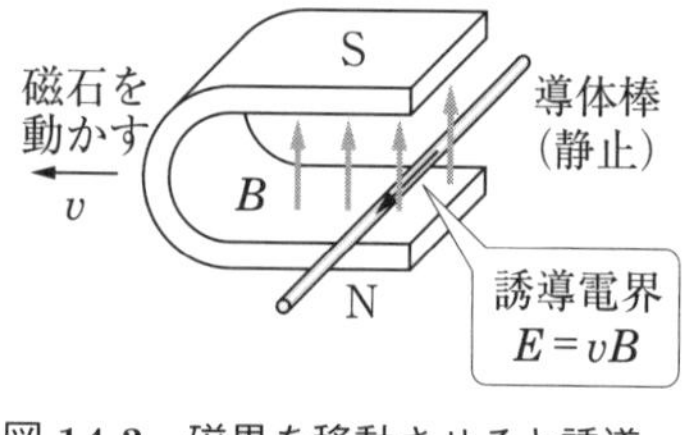

図 14.3　磁界を移動させると誘導電界 E が生じる

§ 14.1　もう一度，電磁誘導

■電磁誘導の法則　図 14.1 に示すように，コイルを貫く磁束 $\Phi \equiv BS$ が時間 t とともに変化するとき，コイルには誘導起電力 V が生じる．それはコイル（閉曲線）にそって誘導電界 E が生じているためである．つまり，

$$V = \oint E ds = -\frac{d\Phi}{dt} = -\frac{d}{dt}(BS) \tag{14.1}$$

■磁界中を運動する導体棒に生じる誘導電界　図 14.2 に示すように，磁界（磁束密度 B）の中で，磁界に垂直に速さ v で導体棒を動かすと，導体棒には，

$$\text{誘導電界 } E = vB \tag{14.2}$$

が生じる．

■磁界が変動するときに生じる誘導電界　導体棒を動かすかわりに，図 14.3 に示すように，磁石を動かし磁界（磁束密度 B）を移動させると，静止している導体棒には，誘導電界 $E = vB$ が生じる．このような現象（誘導電界の発生）は，コイルや導体棒がなくても起こる．つまり電荷がなくても，磁界が変動するとそのまわりに電界が誘起される．

問題 14.1（誘導電界）　図 14.4(a) は，磁界（磁束密度 B）が速さ v で移動するとき，誘導電界 E $(= vB)$ が発生する向きを示している．これを参考に，図 (b) のように磁石を近づけたとき，コイルにはどの向きに誘導電界が生じるかを述べよ．

ヒント：図 (c) がコイルを上から見た図で，矢印は磁界の移動する向きを表す．磁石を近づけると，コイルを貫く磁力線は中心方向に密になる．

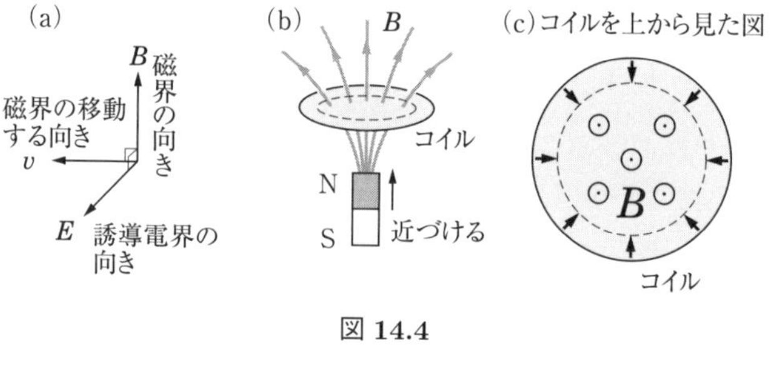

図 14.4

§ 14.2　変位電流

■もう一度，アンペールの法則　図 14.5(a) に示すように，電流 I が流れるとそのまわりには磁界（磁束密度 B）が生じる．このとき，アンペールの法則 (§9.3)

$$\oint_C Bds = \mu_0 I \tag{14.3}$$

が成り立つ．左辺の線積分は磁界内にとった閉曲線 C についての積分，右辺はその閉曲線 C を周縁とする曲面を貫く電流の和である．定常電流のときは，この曲面は C を縁にしていれば何でもよい．定常電流は連続しているので，どのように曲面をとっても，曲面を貫く電流の和は変わらないからである．

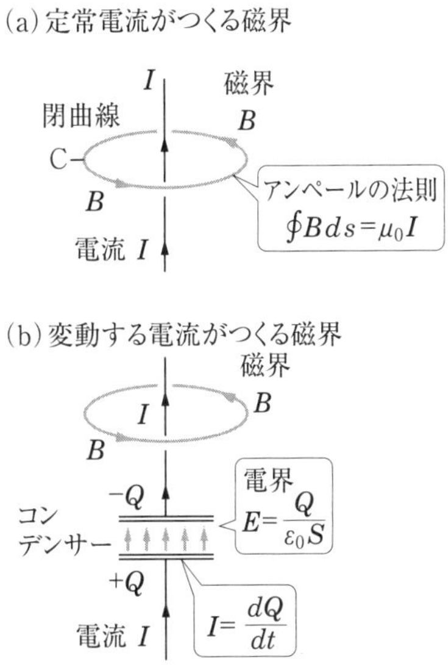

図 14.5

■変位電流　電流が交流のときは，図 14.5(b) のように，コンデンサーを途中に入れても電流 I が流れる．このとき，コンデンサーの極板間では電流が途切れているから，アンペールの法則 (14.3) 式はそのままでは成り立たない．ところで，コンデンサーの両極板（面積 S）に電荷 $\pm Q$ が蓄えられているとき，極板間には電界 $E = \frac{Q}{\varepsilon_0 S}$ が生じる．一方コンデンサーに流れ込む電流 I と電荷 Q との間には $I = \frac{dQ}{dt}$ の関係がある．したがって，

$$I = \frac{dQ}{dt} = \frac{d}{dt}(\varepsilon_0 SE) \tag{14.4}$$

という関係がある．ここで (14.4) 式の右辺を一種の電流のように考えて，**変位電流**とよぶことにする．そうすれば，導線を流れてきた電流 I は＊コンデンサーの極板間では変位電流になって形をかえ，途切れることなく流れていると考えることができる．伝導電流は自由電子の移動によって起きるが，コンデンサーの極板間では真電荷の移動はない．電界 E の時間的変化が電流を伝える役割をしている．

＊変位電流に対して電荷の移動による電流を**伝導電流**とよぶ．

■アンペール・マクスウェルの方程式　伝導電流と変位電流が共存する場合には，それらの和が磁界をつくると考えることにする．そうすれば，式 (14.3) は

$$\oint Bds = \mu_0 I + \mu_0 \varepsilon_0 \frac{d}{dt}(ES) \tag{14.5}$$

のように一般化することができて，先の矛盾は解消する．式 (14.5) を**アンペール・マクスウェルの方程式**とよぶ．

§ 14.3　電磁波

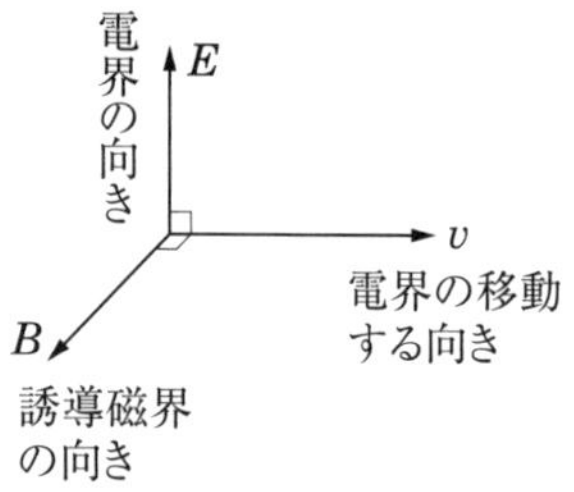

図 14.6　電界 E が移動すると誘導磁界 B ができる

■電界の変動がつくる磁界　電界が変動すると磁界ができる．式 (14.5) で $I = 0$ とおくと，

$$\oint Bds = \frac{d}{dt}(\varepsilon_0\mu_0 ES) \tag{14.6}$$

が得られる．式 (14.6) は式 (14.1) の左辺の E を B で，右辺の $-B$ を $\varepsilon_0\mu_0 E$ で，置き換えただけの形になっている．電磁誘導の式 (14.1) からは，「磁界（磁束密度 B）が速さ v で動くと誘導電界 $E = vB$ が発生する」が得られた．同じような道筋をたどると，式 (14.6) からは「(伝導電流が流れなくとも）電界 E が速さ v で動くと，

$$\text{誘導磁界（磁束密度）} B = v\varepsilon_0\mu_0 E \tag{14.7}$$

が発生する」が導かれる．図 14.6 に，電界 E が速さ v で動くときに誘起される磁界 B の向きを示す．

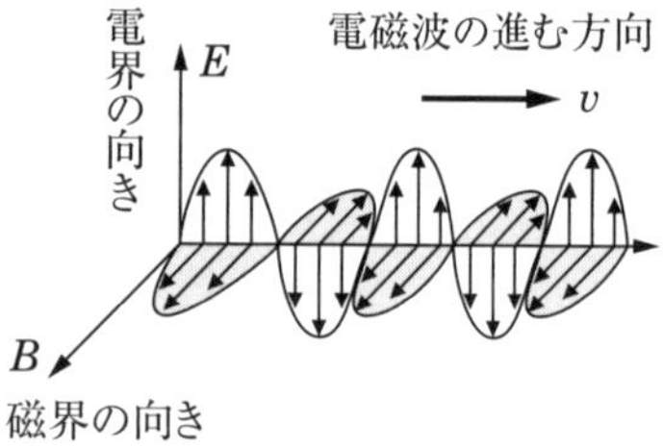

図 14.7　電磁波の進み方

■電磁波　ある場所の電界が時間的に変化するとき，それをとりまいて時間的に変化する磁界が生じ，さらにこの磁界をとりまいて時間的に変化する電界が生じ，これが繰り返されて電界と磁界の変動が次々に周囲に波及していくとマクスウェルは考えた．これを一種の波の波及と考えて**電磁波**とよぶ．電磁波の速さ v は $E = vB \cdots$①と $B = v\varepsilon_0\mu_0 E \cdots$②の両方の式を満たすはずである．既に知られている ε_0 と μ_0 の値を使って実際に v を求めてみると，

$$v = \frac{1}{\sqrt{\varepsilon_0\mu_0}} = 3.0 \times 10^8\text{m} \tag{14.8}$$

となって，実測される真空中の光の速さに等しい．図 14.7 からわかるように，電界 E と磁界 B は垂直で，その進む向きは E と B のつくる面に垂直である．つまり電磁波は横波である．光も偏向板の通過実験から横波であることがわかっている．そこでマクスウェルは光も電磁波の一種であると結論づけた．

■電磁波の性質と種類　電磁波は光と同様，直進・反射・屈折・干渉・回折・偏りなどの現象を示す．電磁波は振動数（または真空中の波長）によって分類され下に示すような種類がある．

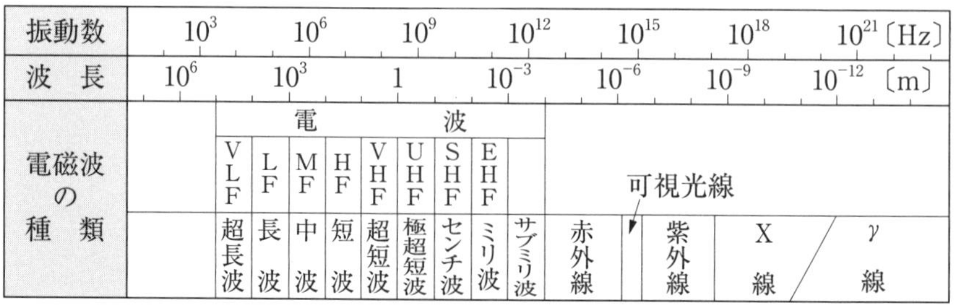
振動数
10^3 10^6 10^9 10^{12} 10^{15} 10^{18} 10^{21}〔Hz〕
波長
10^6 10^3 1 10^{-3} 10^{-6} 10^{-9} 10^{-12}〔m〕
電磁波の種類
電波
VLF LF MF HF VHF UHF SHF EHF
超長波 長波 中波 短波 超短波 極超短波 センチ波 ミリ波 サブミリ波
可視光線
赤外線 紫外線 X線 γ線

図 14.8

§ 14.4　マクスウェルの方程式

これまで調べてきた電磁気学の基本法則を整理してみよう．

■電界のガウスの法則　図 14.9 に示すように，真の電荷 Q が存在するときには，そのまわりに電界 E ができる．このとき，

$$\text{電界のガウスの法則}\quad \int EdS = \frac{Q}{\varepsilon_0} \tag{14.9}$$

が成り立つ．

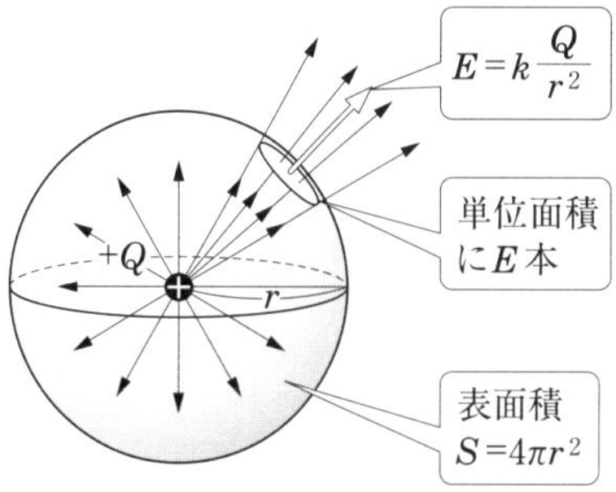

図 14.9　電界のガウスの法則

■磁界のガウスの法則　磁石の両端の磁極は常に対になって現れ，電荷に相当する単独の磁荷は存在しない．このことは，磁力線の「湧き出し口」「吸い込み口」がないことを意味する．そのために，

$$\text{磁界のガウスの法則}\quad \int BdS = 0 \tag{14.10}$$

が成り立つ．この式の左辺は磁束 $\Phi(=BS)$ の一般化した表現である．

■ファラデーの電磁誘導の法則　磁界（磁束密度 B）が変動すると，誘導電界 E が生じる．このとき，図 14.10 に示すように，閉曲線 C にそった E の線積分が誘導起電力 V を与え，C を貫く磁束密度 B の面積分が磁束 Φ を与える．するとファラデーの電磁誘導の法則は

$$\oint Eds = -\frac{d}{dt}\int BdS \tag{14.11}$$

と表現される．

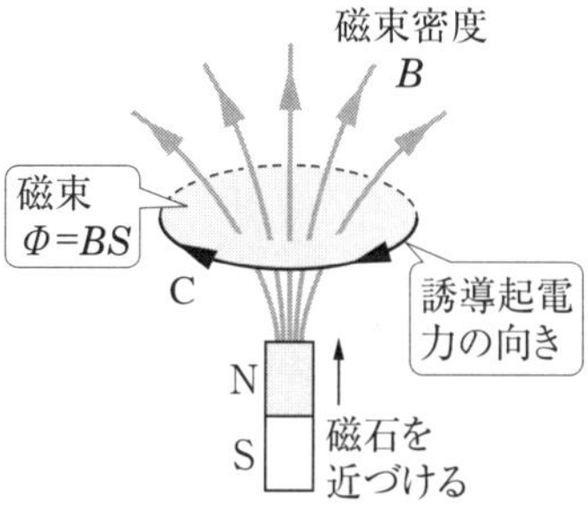

図 14.10　電磁誘導の法則

■アンペール・マクスウェルの法則　図 14.11 に示すように，電流が流れると磁界を生じる．このとき，磁界をつくるのは自由電子によって運ばれる伝導電流 I だけではなく，電界の変動による変位電流もまた磁界をつくる．この両方を考慮するとアンペール・マクスウェルの法則

$$\oint Bds = \mu_0 I + \mu_0\varepsilon_0\frac{d}{dt}\int EdS \tag{14.12}$$

が成り立つ．右辺の末尾の項では，変位電流 $\frac{d}{dt}(\varepsilon_0 SE)$ の一般化された表現が使われている．

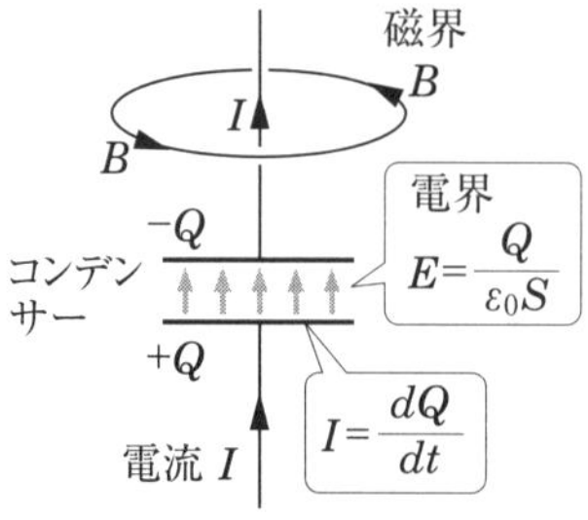

図 14.11　アンペール・マクスウェルの法則

■マクスウェルの方程式　式 (14.9)〜(14.12) の 4 つの式をまとめて，積分表示での（真空での）マクスウェルの方程式とよぶ＊．物質中では多少の変更が必要になるが，すべての電磁気的現象はこれら 4 つの式を基本として説明できる．

＊ボルツマンはその著書の中で，「これらの記号を書きたまいしは神なりや」というゲーテの言葉を引用して，マクスウェルの方程式の美しさをたたえたという．

まとめ（14. 電磁波）

整理・確認問題

次の □ には適当な言葉または数字を入れよ．

問題 14.2　真空中では，電磁波の速さを v [m/s] とするとき，電界 $E = vB$，磁束密度 $B = v\varepsilon_0\mu_0 E$ という関係式が成立している．このことから，誘電率 ε_0 と透磁率 μ_0 を使うと電磁波の速さは $v =$ [①] と表される．ここで真空の光の速さ $v = 3.0 \times 10^8$ m/s と透磁率 $\mu_0 = 4\pi \times 10^{-7}$ N/A^2 を使うと，真空の誘電率 $\varepsilon_0 =$ [②] F/m，クーロンの法則の比例定数 $k =$ [③] N·m^2/C^2 を得る．屈折率が n の物質中での光の速さは真空での速さの $\frac{1}{n}$ 倍である．一般に強磁性体以外の透磁率は μ_0 として扱ってよい．このとき，屈折率 n の物質の比誘電率 ε_r（真空の誘電率に対する物質の誘電率の比）は [④] である *．

* 本書ではこれ以上触れないが，静電界で求めた誘電率 ε の値は角振動数 ω の高い電磁波に対しては，そのままでは使えない．ε が ω の依存性をもつことは，光の分散の原因にもなっている．

図 14.12　マクスウェル (1831～1879)

** ただし，div（発散），rot（回転）といったベクトル解析を使った表式は，後のヘビサイド，ヘルツ，ローレンツらによるものである．

図 14.13　ヘルツ (1857～1894)

コーヒーブレイク

マクスウェルとヘルツ

電界，磁界といった画期的な概念を導入したのはファラデーであるが，残念ながら彼にはこの卓抜な考えを数式で表現するだけの数学力がなかった．この偉業をなしとげ，電磁気学を大成させたのが**マクスウェル**である．マクスウェルはファラデーの提唱した「力線」という考え方に着目し諸法則を整理し，流体力学との類似性を利用して基本方程式にまとめた **（1864 年）．電磁波を予言し，光が電磁波であることを示したほか，気体分子運動論を発展させてマクスウェルの速度分布則を導いた．

マクスウェルの予言からしばらくの間，電磁波は実験的に検証されなかった．そこでベルリン・アカデミーはそれに懸賞をかけた．恩師のヘルムホルツから応募することを勧められたとき，**ヘルツ**は最初自信がなかった．それから約 15 年後の講義実験中に，小さなコンデンサーを放電したとき近くに置いてあった間隙のあるループ状導線に火花が飛ぶことに偶然気づいた．これをヒントに，振動器と発信器と名づけた装置をつくり，電磁波の発生と検出を行い，さらに電磁波の性質がマクスウェルの予言通りであることを示した（1888 年）．ヘルツは慢性の敗血症のため 37 歳の若さで亡くなった．

基本問題

問題 14.3（変位電流） 図 14.14 のように，間隔 d で対置した 2 枚の導体円板（半径 a）からなるコンデンサーが，交流電源 $V(t) = V_0 \sin \omega t$（t は時間）に接続されている．誘電率を ε_0，透磁率を μ_0 とし，円板の面積は間隔 d に比べて充分広いものとする．

(1) このコンデンサーの電気容量 C を求めよ．
(2) コンデンサーに蓄えられている電荷 $Q(t)$ を求めよ．
(3) この回路を流れる交流電流 $I(t)$ を求めよ．
(4) 導線から距離 r の位置にできる磁束密度の大きさ B を求めよ（図中の (a)）．ただし導線は無限直線状であるとして計算してよい．
(5) 円板間の電界の強さ $E(t)$ を求めよ．
(6) 円板間の中心軸から距離 r の位置にできる磁束密度の大きさ B を，$r \geq a$ の場合と $r < a$ の場合に分けて求めよ（図中の (b)）．ただし，電界は円板間から漏れないものとする．

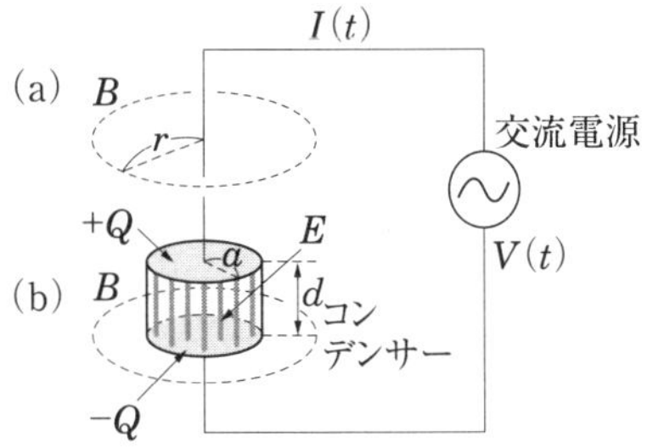

図 14.14

コーヒーブレイク

相対性理論へと開かれた窓

「マクスウェルの方程式によって電磁気学の体系が完成した」と書いたすぐ後で甚だ恐縮だが，こうして完成された電磁気学ははじめから大きな矛盾をかかえていた．力学では，力の大きさ（例えば重力）は，等速運動をする乗り物の中で測っても静止した地上で測っても同じであり矛盾はない．だが，電磁気学では事情が異なる．図 14.15(a) に示すように，真空中に同じ速さで平行に動いている電子の流れが 2 本あったとする．同符号の電荷間にはクーロン反発力 F_c がはたらき *，平行電流間には引力（電磁力）F_m がはたらくので，電子はそれらの合力を受ける．しかし図 (b) のように，これを電子と同じ速度で進む乗り物の中で観測すると，電流はなくなり，磁気力ははたらかないことになる．ではその乗り物の中で，電子は引力が消えた分だけより強い反発力を受けるのだろうか？　そんなはずはない．「どの座標系で観察しても物理法則は変わらないはずだ」と考えた**アインシュタイン**は，「運動する座標系では長さが縮み，時計がゆっくり進む」とする特殊相対性理論を提案し，この矛盾を解決したのである．

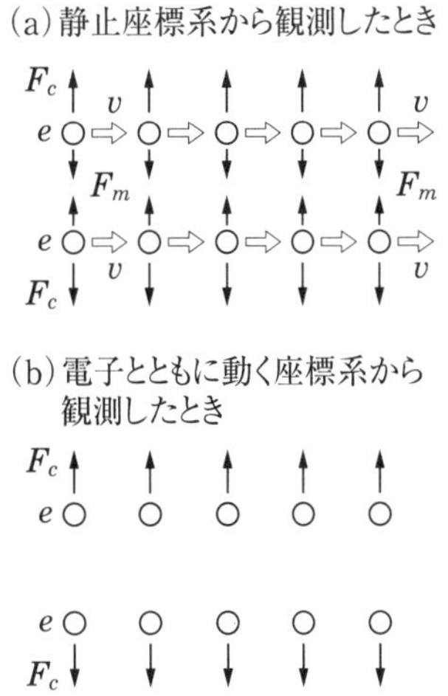

図 14.15

* 実際には正イオンがあるため，電流が流れていない電線間では引力がはたらかない．

図 14.16　アインシュタイン (1879〜1955)

15　問題演習（電流と磁界・電磁誘導と交流）

電界と磁界，電磁誘導と交流に関する演習問題を集めた．電磁気学の場合，各単位間の関係は時にわずらわしく，必ずしも全部知っておく必要はないかもしれない．ただし，いずれの単位も基本法則と密接に関係しているから，それを手がかりにすると自然に身につくと思う．

A. 基本問題（電流と磁界）

問題 15.1（電流の磁気作用と単位）　次の［　　］には適当な言葉または数字を入れよ．

無限に長い直線状の電線に I [A] を流すとき，導線から距離 d [m] の場所には $H =$ ［①］ [A/m] の磁界ができる．この H と磁束密度 B [T] との間には $B = \mu H$ の関係がある．μ は磁界が及んでいる物質によって定まる量で［②］とよばれる．N，A，m を使うと磁束密度の単位は 1T=1［③］なので，μ の単位は［④］である．間隔を d [m] にして平行に張った 2 本の導線に等しい電流 I [A] が流れているとき，その導線の l [m] の部分にはたらく力は，μ，I，d，π，l を使って $F =$ ［⑤］ [N] と表される．MKSA 単位系では電流を基本単位として扱い，その定め方は電流間にはたらく力を用いている．すなわち，真空中で⑤の式が成り立つとき，$d = 1$ [m]，$l = 1$ [m] で，$F = 2 \times 10^{-7}$ [N] となるような電流の強さ I を 1 [A] と定める．このことから，真空中の μ の値 μ_0 を定めることができ，$\mu_0 =$ ［⑥］ [④] となる．

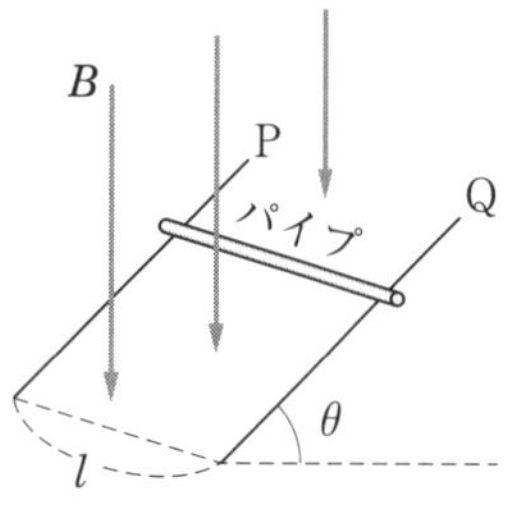

図 15.1

問題 15.2（電磁力と重力のつり合い）　磁束密度 B [T] の鉛直下向きの一様な磁界中に，水平と傾角 θ をなす 2 本の導体棒 P と Q が間隔 l で図 15.1 のように平行に固定してある．この上に質量 m [kg] の導体のパイプをのせて，PQ に電池を接続したとき，パイプがすべりおちないようにするためには，どの向きに何 A の電流を流せばよいか．ただし，重力加速度を g [m/s^2] として，摩擦はないものとする．

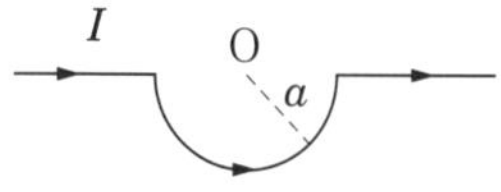

図 15.2

問題 15.3（半円電流がつくる磁界）　図 15.2 のように，半径 a の半円と，その中心 O に向かう 2 つの半直線からなる回路に電流 I が流れているとき，半円の中心 O での磁界の大きさ H と向きを求めよ．

問題 15.4（電流がつくる磁界と電磁力） 充分長い直線導線Lと，長方形状のコイルPQRSを，図15.3のように，同じ平面上で，辺PSと導線Lが間隔rで平行になるように並べておく．コイルの辺PSの長さをa，辺SRの長さをbとする．Lに電流I_1，コイルに電流I_2を図のように流したとき，コイルPQRSはI_1がつくる磁界から力を受ける．空間の透磁率をμ_0とする．

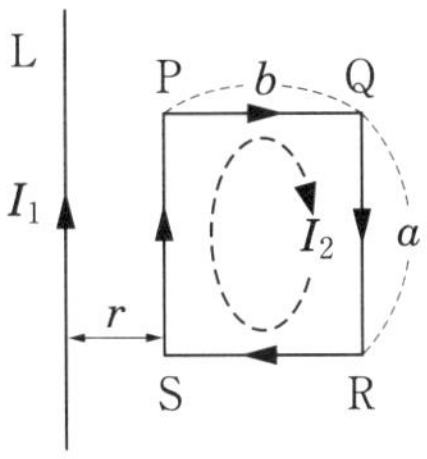

図 15.3

(1) 電流I_1が辺PSの位置につくる磁界の大きさと向きを求めよ．

(2) 電流I_1がつくる磁界によって，辺PSが受ける力の大きさと向きを求めよ．

(3) 電流I_1がつくる磁界によって，辺QRが受ける力の大きさと向きを求めよ．

(4) 電流I_1がつくる磁界からコイルPQRSが受ける力の合力の大きさと向きを求めよ．

問題 15.5（電子の比電荷） 図15.4のように，電極間の電圧Vで加速した電子が，真空の容器内の磁束密度Bの一様な磁界に速さvで垂直に入射し，半径rの半円をえがいた．電子の質量をm，電荷を$-e\ (<0)$とする．

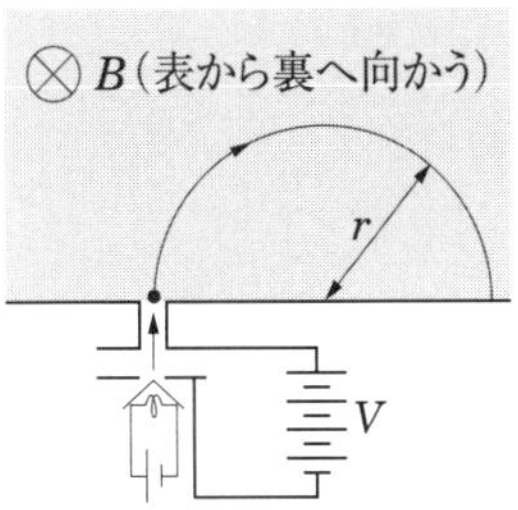

図 15.4

(1) 電子が磁界から受ける力の大きさはいくらか．

(2) 電子の円運動の方程式［質量×向心加速度＝向心力］の式をかけ．

(3) エネルギーの原理［（電子の運動エネルギーの増加）＝（電極間の電界が電子にした仕事）］より，電子の速さvと電圧Vとの関係式を導け．

(4) 電子の比電荷e/mの値を，V，B，rで表せ．

(5) 電子が半円を描く時間T_1は，rにもVにもよらないことを示せ．

コーヒーブレイク

ビオ・サバールの法則って，分かった？

電流は連続なのに，どうして，電流の一部である電流素片のつくる磁界の強さを検出できるのだろう？図15.5のような導線の回路を組み立て$\overrightarrow{\mathrm{abcd}}$に電流$I$を流す．半直線電流はその延長線上には磁界をつくらないから，半直線のabとcdを流れる電流は延長線の交点Pには磁界をつくらない．すると結局，点Pにできる磁界ΔHは長さΔsのbc部分が，電流の向きと角度θをなす距離rだけ離れた位置Pにつくる磁界である．実際にはいろいろな電流に対して計算した磁界の強さが実験と一致することで法則の正しさが確かめられる．

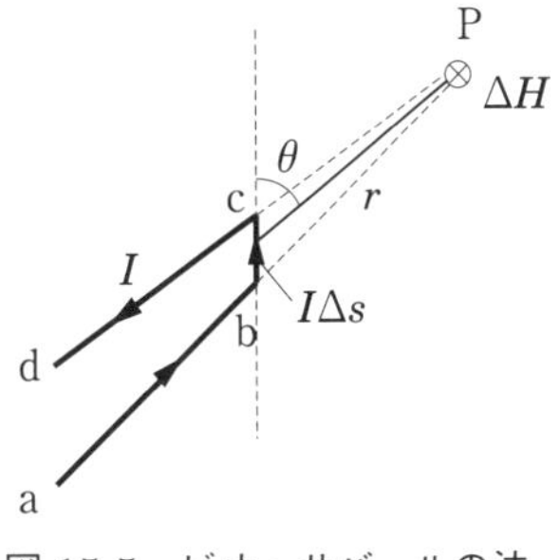

図 15.5 ビオ・サバールの法則

$$\Delta H = \frac{I\Delta s}{4\pi r^2}\sin\theta$$

A. 基本問題（電磁誘導と交流）

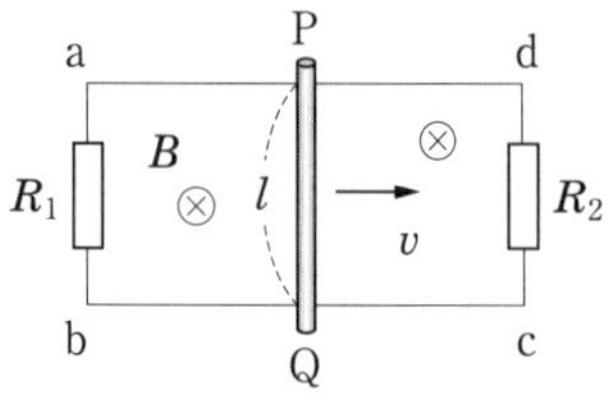

図 15.6

問題 15.6（**電磁誘導**） 図 15.6 に示すように，間隔 l の 2 本の平行なレール ad と bc を，抵抗 R_1 と R_2 とむすんだ長方形の回路 abcd があり，磁界（磁束密度 B）が紙面表から裏へとかけられている．いまレール上に置かれた導体棒 PQ が a→d 側へと速さ v で移動しているとすれば，PQ にはどちらの向きにどれだけの電流が流れるか．

問題 15.7（**交流電流と抵抗**） 60Hz，100V の交流電源を 500W の電熱器（ニクロム線）に接続した．ニクロム線を流れる電流 I [A] を時間 t [s] の関数として表せ．ただし $t = 0$ で $I = 0$ とし，π や $\sqrt{2}$ はそのままでよい．

問題 15.8（**交流と回路素子**） 50Hz，100V の交流電源に，つぎのものをつないだとき，流れる電流の実効値はいくらか．

(1) 20 Ω の抵抗線
(2) 抵抗の無視できる 4.0H のコイル
(3) 8.0 μF のコンデンサー

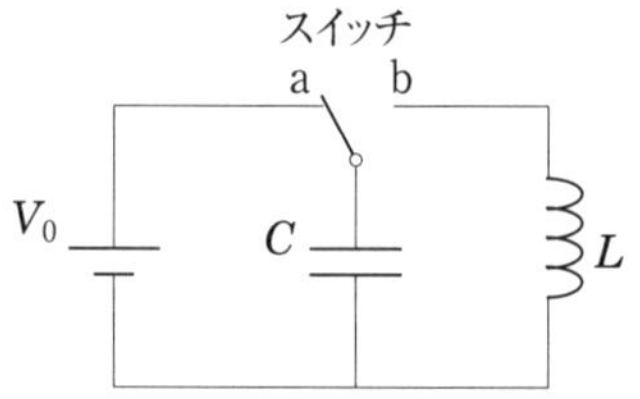

図 15.7

問題 15.9（**電気振動**） 図 15.7 のように，電池（起電力 V_0），コイル（インダクタンス L）とコンデンサー（電気容量 C）からなる回路がある．

(1) はじめスイッチは a 側につないでいた．このとき，コンデンサーに蓄えられていた電荷 Q_0 と（電界の）エネルギー U はいくらか．
(2) 次にスイッチを b 側に切りかえると，コンデンサーとコイルの回路に振動電流が流れた．このときの周波数（**固有周波数**）f と流れる電流の最大値 I_0 を求めよ．
(3) 任意の時刻 t において，コンデンサーに蓄えているエネルギーとコイルに蓄えられているエネルギーの和は一定であることを示せ．

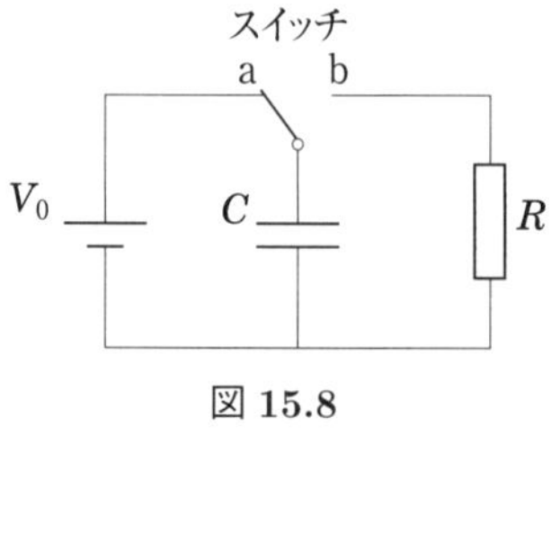

図 15.8

問題 15.10（**過渡現象**） 図 15.8 のように，電池（起電力 V_0），抵抗（抵抗値 R）とコンデンサー（電気容量 C）からなる回路があり，はじめは a 側につないであったスイッチを b 側に切りかえた．

(1) スイッチを切りかえてから t 秒後に回路を流れる電流 $I(t)$ を求めよ．
(2) 抵抗で消費される全エネルギーは，はじめにコンデンサーに蓄えてあったエネルギーに等しいことを示せ．

問題 15.11（**変圧器**（**トランス**））　図 15.9 のように，共通の鉄芯のまわりに 2 つのコイルを巻き，相互誘導の原理を利用して交流電圧を変える装置を**変圧器**とよぶ．磁束線が鉄芯の外に漏れないとすれば，コイル 1 巻きを貫く磁束 Φ は共通だから，Φ の変動により生じる 1 次コイル（巻き数 N_1）での誘導起電力を V_1，2 次コイル（巻き数 N_2）での誘導起電力を V_2 とすれば，$V_1 = -N_1 \frac{d\Phi}{dt}$　$V_2 = -N_2 \frac{d\Phi}{dt}$ の関係がある．いま 1 次コイルを交流電源 V_1 につないだとしたら，2 次コイルにはどのような交流電圧 V_2 が生じるか．

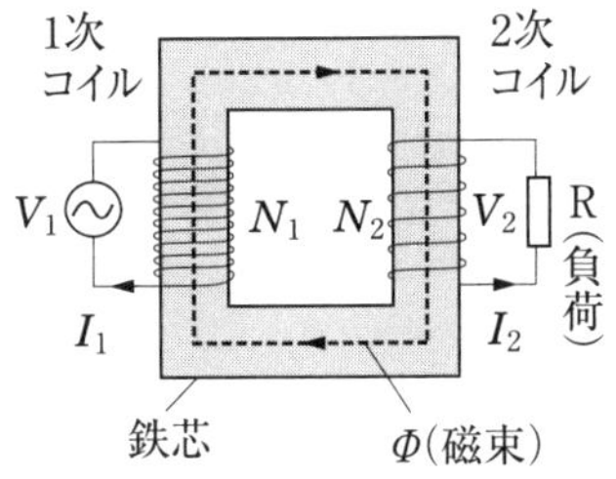

図 15.9

問題 15.12（**電力損失**）　出力 P [W] の発電機から，抵抗 R [Ω] の送電線を使って電力を送る．

(1) 電圧 V [V] で送る場合の電流の大きさ I は何 A か．また送電線で浪費される電力はいくらか．

(2) 電力損失を 1/100 にするには，電圧を何倍にすればよいか *．

* 電力損失とは，送電の途中で電気的エネルギーがジュール熱となって失われることをいう．

コーヒーブレイク

直流と交流

日常使われている電気は直流ではなく交流である．その理由は送電の効率にある．電気は遠くの発電所から電力消費地（都会）へと長距離を送電されるから，送電効率は重要な問題である．最初の送電実験は 1882 年ミュンヘンで行われた．2000 V，2.3 kW の直流を 57 km 離れた場所まで送ったが，送電効率は 25 %以下という低い値だった．問題 15.12 からもわかるように，送電効率を上げるためには送電電圧をあげればよい **．しかし高電圧の電源をそのまま利用することはできず，一般に 100V か 200V 程度の電圧に下げる必要がある．直流電流は変圧することが難しく，ここに直流の限界があった．その点交流は，問題 15.11 からもわかるように，相互誘導を利用して変圧が簡単に行える．直流か交流かで激論になったが ***，1891 年フランクフルト国際会議で直流と交流を送電して比較するという催し物があり，交流の優位性が示されたことで大勢が決した．

では直流を使う電気製品は身の回りから消え去ったのだろうか？　否．身近にいまでも数多く存在する．電卓など電池（バッテリー）を使う製品はもちろんだが，携帯電話やビデオカメラ，パソコンなども直流製品である．これらの製品を家庭で使うときに用いる AC アダプターとは交流を直流に変換する装置なのである．

** 日本ではふつう 15～50 万ボルトの高電圧にして送電されている．

*** 磁束密度の単位として名を残す**テスラ**(1856～1943) は，早くから交流の有利性を見抜いていた．最初エジソン電灯会社で働いていた彼は，やがて直流一辺倒のエジソンと大喧嘩して退社し，後に交流発電機を発明した．

B. 標準問題（電流と磁界・電磁誘導と交流）

問題 15.13（磁束の変化と流れる電気量） コイルを貫く磁束が Φ_1 から Φ_2 へと変化した．この間にコイルに流れた電気量 Q を求めよ．ただしコイルの抵抗を R とする．

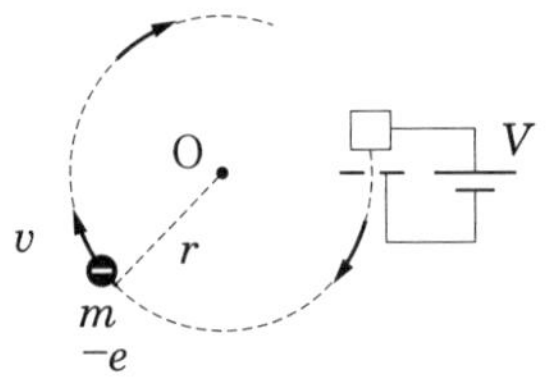

図 15.10

問題 15.14（電子の運動） 図 15.10 のように，電極間の電圧で加速された電子が，真空の容器内の一様な磁界内で，速さ $v = 8.0 \times 10^6$ m/s，半径 $r = 0.050$ m の等速円運動をした．磁界は電子の運動面に垂直にかけられている．電子の質量を $m = 9.0 \times 10^{-31}$ kg，電荷を $-e = -1.6 \times 10^{-19}$ C とする．

(1) 電子が円を描く周期は何秒か．
(2) 電子がもっている運動エネルギーはいくらか．
(3) 電子を加速させるために電極にかけた電圧はいくらか．
(4) 電子が磁界中で受けるローレンツ力の向きと大きさを求めよ．
(5) 磁束密度の向きと大きさを求めよ．

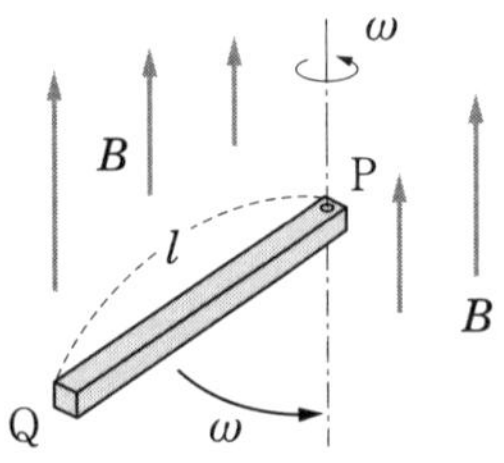

図 15.11

問題 15.15（磁界中で回転する導体棒） 図 15.11 に示すように，長さ l の直線導体 PQ が P を軸に水平面で角速度 ω で回転していて，鉛直上向きに磁束密度 B の一様な磁界がかけられている．P と Q ではどちらがどれだけ電位が高いか．

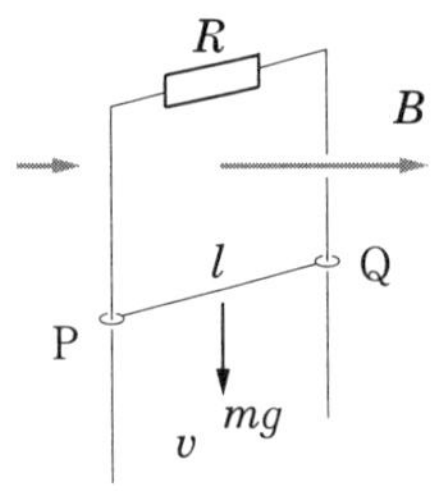

図 15.12

問題 15.16（磁界中を落下する導体棒） 図 15.12 に示すように，抵抗 R に接続された 2 本の鉛直な平行導線（間隔 l）に，導体棒 PQ を水平にかけて，閉回路をつくる．この閉回路に垂直に一様な磁界（磁束密度 B）をかけて，導線 PQ を静かに放した．放してから t 秒後の PQ の速さはいくらか．ただし，PQ の質量を m，重力加速度を g とし，摩擦や空気抵抗はないものとする．

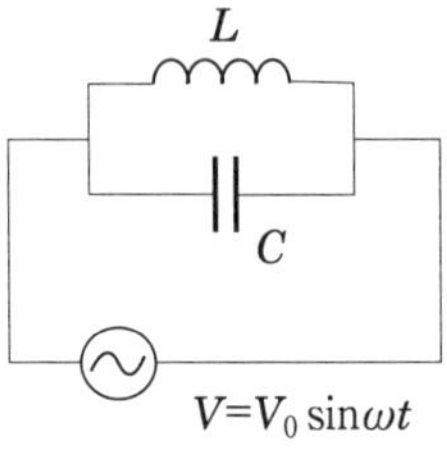

図 15.13

問題 15.17（交流回路） 図 15.13 のように，コイル（インダクタンス L）とコンデンサー（電気容量 C）を並列につないだ回路を，交流電源 $V = V_0 \sin \omega t$ に接続したとき，流れる電流を求めよ．また回路に常に電流が流れないとき（これを**反共振**という）の ω の値を求めよ．

問題 15.18（LCR 回路のインピーダンス） 図 15.14 のように，自己インダクタンス L [H] のコイル，電気容量 C [F] のコンデンサー，抵抗値 R [Ω] の抵抗を直列に接続し，交流電源 $V = V_0 \sin \omega t$ [V] につないだ．回路を流れる電流を I [A]，コンデンサーに蓄えられている電気量を Q [C] として，キルヒホッフの第 2 法則を適用すると

$$V_0 \sin \omega t - L\frac{dI}{dt} = \frac{Q}{C} + IR \qquad \cdots ①$$

が成立している．

(1) 式①を時間 t で微分し，電流 I の満たすべき 2 階微分方程式を求めよ．ただし，$I = \dfrac{dQ}{dt}$.

(2) 交流電流 $I = I_0 \sin(\omega t - \phi)$ を (1) で得た I の 2 階微分方程式に代入し，

$$X \sin \omega t + Y \cos \omega t = 0 \qquad \cdots ②$$

の形に整理し，時刻 t によらない係数 X と Y を求めよ *.

(3) 式②が時刻 t によらずに常に成り立つ条件は，$X = 0$ および $Y = 0$ である．$X = 0$ の条件より $\tan \phi$ の値を求め，次に $Y = 0$ の条件より $Z = V_0/I_0$ [Ω] を L, C, R, ω で表せ．

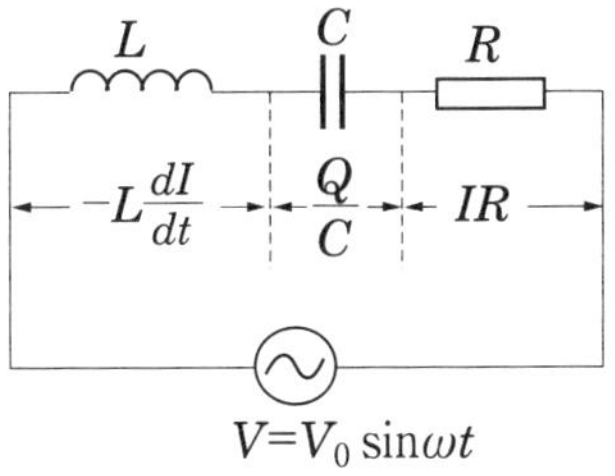

図 15.14 LCR 回路

* 数学公式：

$\sin(\alpha \pm \beta)$
$= \sin\alpha\cos\beta \pm \cos\alpha\sin\beta$

$\cos(\alpha \pm \beta)$
$= \cos\alpha\cos\beta \mp \sin\alpha\sin\beta$

コーヒーブレイク

複素インピーダンス

これまで勉強してきて，交流回路のインピーダンスの計算はやっかいだなぁと思われた人もいるかもしれない．しかし，もし複素数を多少でも知っていれば，大変簡単な方法がある．それはオームの法則を拡張して，交流回路の中で **

抵　抗	⇒	$Z_R = R$
コンデンサー	⇒	$Z_C = \frac{1}{j\omega C}$
コイル	⇒	$Z_L = j\omega L$

と置き換え，普通の抵抗で直列・並列接続の合成抵抗を求めたのと同じルールで，複素数の合成抵抗を求める方法である．実際，問題 15.18 に適用してみると，

$$\tilde{Z} = Z_R + Z_C + Z_L = R + \tfrac{1}{j\omega C} + j\omega L = R + j(\omega L - \tfrac{1}{\omega C})$$

となる．これを複素平面に描くと図 15.15 のようになり，

$$\tilde{Z} = Ze^{j\phi}, \qquad Z = \sqrt{R^2 + (\omega L - \tfrac{1}{\omega C})^2}$$

$$\tan\phi = \frac{\omega L - \frac{1}{\omega C}}{R}$$

が簡単に得られる．

問題 13.5 や問題 15.17 にもこの方法を試みて（問題 15.17 のヒント：$\frac{1}{Z} = 0$ のとき $I = 0$），どうしてこんなに簡単にインピーダンスが求められるのだろうと疑問に思ったら，あなたにはもう次に「交流回路」を学ぶ力が備わっている証拠です．

** $j \equiv \sqrt{-1}$ は虚数単位で $j^2 = -1$．文字 i が電流を表す記号であるため，記号 j を使う．なおオイラーの公式:

$$e^{j\theta} = \cos\theta + j\sin\theta$$

も知っておくと便利．

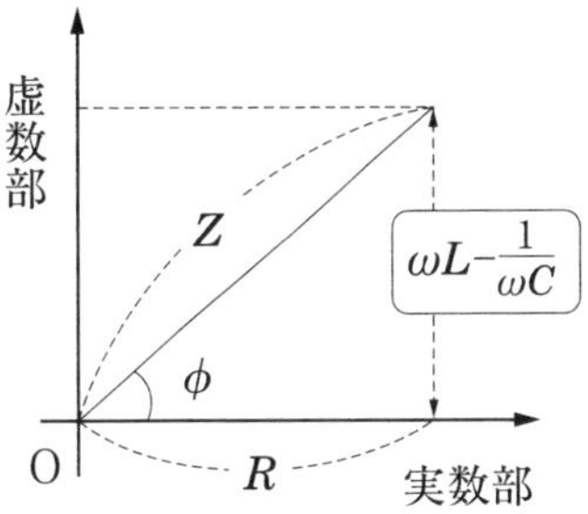

図 15.15 複素平面上でのインピーダンスの表示

解　　答

1. 電荷—クーロンの法則—

問題 1.1

$-x$ の方向（左向き）に力の大きさ $\dfrac{9k}{4}\dfrac{qQ}{a^2}$

問題 1.2

(1) A→C に平行な向きに力の大きさ

$F_1 = \boldsymbol{k\dfrac{Q^2}{a^2}}$

(2) C→D の向きに力の大きさ

$2 \times F_1 \cos 30^\circ = \sqrt{3}F_1 = \boldsymbol{\sqrt{3}k\dfrac{Q^2}{a^2}}$

(3) DC 間の距離 $r = a\sin 60^\circ = \dfrac{\sqrt{3}}{2}a$. 点 D に負電荷 q を置くと DC 間は反発力. これが (2) で求めた合力に等しいから,

$k\dfrac{qQ}{r^2} + \sqrt{3}k\dfrac{Q^2}{a^2} = 0.\ \therefore q = \boldsymbol{-\dfrac{3\sqrt{3}}{4}Q}$

問題 1.3

① 原子核, ② 電子, ③ 陽子, ④ 電気素量, ⑤ 陽子, ⑥ 8, ⑦ b 得る

問題 1.4

① 導体, ② 自由電子,

（③, ④）=（絶縁体, 不導体）（順不同）

問題 1.5

① a 引力

② 2.7×10^{-2} N.

$F = k\frac{Q_A Q_B}{r^2} = 9 \times 10^9 \times \frac{9.0\times10^{-6}\times3.0\times10^{-6}}{3.0^2}$

$= \mathbf{2.7 \times 10^{-2}}$ N

（問題の前半から $k = 9.0 \times 10^{-9}$ N·m²/C² を得る.）

問題 1.6

$F = k\frac{Q_A Q_B}{r^2}$ に代入（引力だから $F = -90$N）

$-90 = 9.0 \times 10^9 \times \dfrac{Q_A \times 2 \times 10^{-6}}{0.1^2}$

これより $Q_A = \mathbf{-5.0 \times 10^{-5}}$ C

（まず Q_A の大きさを求めて, 引力だから $Q_A < 0$ として, 符号を定めてもよい）

問題 1.7

辺の長さが 3:4:5 の直角三角形：

① $F = 6 \times 5 (= \sqrt{18^2 + 24^2}) = \mathbf{30}$ (N)

② $\tan\theta = \dfrac{18}{24} = \mathbf{0.75}$

問題 1.8

(1) ①　$+F_1 \cos 30^\circ$, ②　$+F_1 \sin 30^\circ$, ③ $-F_2 \cos 60^\circ$, ④ $+F_2 \sin 60^\circ$, ⑤ $-W$

(2) $F_1\dfrac{\sqrt{3}}{2} - F_2\dfrac{1}{2} = 0$ または $\sqrt{3}F_1 - F_2 = 0$

(3) $F_1\dfrac{1}{2} + F_2\dfrac{\sqrt{3}}{2} - W = 0$

または $F_1 + \sqrt{3}F_2 - 2W = 0$

(4) $F_1 = \dfrac{1}{2}W$, $F_2 = \dfrac{\sqrt{3}}{2}W$

問題 1.9

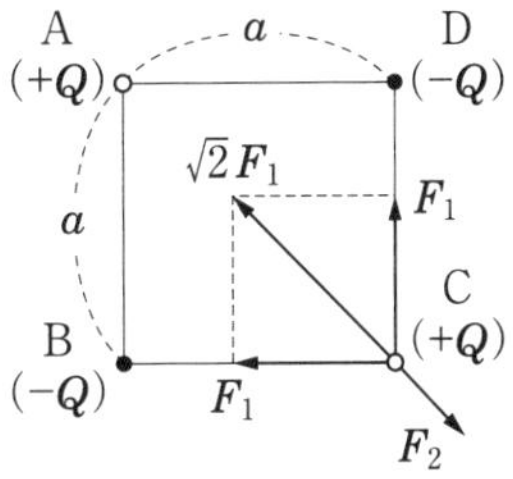

図のように, C→B, C→D に向かって大きさ $F_1 = k\dfrac{Q^2}{a^2}$ の引力がはたらき, その合力は C→A 方向に大きさ $\sqrt{2}F_1$ である. AC 間は反発力で A→C 方向にその大きさ $F_2 = k\dfrac{Q^2}{2a^2}$ である. これらをあわせると結局, 力の向きは C→A で力の大きさは

$$F = \sqrt{2}F_1 - F_2 = \boldsymbol{\frac{(2\sqrt{2}-1)}{2}k\frac{Q^2}{a^2}}$$

2. 電界—ガウスの法則—

問題 2.1

① $2\pi r$, ② πr^2, ③ $4\pi r^2$, ④ $\dfrac{4}{3}\pi r^3$, ⑤ $2\pi r^2 + 2\pi rl$, ⑥ $\pi r^2 l$

問題 2.2

① $F = qE$, ② a 同じ, ③ b 反対

④ N, ⑤ C, ⑥ N/C

問題 2.3

$F = \dfrac{q_1 q_2}{4\pi\varepsilon_0 r^2}$

問題 2.4

① E, ② $4\pi r^2 E$, ③ $\dfrac{Q}{\varepsilon_0}$, ④ $\dfrac{Q}{4\pi\varepsilon_0 r^2}$

問題 2.5

$\dfrac{\sigma}{2\varepsilon_0}$

問題 2.6

(1) 円筒の側面積 $2\pi rl$ を電界 E が貫いているから，電気力線の総数 $N_1 = \boldsymbol{2\pi rl \cdot E}$.

(2) 円筒内の電荷量 $Q = \lambda l$. 電荷から出る電気力線の総数 $N_2 = \dfrac{Q}{\varepsilon_0} = \dfrac{\boldsymbol{\lambda l}}{\boldsymbol{\varepsilon_0}}$.

(3) $N_1 = N_2$ より $2\pi rl \cdot E = \dfrac{\lambda l}{\varepsilon_0}$.

$\therefore E = \dfrac{\boldsymbol{\lambda}}{\boldsymbol{2\pi\varepsilon_0 r}}$.

3. 電　位

問題 3.1

$V = 400$ V，$d = 0.16$ m，$m = 6.4 \times 10^{-27}$ kg，$q = 3.2 \times 10^{-19}$ C として

(1) 電界の向きは A→B で，大きさは
$E = V/d = 400/0.16 = \mathbf{2500}$ V/m

(2) 陽イオンが受ける力の向きは A→B で，大きさは $F = qE = \mathbf{8.0 \times 10^{-16}}$ N.

(3) $\frac{1}{2}mv^2 = qV$ より
速さ $v = \sqrt{\frac{2qV}{m}} = \mathbf{2.0 \times 10^5}$ m/s

問題 3.2

電位はスカラー量だから，点電荷が複数あるときにはその代数和で与えられる.

(a) $V_A = k\frac{Q}{2a}$ で，$V_B = k\frac{Q}{a}$

$\therefore V_A - V_B = \boldsymbol{-k\dfrac{Q}{2a}}$

(b) $V_A = k\frac{2Q}{a} - k\frac{Q}{2a} = k\frac{3Q}{2a}$ で，

$V_B = k\frac{2Q}{2a} - k\frac{Q}{a} = 0$

$\therefore V_A - V_B = \boldsymbol{k\dfrac{3Q}{2a}}$

問題 3.3

① V （ボルト），② m （メートル），③ V/m ④ J （ジュール），⑤ C （クーロン），⑥ V （ボルト）　⑦　J = CV

問題 3.4

① $V(r) = \dfrac{\boldsymbol{Q}}{\boldsymbol{4\pi\varepsilon_0 r}}$

② $V_{AB} = V(2R) - V(3R)$
$= \dfrac{Q}{4\pi\varepsilon_0(2R)} - \dfrac{Q}{4\pi\varepsilon_0(3R)}$
$= \dfrac{\boldsymbol{Q}}{\boldsymbol{24\pi\varepsilon_0 R}}$

③ $W_{AB} = qV_{AB} = \dfrac{\boldsymbol{qQ}}{\boldsymbol{24\pi\varepsilon_0 R}}$

問題 3.5

① $E = \boldsymbol{V/d}$

② $F = eE = \dfrac{\boldsymbol{eV}}{\boldsymbol{d}}$

③ 加速度 $a = \dfrac{F}{m} = \dfrac{\boldsymbol{eV}}{\boldsymbol{md}}$

④ 等加速度運動だから $v^2 - v_0^2 = 2ad$，初速度 $v_0 = 0$ として，$v = \sqrt{2ad} = \sqrt{\dfrac{\boldsymbol{2eV}}{\boldsymbol{m}}}$

問題 3.6

(1) $r \geq R$ で

① $Q(r) = \boldsymbol{Q}$

② $E(r) = \dfrac{\boldsymbol{Q}}{\boldsymbol{4\pi\varepsilon_0 r^2}}$

③ $V(r) = \displaystyle\int_r^{\infty} \frac{Q}{4\pi\varepsilon_0 r^2}dr$
$= \left[-\dfrac{Q}{4\pi\varepsilon_0 r}\right]_r^{\infty} = \dfrac{\boldsymbol{Q}}{\boldsymbol{4\pi\varepsilon_0 r}}$

④ $V(R) = \dfrac{\boldsymbol{Q}}{\boldsymbol{4\pi\varepsilon_0 R}}$

(2) $r \leq R$ で

⑤ $Q(r) = \mathbf{0}$

⑥ $E(r) = \mathbf{0}$

⑦ $V(r) = V(R) = \dfrac{\boldsymbol{Q}}{\boldsymbol{4\pi\varepsilon_0 R}}$

(3) r の関数としての $E(r)$ と $V(r)$ は，図の通り.

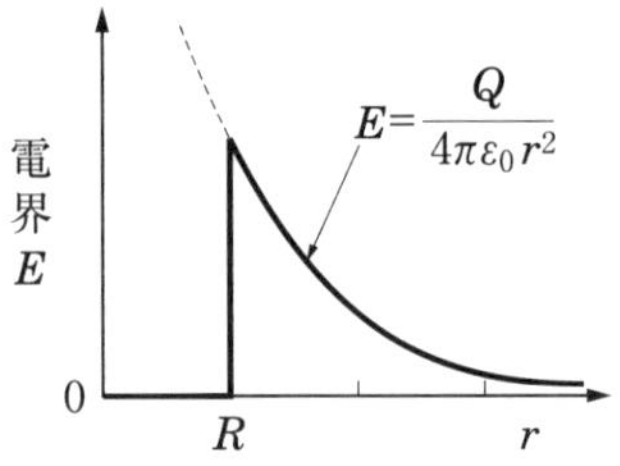

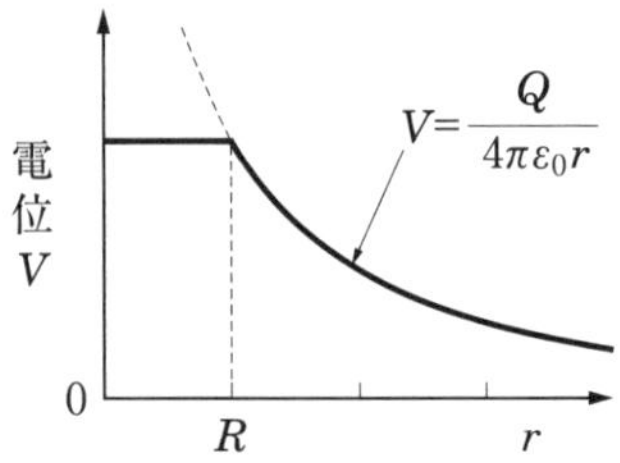

問題 3.7

(1) **A** （等電位面が密なところほど電界が

強い）

(2) **ニ**（電界の向きは等電位面と垂直で，高電位から低電位の向き）

(3) 力の大きさは $F = \mathbf{1.28 \times 10^{-15}}$ N で力の向きは**イ**の向き．（点 A での電界はほぼ一様で，間隔 $d = 1.0$ cm $=0.01$ m に電位差 $V = 80$ V がかかっているので，電界の大きさ $E = V/d = 8000$ V/m．電子にはたらく力の大きさは $F = eE = 1.28 \times 10^{-15}$ N．電界はホの向きだが，負の電荷をもつ電子にはたらく力は反対向きで**イ**の向き．）

(4) 負電荷（電子）を高電位の点 A から低電位の点 D へと移動させるには，外力による仕事 W を必要とする．A と D の電位差 $V_{\mathrm{AD}} = V_{\mathrm{A}} - V_{\mathrm{D}} = 60 - 20 = 40$ V だから，$W = eV_{\mathrm{AD}} = 1.6 \times 10^{-19} \times 40 = \mathbf{6.4 \times 10^{-18}\ J}$．

問題 3.8

図(a)

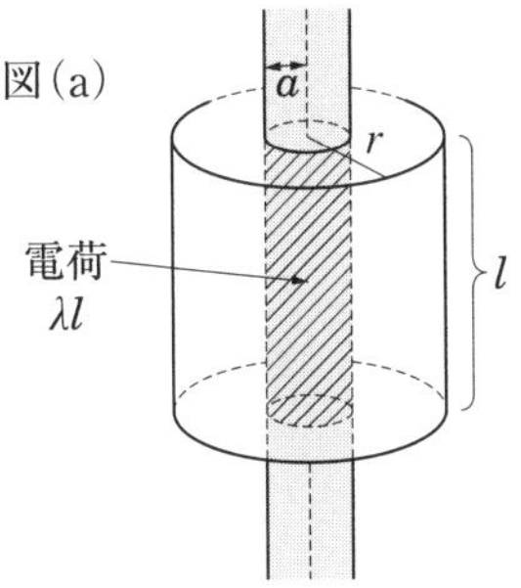

(1) 電界は放射状なので（問題 2.6 参照），図 (a) のように閉曲面をとりガウスの法則を適用する．円柱（閉曲面）の側面積 $(2\pi rl)$ を電界 E が貫くから，

$$2\pi rlE = \frac{\lambda l}{\varepsilon_0} \qquad \therefore E = \boldsymbol{\frac{\lambda}{2\pi\varepsilon_0 r}}$$

(2) $$V = -\int_a^r E dr = -\int_a^r \frac{\lambda}{2\pi\varepsilon_0 r} dr = \left[-\frac{\lambda}{2\pi\varepsilon_0}\log r\right]_a^r = \boldsymbol{\frac{\lambda}{2\pi\varepsilon_0}\log\frac{a}{r}}$$

参考のため $V(r)$ の概略図を描くと図 (b) になる．

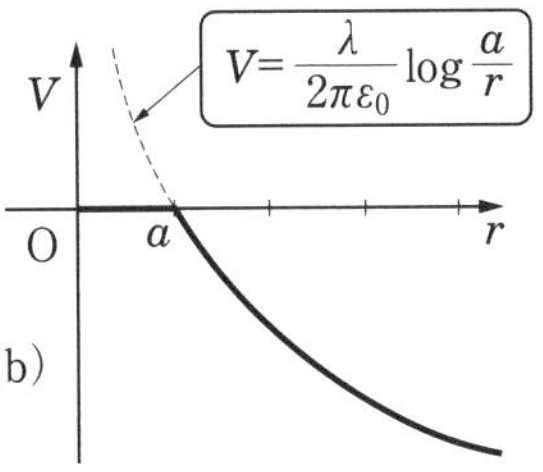

図(b)

4. コンデンサー

問題 4.1

極板距離 $d = 1.0\mathrm{cm} = 1.0 \times 10^{-2}\mathrm{m}$

極板面積 $S = 100\mathrm{cm}^2 = 1.0 \times 10^{-2}\mathrm{m}^2$

電圧 $V = 200$ V

誘電率 $\varepsilon_0 = 8.85 \times 10^{-12}\ \mathrm{C^2/N{\cdot}m^2}$ として

(1) コンデンサーの容量

$$C = \frac{\varepsilon_0 S}{d} = \mathbf{8.85 \times 10^{-12}\ F}$$

(2) 蓄えられた電気量

$$Q = CV = \mathbf{1.77 \times 10^{-9}\ C}$$

問題 4.2

(1) （並列）$C = 2 + 3 = \mathbf{5\ \mu F}$

(2) （直列）$\frac{1}{C} = \frac{1}{2} + \frac{1}{3} = \frac{5}{6}\ \frac{1}{\mu\mathrm{F}}$

$\therefore C = \frac{6}{5} = 1.2\ \mu$**F**

(3) （直列）$\frac{1}{C} = \frac{1}{5} + \frac{1}{20} + \frac{1}{4} = \frac{10}{20}\ \frac{1}{\mu\mathrm{F}}$

$\therefore C = \mathbf{2.0\ \mu F}$

(4) （組合せ）$\frac{1}{C_1} = \frac{1}{4} + \frac{1}{6} = \frac{10}{24}\ \frac{1}{\mu\mathrm{F}}$

$\therefore C_1 = \frac{24}{10} = 2.4\ \mu\mathrm{F}$

$C = 5 + C_1 = 5 + 2.4 = \mathbf{7.4\ \mu F}$

(5) （組合せ）$C_1 = 2 + 4 = 6\ \mu\mathrm{F}$

$\frac{1}{C} = \frac{1}{9} + \frac{1}{C_1} = \frac{1}{9} + \frac{1}{6} = \frac{10}{36}\ \frac{1}{\mu\mathrm{F}}$

$\therefore C = \frac{36}{10} = \mathbf{3.6\ \mu F}$

問題 4.3

① ファラッド

② F

③ C/V

④ $C = \frac{Q}{V} = \frac{6.0\times10^{-6}}{200} = \mathbf{3.0 \times 10^{-8}}$ F

⑤ μ

⑥ 10^{-6}

⑦ ピコ

⑧ 10^{-12}

問題 4.4

① $C = \boldsymbol{\dfrac{\varepsilon_0 S}{d}}$

② $C = \dfrac{\varepsilon_0 S}{d} = \dfrac{8.85 \times 10^{-12} \times 0.05^2}{0.001}$
$= \mathbf{2.2 \times 10^{-11}}$ F

問題 4.5

① $Q = CV = 5.0 \times 10^{-6} \times 400$
$= \mathbf{2.0 \times 10^{-3}}$ C

② $U = \frac{1}{2}CV^2 = \frac{1}{2} \times 5.0 \times 10^{-6} \times 400^2$
$= \mathbf{0.40}$ J

問題 4.6

(1) $C_{23} = 2+3 = 5\ \mu\text{F}$（並列）と $\frac{1}{C} = \frac{1}{1} + \frac{1}{5}$（直列）より合成容量 $C = \mathbf{\frac{5}{6} = 0.83\mu F}$

(2) 合成容量 $C = \frac{5}{6}\mu\text{F}$ を使って全体の電気量 $Q = CV = \frac{5}{6} \times 10^{-6} \times 6 = 5.0 \times 10^{-6}\text{C}$. 図に示すように，全体の電気量 Q は C_1 に蓄えられた電気量 $Q_1 = (Q_2 + Q_3)$ に等しい．よって，$Q_1 = Q = \mathbf{5.0 \times 10^{-6}}$ **C**.
$\therefore C_1$ にかかる電圧は $V_1 = \frac{Q_1}{C_1} = \mathbf{5.0\ V}$.

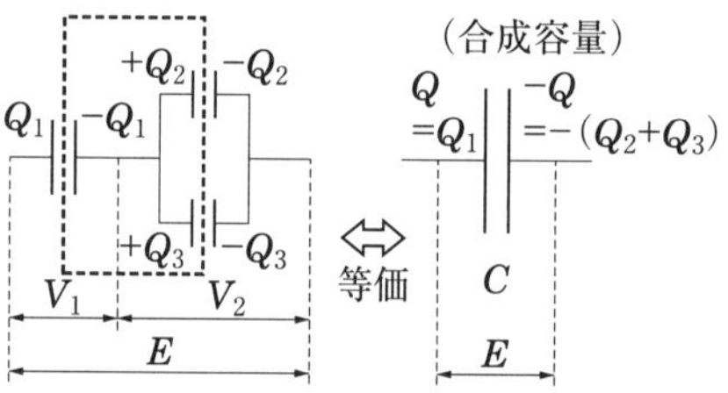

(3) C_2 と C_3 にかかる電圧は共通で $V_2 = E - V_1 = 6 - 5 = 1.0$ V．よって，
$Q_2 = C_2V_2 = \mathbf{2.0 \times 10^{-6}\ C}$
$Q_3 = C_3V_2 = \mathbf{3.0 \times 10^{-6}\ C}$

(4) コンデンサー C_1 に蓄えられるエネルギー
$U_1 = \frac{1}{2}C_1V_1^2 = \mathbf{1.25 \times 10^{-5}\ J}$

問題 4.7

(1) $Q_\text{A} = 6.0 \times 10^{-4}\text{C}, Q_\text{B} = 3.0 \times 10^{-4}\text{C}$, 全体の電荷は $Q_1 = Q_\text{A} + Q_\text{B} = 9.0 \times 10^{-4}\text{C}$
合成容量は $C = C_\text{A} + C_\text{B} = 10\mu\text{F}$
よって，電圧は $V_1 = \frac{Q_1}{C} = \mathbf{90\ V}$
各コンデンサーにかかる電荷は
$Q_\text{A} = C_\text{A}V_1 = \mathbf{5.4 \times 10^{-4}\ C}$
$Q_\text{B} = C_\text{B}V_1 = \mathbf{3.6 \times 10^{-4}\ C}$

(2) 全体電荷 $Q_2 = Q_\text{A} - Q_\text{B} = 3.0 \times 10^{-4}\text{C}$
合成容量は (1) と同じで $C = 10\mu\text{F}$
よって電圧は $V_2 = \frac{Q_2}{C} = \mathbf{30\ V}$
各コンデンサーにかかる電荷は
$Q_\text{A} = C_\text{A}V_2 = \mathbf{1.8 \times 10^{-4}\ C}$
$Q_\text{B} = C_\text{B}V_2 = \mathbf{1.2 \times 10^{-4}\ C}$

問題 4.8

向き合う極板の面積 S が角 θ に比例し，$S = \pi a^2 \times \frac{\theta}{2\pi} = \frac{a^2}{2}\theta$ である．これから，コンデンサーの電気容量 $C = \dfrac{\varepsilon_0 S}{d} = \boldsymbol{\dfrac{\varepsilon_0 a^2}{2d}\theta}$

5. 静電誘導ー導体と絶縁体ー

問題 5.1

下図の通り．

① 導体球内の ＋ と － が電荷．導体球の表面に誘導電荷が現れ（電荷保存則が成り立つ），その電荷がつくる電界が外部電界と相殺する．

② 点線が等電位面．導体表面は等電位である．

③ 実線が電界（矢印がその向き）．導体内部の電界は 0 である．電気力線は等電位面につねに垂直であるから，導体表面では面に垂直，遠くでは外部電界の電気力線と一致する．

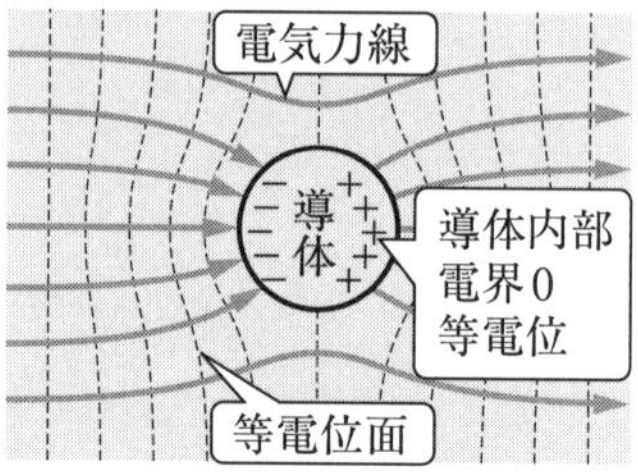

問題 5.2

下図を参考に，電荷の移動を順に追っていく．

(1) ① ィ　② ァ　③ ィ　④ ェ
（静電誘導により A の上面は負に，下面は正に電気分布．さらに静電誘導により B は負に，はく C は正に分布するから，はくは開く）

(2) ⑤ ィ　⑥ ゥ　⑦ ゥ　⑧ ォ
（S を閉じることにより，A の正電気のみが大地に逃げる）

(3) ⑨ェ
（S を開くと，A には負の電荷のみが残っ

ている．静電誘導によりBの上面は正に，はくCは負に分布するから，はくは開く）

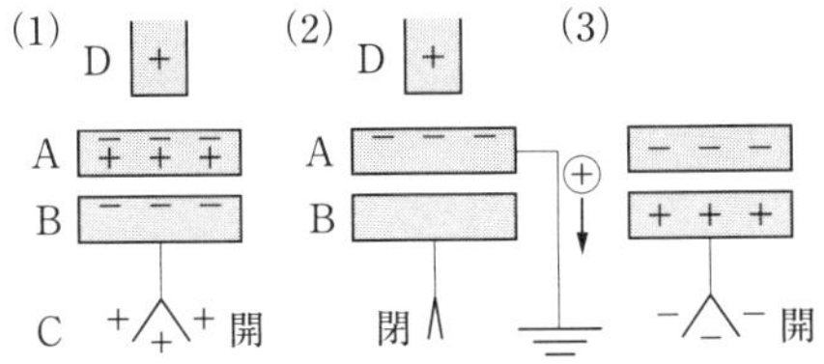

問題 5.3

(1) 導体を正に帯電させるには，正の帯電体を導体に接触させてから離す．
（導体内の自由電子の一部が正の帯電体に移り，導体は正に帯電する）

(2) 導体を負に帯電させるには，正の帯電体を導体のごく近くに近づけ，反対側を他の導体に接触（接地）させてから離す．
（正の帯電体によって反対側に静電誘導された正の電荷が，他の導体を接触させることで逃げる，つまり自由電子が他から入ってくる）

6. 直流回路 (1)

問題 6.1

(1) 図から読み取る．
① 銅は $V = 1.0$ V で $I = 2.3$ A だから，$R = \frac{V}{I} = \frac{1.0}{2.3} = \mathbf{0.435\Omega}$
② 鉄は 5.0 V で 2.0 A だから $R = \mathbf{2.5\Omega}$
③ ニクロムは 5.0 V で 0.20 A だから
$R = \mathbf{25\Omega}$

(2) $l = 5.0$ m，$S = 2.0 \times 10^{-7}$ m^2 とし，(1) で求めた R を使って，$\rho = R\dfrac{S}{l}$ より算出する．
① 銅：$\mathbf{1.74 \times 10^{-8}\Omega \cdot m}$
② 鉄：$\mathbf{1.0 \times 10^{-7}\Omega \cdot m}$
③ ニクロム：$\mathbf{1.0 \times 10^{-6}\Omega \cdot m}$
（抵抗率 ρ は温度によって異なるが，だいたいこの程度の値をとる．）

問題 6.2

$I = nevS$ (6.4) 式より，電子の速さ $v = \dfrac{I}{neS}$．
この式に，$I = 2.3$ A，$n = 8.5 \times 10^{28}$ m^{-3}，$e = 1.6 \times 10^{-19}$ C，$S = 2.0 \times 10^{-7}$ m^2 を代入して，電子の速さ $v = \mathbf{8.5 \times 10^{-4}}$ m/s
※ この値は図 6.3 の銅線（長さ 5.0m，半径 0.5mm）に電圧 1V を加えた時の値である．このとき，電子は 1 秒間に平均 0.85mm しか進まない！

問題 6.3

(a) **5Ω**（直列：$R = 2 + 3 = 5\Omega$）
(b) **1.2 Ω**
（並列：$\frac{1}{R} = \frac{1}{2} + \frac{1}{3} = \frac{5}{6}$ より $R = \frac{6}{5} = 1.2\Omega$）
(c) **1.5Ω** ($\leftarrow \frac{1}{R} = \frac{1}{1+2} + \frac{1}{3} = \frac{2}{3}$ より $R = \frac{3}{2}\Omega$)
(d) **2.2Ω** ($\leftarrow R = 1 + 1.2 = 2.2\Omega$)
(e) **1.95Ω** ($\leftarrow R = 0.75 + 1.2 = 1.95\Omega$)

問題 6.4

オームの法則 $V = IR$ を順次適用する．

(1) 3.0 Ω の抵抗に $I_3 = 4.0$ A の電流が流れているから，$V_{BC} (= V_3) = 4.0 \times 3.0 = \mathbf{12}$V．
2.0 Ω の抵抗にも同じく 12 V の電圧がかかっている（$V_3 = V_2$）から，2.0 Ω の抵抗を流れる電流 $I_2 = \frac{V_2}{2.0} = \frac{12}{2.0} = \mathbf{6.0}$A．

(2) AB 間の電流 $I_1 = I_2 + I_3 = \mathbf{10.0}$ A．
電圧 V_{AB} $(= V_1) = 10.0 \times 1.0 = \mathbf{10}$ V．

(3) 電池の起電力は $E = V_1 + V_2 = \mathbf{22}$ V．
AC 間の抵抗は $R = \frac{E}{I} = \mathbf{2.2}$ Ω
（もちろん，AC 間の抵抗 R は合成抵抗の計算で求めてもよい）

問題 6.5

(1) 下図のように回路を書き直して考える．
$\frac{1}{R} = \frac{1}{2r} + \frac{2}{2r} + \frac{1}{2r} = \frac{2}{r}$ より，
AC 間の合成抵抗は $R = \dfrac{\boldsymbol{r}}{\mathbf{2}}$

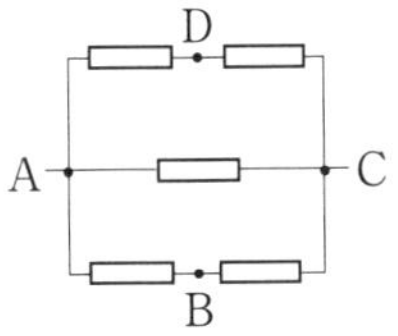

(2) 下図のように回路を書き直して考える．
A'C 間の合成抵抗 R' は $\frac{1}{R'} = \frac{1}{2r} + \frac{1}{r} = \frac{3}{2r}$
$\therefore R' = \frac{2r}{3}$　よって，$\frac{1}{R} = \frac{1}{R'+r} + \frac{1}{r} = \frac{8}{5r}$
結局 AB 間の合成抵抗は $R = \dfrac{\mathbf{5}\boldsymbol{r}}{\mathbf{8}}$

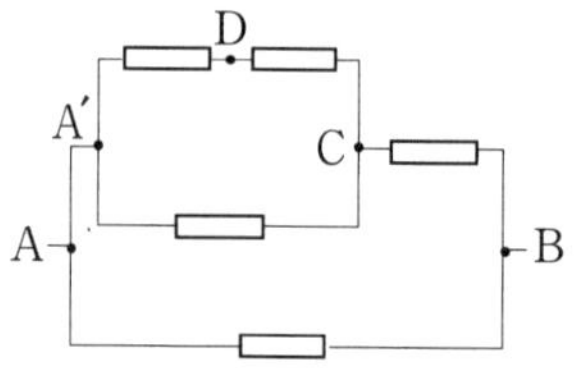

問題 6.6

(1) ① Ω　② アンペア

③ V/A （$\leftarrow R = V/I$ より）

(2) ④ 長さ ⑤ 断面積

⑥ Ω·m （$\leftarrow \rho = \frac{S}{l}R$ より）

(3) ⑦ $\rho = \mathbf{1.1 \times 10^{-6}}\Omega \cdot \mathrm{m}$

$l = 20m$, $S = \pi r^2 = \pi \times (0.5 \times 10^{-3})^2 = 7.85 \times 10^{-7}\ \mathrm{m}^2$, $R = 28\Omega$ を $\rho = \frac{S}{l}R$ に代入して計算する．

問題 6.7

① $E = \dfrac{\boldsymbol{V}}{\boldsymbol{l}}$

② $f = eE = \dfrac{\boldsymbol{eV}}{\boldsymbol{l}}$

③ **反対**（負電荷の受ける力は電界と反対向き）

④ $v = \dfrac{eE}{k} = \dfrac{\boldsymbol{eV}}{\boldsymbol{kl}}$ （$\leftarrow eE = kv$ より）

⑤ Sn

⑥ eSn

⑦ $\dfrac{\boldsymbol{e^2Sn}}{\boldsymbol{kl}}$ （$\leftarrow I = veSn$ に④の v を代入）

⑧ $\dfrac{\boldsymbol{k}}{\boldsymbol{ne^2}}$

⑨ $\dfrac{\boldsymbol{k}}{\boldsymbol{ne^2}}$

⑩ $\Omega \cdot \mathrm{m}$

問題 6.8

(1) 全抵抗 $R = R_1 + R_{23} + R_4 = 3 + 6 + 3 = \mathbf{12\Omega}$

(2) 主電流 $I = E/R = 24/12 = 2\mathrm{A}$ で，BC 間の抵抗 $R_{23} = 6\Omega$．∴ BC 間の電位差は $V_{\mathrm{BC}} = I \times R_{23} = 2 \times 6 = \mathbf{12}\mathrm{V}$

(3) $I_1 = I_4 = I(\text{主電流}) = \mathbf{2}\mathrm{A}$

$I_2 = V_{\mathrm{BC}}/R_2 = 12/10 = \mathbf{1.2}\mathrm{A}$

$I_3 = V_{\mathrm{BC}}/R_3 = 12/15 = \mathbf{0.8}\mathrm{A}$

問題 6.9

(1) 下図の (a) と等価だから，$\frac{1}{R} = \frac{1}{r} + \frac{1}{r+r} = \frac{3}{2r}$ より，AB 間の抵抗は $R = \dfrac{\mathbf{2}}{\mathbf{3}}\boldsymbol{r}$

(2) 下図の (b) と等価で（A′B′ より先の全抵抗も同じく R）だから，$\frac{1}{R} = \frac{1}{r} + \frac{1}{r+R}$

つまり $R^2 + rR - r^2 = 0$.

これを R についての 2 次方程式とみて解くと，$R = \dfrac{-1 \pm \sqrt{5}}{2}r$.

$R > 0$ だから $R = \dfrac{\boldsymbol{\sqrt{5} - 1}}{\mathbf{2}}\boldsymbol{r}$

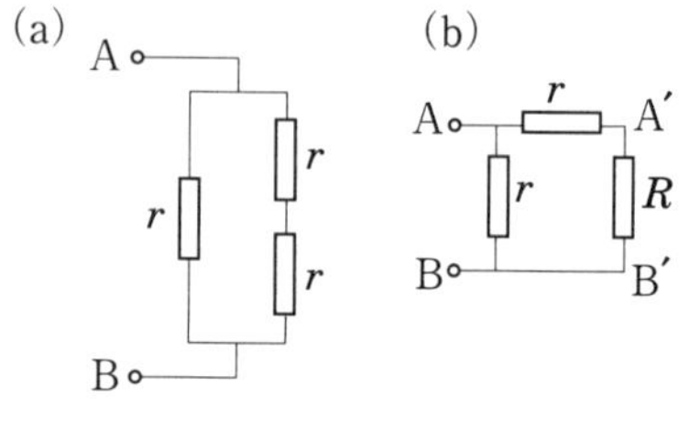

7. 直流回路 (2)

問題 7.1

(1) $V = 100$ V のとき電力 $P = 400$ W.

$P = VI = \frac{V^2}{R}$ より

$R = \dfrac{V^2}{P} = \dfrac{100^2}{400} = \mathbf{25\Omega}$

(2) 電流 $I = \frac{V'}{R} = \frac{80}{25} = \mathbf{3.2}$ A.

電力 $P' = V'I = 80 \times 3.2 = \mathbf{256}$ W.

問題 7.2

電池（起電力 E [V]，内部抵抗 r [Ω]）に，外部抵抗 R [Ω] を接続したとき流れる電流を I [A] とすれば，$E - rI = RI$. ∴ $E = I(R + r)$.

問題の条件より，

$E = 0.2(130 + r)$

$E = 0.6(40 + r)$

これを解いて起電力 $E = \mathbf{27\ V}$. $r = \mathbf{5\ \Omega}$.

問題 7.3

(1) 直列だから合成抵抗 $R = 2 + 3 = 5\Omega$.

① 電流 $I = V/R = 6.0/5.0 = \mathbf{1.2}$ A

② 抵抗 R に電流 I が流れているときの消費電力は $P = VI = I^2R$ だから，2Ω の抵抗での消費電力は

$P_1 = 1.2^2 \times 2 = \mathbf{2.88}$ W

③ 同様に，3Ω の抵抗での消費電力は

$P_2 = 1.2^2 \times 3 = \mathbf{4.32}$ W

④ 全体の消費電力は，

$P = P_1 + P_2 = 2.88 + 4.32 = 7.2$ W

1 分間 (= 60s) で発生する熱量は

$W = Pt = 7.2 \times 60 = \mathbf{432}$ J.

別解：合成抵抗 $R = 5.0\Omega$ と電圧 $V = 6.0$ V をつかって，この回路の消費電力は

$P = V^2/R = 6^2/5 = 7.2$ W.

(2) 抵抗 R に電圧 V がかかっているときの消費電力は $P = V^2/R$ で，並列接続では各抵抗に電圧 $V = 6.0$ V がかかる．

⑤ 2Ω の抵抗での消費電力は

$P_1 = 6^2/2 = \mathbf{18}$ W

⑥ 同様に，3Ω の抵抗での消費電力は

$P_2 = 6^2/3 = \mathbf{12}$ W

⑦ 全体の消費電力は，

$P = 18 + 12 = 30$ W

1 分間 $(= 60\text{s})$ で発生する熱量は

$W = Pt = 30 \times 60 = \mathbf{1800}$ J.

別解：合成抵抗 $R = 1.2\Omega$ と電圧 $V = 6.0$ V をつかって，この回路の消費電力は

$P = V^2/R = 6^2/1.2 = 30$ W.

問題 7.4

電池の両端の電圧は $V = E - rI = RI$

外部抵抗に接続したとき，$I = 5.0$ A で，$V = 1.4$ V であるという条件から外部抵抗

$R = V/I = 1.4/5 = \mathbf{0.28}\ \Omega$

起電力 $E = 1.5$ V だから，$V = E - rI$ より

$1.4 = 1.5 - r \times 5.0$

$\therefore$ 内部抵抗 $r = \mathbf{0.02}\ \Omega$

問題 7.5

$V = 100\text{V}$，$P = 100\text{W}$ の電球の抵抗は

$R_1 = V^2/P_1 = 100^2/100 = 100\Omega$

$V = 100\text{V}$，$P = 50\text{W}$ の電球の抵抗は

$R_2 = V^2/P_2 = 100^2/50 = 200\Omega$

$\therefore$ 合成抵抗は $R = R_1 + R_2 = 300\Omega$.

全体の消費電力は

$P = V^2/R = 100^2/300 = \mathbf{33.3}$ W

（2 つの電球を直列に接続すると，全体として 1 つの電球の場合よりも暗くなる）

問題 7.6

点 a を右向きに電流 I [A]（したがって点 b を左向きに電流 I [A]）が流れると仮定してキルヒホッフの第 2 法則を適用すると，電池の向きに注意して

$-10 + 4 = 30I + 10I \quad \therefore I = -0.15\text{A}$

よって点 a を**左向きに 0.15A の電流流れる**.

問題 7.7

(1) $I_1 + I_2 = I_3$

(2) 閉回路に沿って（起電力の和）＝（電圧降下の和）の式をたてると，

$8 = 12I_1 + 16I_3$

(3) $20 = 6I_2 + 16I_3$

(4) (1) ∼ (3) を解いて，

$I_1 = \mathbf{-0.4}\text{A}$，$I_1 = \mathbf{1.2}\text{A}$，$I_3 = \mathbf{0.8}\text{A}$.

問題 7.8

2 つの抵抗を流れる電流は等しいから，これを I [A] とおくと，

$20 = RI + 6I \ldots$ ①

$5 = RI \ldots$ ②

①と②より，$R = \mathbf{2}\ \Omega$

問題 7.9

電流計には 1.0mA の電流が流れているから，分流器 R_S には 10-1.0=9.0 mA の電流が流れている．内部抵抗 1.8Ω の電流計にかかる電圧と，R_S [Ω] の分流器にかかる電圧は等しいから $1.0 \times 1.8 = 9.0 \times R_S \therefore R_S = \mathbf{0.2\ \Omega}$

問題 7.10

電圧計に 1.0 V の電圧がかかっているから，倍率器には $10 - 1.0 = 9.0$ V の電圧がかかっている．内部抵抗 1.0 kΩ だから，電圧計を流れている電流は $I = V/R = 0.001$ A．同じ電流が抵抗値 R_M の分流器を通過して，9.0 V の電圧になっているから，$0.001 \times R_M = 9.0$.

よって　$R_M = \mathbf{9000\ \Omega = 9.0\ k\Omega}$

8. 問題演習（電界・電流）

基本問題（電　界）

問題 8.1

(1) 1 eV $= 1.6 \times 10^{-19}$ J

(2) $\frac{1}{2}mv^2 = eV$ より

$$v = \sqrt{\frac{2eV}{m}} = \sqrt{\frac{2 \times 1.6 \times 10^{-19} \times 1.0}{9.1 \times 10^{-31}}}$$

$$= \mathbf{5.93 \times 10^5}\ \text{m/s}$$

問題 8.2

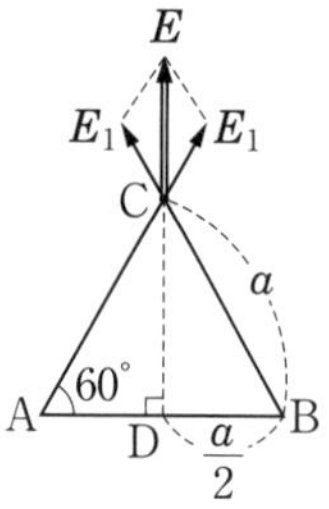

(1) 図で $E_1 = \dfrac{Q}{4\pi\varepsilon_0 a^2}$,

電界の大きさ $E = 2E_1 \cos 30° = \dfrac{\sqrt{3}Q}{4\pi\varepsilon_0 a^2}$

よって q が受ける力の向きは $\overrightarrow{\mathrm{DC}}$ で,

大きさは $F = qE = \boldsymbol{\dfrac{\sqrt{3}qQ}{4\pi\varepsilon_0 a^2}}$

(2) 点 C の電位：$V_{\mathrm{C}} = 2 \times \dfrac{Q}{4\pi\varepsilon_0 a} = \dfrac{Q}{2\pi\varepsilon_0 a}$,

点 D の電位：$V_{\mathrm{D}} = \dfrac{2 \times Q}{4\pi\varepsilon_0 (a/2)} = \dfrac{Q}{\pi\varepsilon_0 a}$,

よって DC 間の電位差 $V_{\mathrm{DC}} = \dfrac{Q}{2\pi\varepsilon_0 a}$,

電荷 q を点 C から点 D へと移動させるのに必要な仕事は

$$W = qV_{\mathrm{DC}} = \boldsymbol{\frac{qQ}{2\pi\varepsilon_0 a}}$$

問題 8.3

球対称だからガウスの法則を適用する.

• $r \geq a$ では，中心の $+Q$ と球内の $-Q$ が相殺し，半径 r 内の電荷は 0.

よって $4\pi r^2 E = 0/\varepsilon_0$ より $\boldsymbol{E = 0}$

• $r < a$ では，中心の $+Q$ と球内電荷のうち $-(r/a)^3 Q$ が，半径 r 内にある．よって $4\pi r^2 E = Q - Q(r/a)^3/\varepsilon_0$ から

$$E = \boldsymbol{\frac{1}{4\pi\varepsilon_0}\left(\frac{1}{r^2} - \frac{r}{a^3}\right)Q}$$

問題 8.4

面積 $S = 0.020\ \mathrm{m}^3$，距離 $d = 0.0050\ \mathrm{m}$，電位差 $V = 400\ \mathrm{V}$，空間の誘電率 $\varepsilon_0 = 8.85 \times 10^{-12}\mathrm{C/V \cdot m}$ で，平行平板コンデンサーの電気容量は $C = \varepsilon_0 S/d$ だから,

(1) 電界の強さ $E = V/d = \boldsymbol{8.0 \times 10^4 \mathrm{V/m}}$

(2) 電荷 $Q = CV = (\varepsilon_0 S/d)V$

電荷密度 $\sigma = Q/S = \varepsilon_0 V/d$

$= \boldsymbol{7.08 \times 10^{-7} \mathrm{C/m^2}}$

(3) コンデンサーに蓄えられたエネルギー

$$U = \frac{1}{2}CV^2 = \frac{\varepsilon_0 S}{2d}V^2 = \boldsymbol{2.83 \times 10^{-6}\mathrm{J}}$$

(4) 1 つの電極がつくる電界は

$$E_1 = \frac{\sigma}{2\varepsilon_0} = \frac{Q}{2\varepsilon_0 S} = \frac{CV}{2\varepsilon_0 S} = \frac{V}{2d}$$

他方の極の電荷 Q が受ける力は

$$F = QE_1 = CVE_1 = \frac{\varepsilon_0 S}{2d^2}V^2$$

$= \boldsymbol{5.66 \times 10^{-4}\mathrm{N}}$

問題 8.5

力 $F = -\dfrac{dW}{dx} = -\boldsymbol{\dfrac{Q^2}{2\varepsilon_0 S}}$　(負の符号は引力)

$F = -QE_1$ として Q が受けている電界 E_1 を求めると，$E_1 = \frac{Q}{2\varepsilon_0 S}$ 電極間の電界は $E = V/d = Q/Cd = Q/\varepsilon_0 S$ だから，E_1 は E の半分である.

[解説] 電極間の力 F に逆らって，外力 $F'(= -F)$ で電極間を x を $x + dx$ にする仕事は $F'dx$ である．このときのエネルギーの増加分は $dW = (Q^2/2\varepsilon_0 S)dx$ である．ゆえに $F = -F' = -Q^2/2\varepsilon_0 S$

電極に分布している電荷面密度は $\sigma = Q/S$ で，1 つの電極板が両側につくる電界は $E_1 = \sigma/\varepsilon_0 = Q/\varepsilon_0 S$．相手の電極はこの電界を感じている.

問題 8.6

(1) $t_1 = \boldsymbol{l/v}$

(2) y 方向についての運動は $a = eE/m$ の等加速度運動だから (運動方程式 $ma = eE$)，$y_1 = \dfrac{1}{2}at_1^2 = \boldsymbol{\dfrac{eEl^2}{2mv^2}}$

(3) 偏向板間を出るときの速さは,

x 方向：$v_x = v$

y 方向：$v_y = at_1 = (eE/m)(l/v)$

$$\therefore \quad \tan\theta = \frac{v_y}{v_x} = \boldsymbol{\frac{eEl}{mv^2}}$$

(4) $y_2 = L\tan\theta = \dfrac{eElL}{mv^2}$

$$y = y_1 + y_2 = \boldsymbol{\frac{eEl}{2mv^2}(l + 2L)}$$

標準問題 (電　界)

問題 8.7

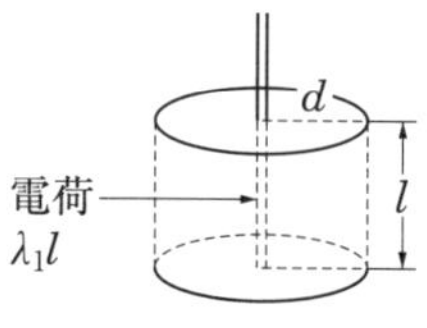

図のように半径 d，高さ l の円柱形を閉局面にガウスの法則を適用して，電荷線密度 λ_1 のつくる電界 E_1 を求める．電界 E_1 は側面（面積 $2\pi dl$）を貫き，内部電荷は $\lambda_1 l$ だから，

$$2\pi dlE_1 = \lambda_1 l/\varepsilon_0 \therefore E_1 = \lambda_1/2\pi\varepsilon_0 d$$

したがって電荷線密度 λ_2 の電線が電界 E_1 から受ける力 F は単位長さあたり

$$F = \lambda_2 \times 1 \times E_1 = \boldsymbol{\frac{\lambda_1\lambda_2}{2\pi\varepsilon_0 d}}$$

電荷線密度 λ_1 の電線も同じ大きさの力を同様に受けている．電荷の符号が同じ $(\lambda_1\lambda_2 > 0))$ なら反発力，電荷の符号が異なる $(\lambda_1\lambda_2 < 0))$ なら引力である．

問題 8.8

静電誘導で外球の内側に $-Q$ の電荷が現れ，$+Q$ はアースに逃げる．電界は両極の間にのみ存在し，電荷分布が球対称だから，電界は中心 O から放射状である．中心からの距離を r とすると，$a < r < b$ の間の電界は $E = Q/4\pi\varepsilon_0 r^2$．$r = a$ での電位 V は（$r = b$ で電位 $V = 0$）

$$V = -\int_b^a E dr = \int_b^a \frac{Q}{4\pi\varepsilon_0 r^2}dr$$

$$= \left[+\frac{Q}{4\pi\varepsilon_0 r}\right]_b^a = \boldsymbol{\frac{Q}{4\pi\varepsilon_0}\left(\frac{1}{a} - \frac{1}{b}\right)}$$

コンデンサーの容量 C は

$$C = \frac{Q}{V} = \frac{\boldsymbol{4\pi\varepsilon_0}}{\left(\frac{1}{a} - \frac{1}{b}\right)} = \boldsymbol{\frac{4\pi\varepsilon_0 ab}{b - a}}$$

問題 8.9

(1) $C = 4\pi\varepsilon_0 a$（問題 8.8 の $b \to \infty$ 場合に相当）

(2) $W = \dfrac{Q^2}{2C} = \boldsymbol{\dfrac{Q^2}{8\pi\varepsilon_0 a}}$

(3) $E = \dfrac{Q}{4\pi\varepsilon_0 r^2}$

(4) $U = \displaystyle\int_a^\infty u4\pi r^2 dr = \int_a^\infty \left(\frac{1}{2}\varepsilon_0 E^2\right) 4\pi r^2 dr$

に $E = \dfrac{Q}{4\pi\varepsilon_0 r^2}$ を代入して，

$$U = \frac{Q^2}{8\pi\varepsilon_0}\int_a^\infty \frac{1}{r^2}dr$$

$$= \frac{Q^2}{8\pi\varepsilon_0}\left[-\frac{1}{r}\right]_a^\infty = \boldsymbol{\frac{Q^2}{8\pi\varepsilon_0 a}}$$

つまり，(2) の W と (4) の U は同じ電界のエネルギーだから一致する．

問題 8.10

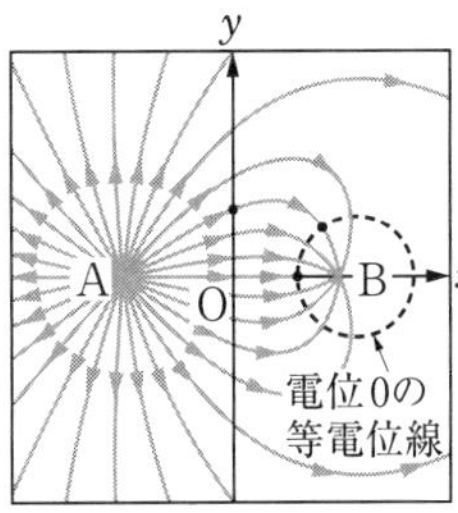

(1) 図の通り．

(2) 平面上の任意の点 P の座標を (x, y) とすれば，

$$\overline{\mathrm{AP}} \equiv r_1 = \sqrt{(x+a)^2 + y^2},$$

$$\overline{\mathrm{BP}} \equiv r_2 = \sqrt{(x-a)^2 + y^2},$$

電位 0 である条件は

$$V = \frac{4q}{4\pi\varepsilon_0 r_1} - \frac{q}{4\pi\varepsilon_0 r_2} = 0$$

これより $4r_2 = r_1$，よって $16r_2^2 = r_1^2$

$$\therefore 16\left[(x-a)^2 + y^2\right] = (x+a)^2 + y^2$$

これを整理すると

$$\boldsymbol{\left(x - \frac{17}{15}a\right)^2 + y^2 = \left(\frac{8}{15}a\right)^2}$$

（図中に示したように，この場合電位 0 の等電位線は円になる．）

問題 8.11

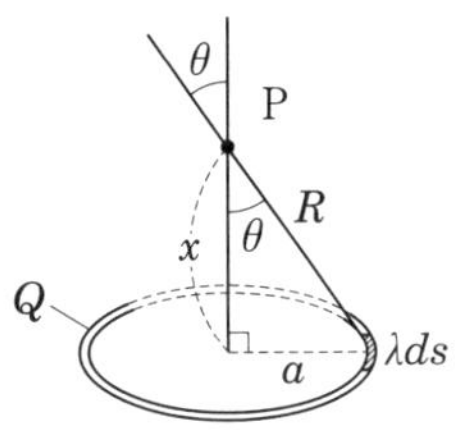

図中で $R = \sqrt{x^2 + a^2}$

$$電位\ V = \frac{Q}{4\pi\varepsilon_0 R} = \boldsymbol{\frac{Q}{4\pi\varepsilon_0\sqrt{x^2 + a^2}}}$$

$$電界\ E = -\frac{dV}{dx} = +\boldsymbol{\frac{Q}{4\pi\varepsilon_0}\frac{x}{(x^2 + a^2)^{\frac{3}{2}}}}$$

（別解）

図の λds がつくる電界の x 成分は

$$dE_x = \frac{\lambda ds}{4\pi\varepsilon_0 R^2}\cos\theta = \frac{\lambda ds}{4\pi\varepsilon_0 R^2}\frac{x}{R}$$

（対称性から，$E_y = E_z = 0$ である）．円電荷がつくる電界 E は，この dE_x の式で $\lambda ds \to Q$，$R = (x^2 + a^2)^{\frac{1}{2}}$ と置き換えて，

$$電界\ E = +\frac{Q}{4\pi\varepsilon_0}\frac{x}{(x^2 + a^2)^{\frac{3}{2}}}$$

問題 8.12

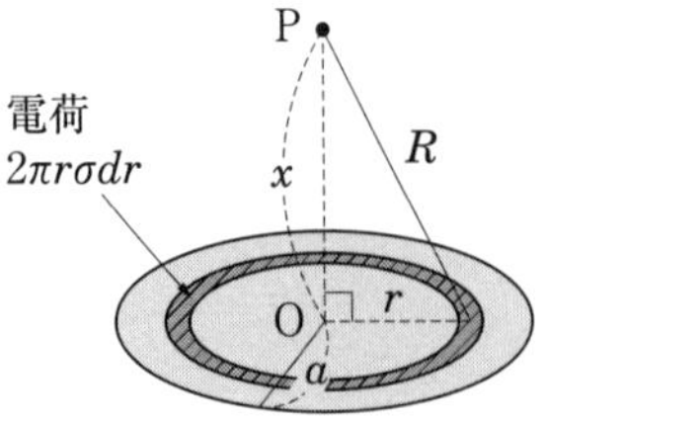

図で円の中心 O から半径 r と半径 $r+dr$ の狭い円環（面積 $2\pi rdr$）を考えると，この部分の電荷は $dQ=\sigma\times 2\pi rdr$．この dQ が点 P につくる電位 dV は，問題 8.11 の結果を $R\to(x^2+r^2)^{\frac{1}{2}}$，$Q\to dQ(=\sigma\times 2\pi rdr)$ と置き換えて

$$dV=\frac{dQ}{4\pi\varepsilon_0 R}=\frac{\sigma}{2\varepsilon_0}\frac{r}{\sqrt{r^2+x^2}}dr$$

円はこのような円環の集まりだから，dV を r について 0 から a まで積分して，電位は

$$V=\int dV=\frac{\sigma}{2\varepsilon_0}\int_0^a\frac{r}{(r^2+x^2)^{\frac{1}{2}}}dr$$
$$=\frac{\sigma}{2\varepsilon_0}\left[(r^2+x^2)^{\frac{1}{2}}\right]_{r=0}^{r=a}$$
$$=\boldsymbol{\frac{\sigma}{2\varepsilon_0}[(x^2+a^2)^{\frac{1}{2}}-x]}$$
$$=\boldsymbol{\frac{\sigma}{2\varepsilon_0}[\sqrt{x^2+a^2}-x]}$$

これから電界は

$$E=-\frac{dV}{dx}$$
$$=+\boldsymbol{\frac{\sigma}{2\varepsilon_0}\left[1-\frac{x}{(x^2+a^2)^{\frac{1}{2}}}\right]}$$

（別解）

図の円環部分の電荷 $2\pi\sigma rdr$ がつくる電界の x 成分 dE は，問題 8.11 の E の結果で $Q\to 2\pi\sigma rdr$，$a\to r$ とおいて

$$dE=\frac{\sigma x}{2\varepsilon_0}\frac{r}{(x^2+r^2)^{\frac{3}{2}}}dr$$

この dE を r について $r=0$ から $r=a$ まで積分して，

$$E=\int_0^a dE=\frac{\sigma x}{2\varepsilon_0}\int_0^a\frac{r}{(r^2+x^2)^{\frac{3}{2}}}dr$$
$$=+\frac{\sigma x}{2\varepsilon_0}\left[-(r^2+x^2)^{-\frac{1}{2}}\right]_{r=0}^{r=a}$$
$$=\boldsymbol{\frac{\sigma}{2\varepsilon_0}\left[1-\frac{x}{\sqrt{x^2+a^2}}\right]}$$

※ 無限に広い平面の場合 $(a\to\infty)$ には，（ガウスの法則を適用して求めた）電界 $E=\dfrac{\sigma}{\varepsilon_0}$ と一致する．

基本問題（電　流）

問題 8.13

(1) コンデンサーがあるため ab 間は電流が流れない．そのため，
R_1 と R_3 を流れる電流は共通で
$I_1=V/(R_1+R_3)=6/(1+3)=1.5$ A
R_2 と R_4 を流れる電流は共通で
$I_2=V/(R_2+R_4)=6/(2+4)=1.0$ A
点 G の電位が 0 だから，点 a,b の電位は
点 a: $V_{\rm a}=R_3\times I_1=3\times1.5=\mathbf{4.5\ V}$
点 b: $V_{\rm b}=R_4\times I_2=4\times1.0=\mathbf{4.0\ V}$

(2) ab 間の電位差は $V_{\rm ab}=4.5-4.0=0.5$ V だから，コンデンサー（$C=5\times10^{-6}$F）に蓄えられている電気量は
$Q=CV_{\rm ab}=\mathbf{2.5\times10^{-6}}$ C

(3) R_3 のかわりに X [Ω] の抵抗を接続したとき，a を流れる電流を $I_{\rm a}$ [A] とする．このとき点 a の電位は点 b の電位と同じだから，　$I_{\rm a}X=4\ldots$ ①
$R_1(=1\Omega)$ と X [Ω] の抵抗にかかる電圧の和は 6 V だから，$(1+X)I_{\rm a}=6\ldots$ ②
式①と②を解いて $X=\mathbf{2\ \Omega}$（$I_{\rm a}=2$ A）

問題 8.14

(1) $\boldsymbol{I=I_1+2I_2}$
(2) $\boldsymbol{V=rI_1}$（$\overrightarrow{\rm BA}$ 間の電圧降下は rI_1）
(3) $\boldsymbol{V=2rI_2}$（$\overrightarrow{\rm BC}$ 間も $\overrightarrow{\rm CA}$ 間も電流は I_2 で電圧降下は rI_2）
(4) $I_1=\boldsymbol{I/2}$，$I_2=\boldsymbol{I/4}$
(5) $R=\boldsymbol{r/2}$

標準問題（電流）

問題 8.15

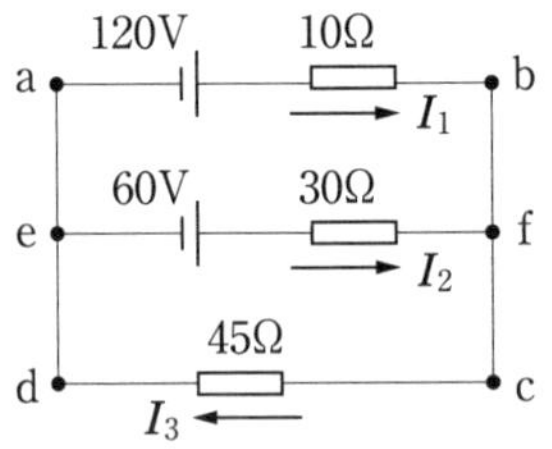

図のように，抵抗 R_1，R_2，R_3 を流れる電流をそれぞれ I_1, I_2, I_3 [A] とおいてキルヒホッフの法則を適用する．

点 f に第 1 法則を適用すると，

$I_1 + I_2 = I_3 \ldots$①

閉回路 $\overrightarrow{\mathrm{abcda}}$ にそって第 2 法則を適用すると，

$120 = 10I_1 + 45I_3$

$\therefore\ 24 = 2I_1 + 9I_3 \ldots$②

閉回路 $\overrightarrow{\mathrm{efcde}}$ にそって第 2 法則を適用すると，

$60 = 30I_2 + 45I_3$

$\therefore\ 4 = 2I_2 + 3I_3 \ldots$③

①〜③を解いて，$I_1 = \mathbf{3.0}$A，$I_2 = \mathbf{-1.0}$A，$I_3 = \mathbf{2.0}$A

（答　R_1:右向きに 3.0A，R_2:左向きに 1.0A，R_3:左向きに 2.0A）

問題 8.16

(1) スイッチ S を開いているときは下図のようになっている．$C_1 = 3\mu$F と $C_2 = 2\mu$F は直列接続だから，その合成容量 C は $\frac{1}{C} = \frac{1}{C_1} + \frac{1}{C_2}$ より，$C = 1.2\mu$F．これに電圧 $V = 6.0$V がかかっている．C_1 の一方の極に蓄えられている電気量 Q_1 は，この場合全体に蓄えられている電気量に等しい．

$\therefore Q_1 = Q = CV = \mathbf{7.2 \times 10^{-6}\ C}$

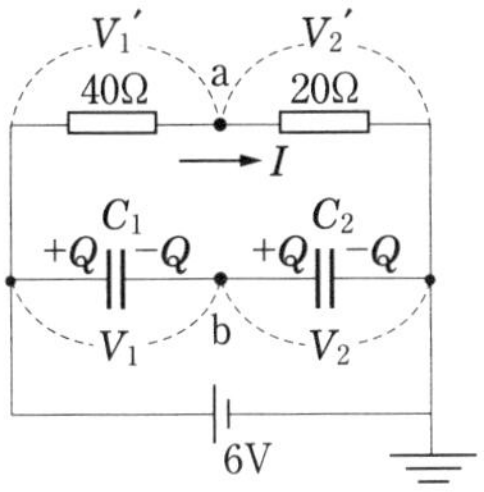

(2) スイッチ S が開いているとき，C_2 にかかる電圧 V_2 は $V_2 = Q/C_2 = 3.6$ V

抵抗 $R_1 = 40\Omega$ と $R_2 = 20\Omega$ の直列接続の回路だから，回路を流れる電流は $I = V/(R_1 + R_2) = 0.1$ A で，抵抗 R_2 にかかる電圧は $V_2' = I \times R_2 = 2.0$ V．

よって接地点 G を基準にした電位は，

a 点: $V_\mathrm{a} = V_2' = 2.0$ V （低電位）

b 点: $V_\mathrm{b} = V_2 = 3.6$ V （高電位）

よって，スイッチ S を閉じると，点 b→a へと電流が流れる．

S を閉じると，点 b の電位は点 a の電位と等しくなり，C_1，C_2 にかかる電圧は $V_1' = 4.0$V，$V_2' = 2.0$V となる（下図）．

よって，C_1 に蓄えられる電荷は

$Q_1' = C_1V_1' = 12 \times 10^{-6}$ C

C_2 に蓄えられる電荷は

$Q_2' = C_2V_2' = 4 \times 10^{-6}$ C

スイッチ S を開いているときには C_1 と C_2 の連結部分（下図の点線枠内）の電荷の和は 0 だったから，移動した電荷量は

$\Delta Q = -Q_1' + Q_2' = \mathbf{-8 \times 10^{-6}\ C}$

（答）8×10^{-6} C の電気量が b→a へと移動した．

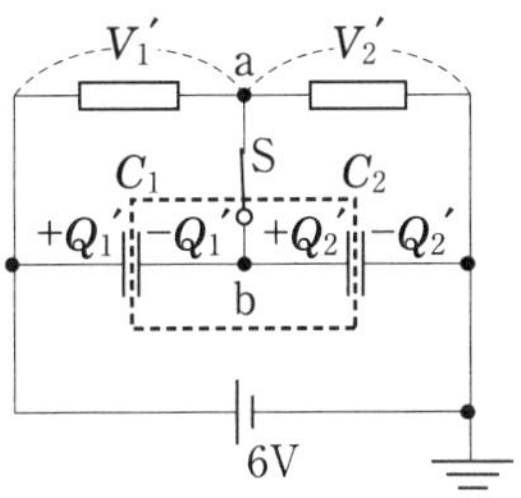

問題 8.17

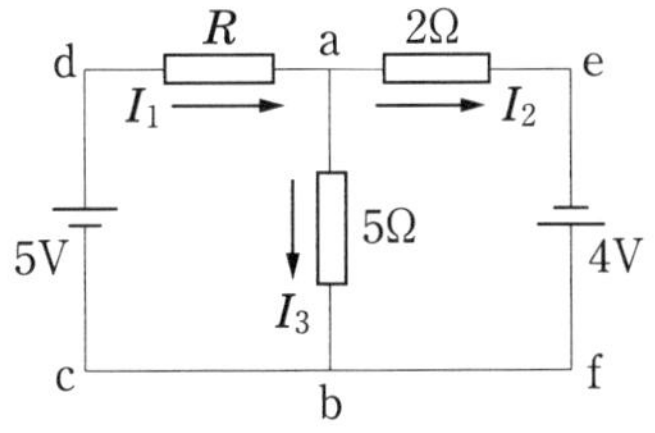

図のように電流 I_1，I_2，I_3 を取り，キルヒホッフの法則を適用すると，

点 a で $I_1 = I_2 + I_3 \ldots$①

閉回路 $\overrightarrow{\mathrm{abcda}}$ で，$5 = RI_1 + 5I_3 \ldots$②

閉回路 $\overrightarrow{\mathrm{aefba}}$ で，$4 = 2I_2 - 5I_3 \ldots$③

(1) $R = 10\Omega$ として①〜③式を解くと，

$I_3 = -\mathbf{\frac{3}{8}} = \mathbf{-0.375}$ A

電力：$P = I_3^2R_3 = \mathbf{0.703}$ W

（答）b→a へ 0.375 A の電流で，0.703W の電力

(2) $I_3 = 0$ A として①〜③式を解くと

$R = \mathbf{2.5\Omega}$ （答）

問題 8.18

(1) AC 間の電流を I，電圧を V とし，対称性を考慮して下図のように電流 I_1，I_2，I_3 を指定すると，

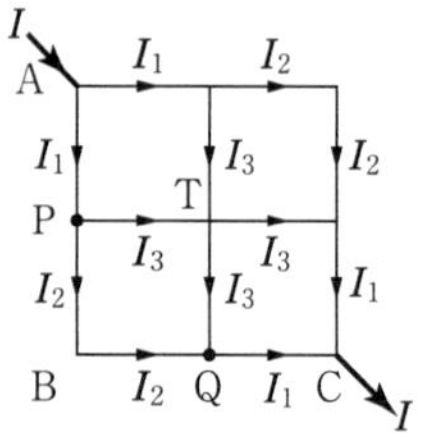

点 A で $I = 2I_1$

点 P で $I_1 = I_2 + I_3$

$\overrightarrow{\mathrm{PBQ}}$ と $\overrightarrow{\mathrm{PTQ}}$ の電圧降下：$2rI_2 = 2rI_3$

以上より $I_1 = I/2$，$I_2 = I_3 = I_1/2 = I/4$．これを

$\overrightarrow{\mathrm{APBQC}}$ の電圧降下：$V = 2rI_1 + 2rI_2$

に代入して $V = \dfrac{3}{2}rI$

$$\therefore R_1 = V/I = \boldsymbol{\frac{3}{2}r}$$

(2) AT 間の電流を I，電圧を V とし，対称性から QCR 間に電流が流れないことを考慮して下図のように電流 I_1，I_2，I_3 を指定すると，

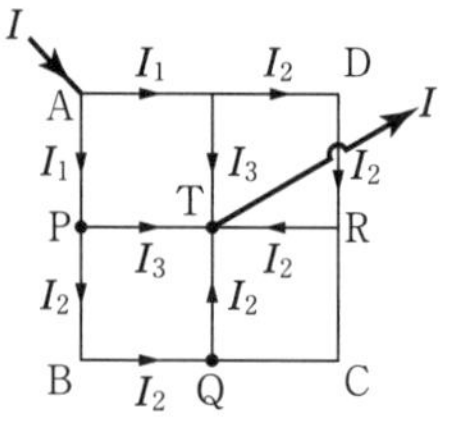

点 A で $I = 2I_1$

点 P で $I_1 = I_2 + I_3$

$\overrightarrow{\mathrm{PT}}$ と $\overrightarrow{\mathrm{PBQT}}$ の電圧降下：$3rI_2 = rI_3$

以上より $I_1 = I/2$，$I_2 = I_1/4 = I/8$，$I_3 = 3I_2 = 3I/8$．これを

$\overrightarrow{\mathrm{APT}}$ の電圧降下：$V = rI_1 + rI_3$

に代入して $V = \dfrac{7}{8}rI$

$$\therefore R_2 = V/I = \boldsymbol{\frac{7}{8}r}$$

(3) AB 間の電流を I，電圧を V とし，対称性を考慮して下図のように電流 I_1，I_2，I_3，I_4 を指定する．PT 間と TR 間の電流は 0 である．

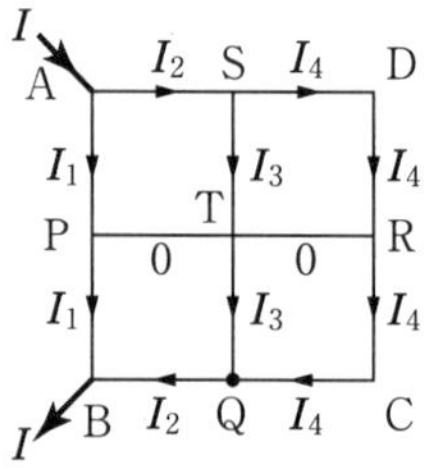

点 A で $I = I_1 + I_2$

点 Q で $I_3 + I_4 = I_2$

$\overrightarrow{\mathrm{APB}}$ と $\overrightarrow{\mathrm{ASTQB}}$ の電圧降下は等しいので　$2rI_1 = 2rI_2 + 2rI_3$

$\overrightarrow{\mathrm{STQ}}$ と $\overrightarrow{\mathrm{SDRCQ}}$ の電圧降下は等しいので　$2rI_3 = 4rI_4$

以上より $I_1 = (5/8)I$，$I_2 = (3/8)I$，$I_3 = (1/4)I$，$I_4 = (1/8)I$．これを

$\overrightarrow{\mathrm{APB}}$ の電圧降下：$V = 2rI_1$

に代入して $V = \dfrac{5}{4}rI$

$$\therefore R_3 = V/I = \boldsymbol{\frac{5}{4}r}$$

問題 8.19

AB 間の電流を I，電圧を V とし，対称性を考慮して下図のように電流 I_1，I_2 を指定すると，

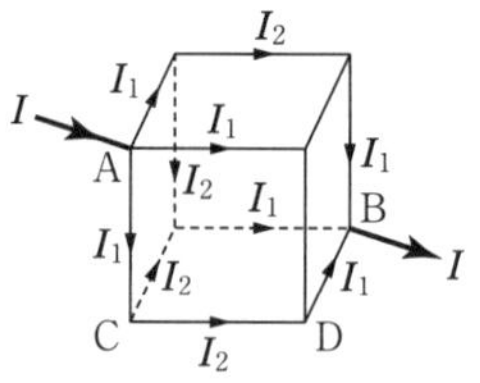

点 A で $I = 3I_1$

点 C で $I_1 = 2I_2$

以上より $I_1 = I/3$，$I_2 = I/6$．これを

$\overrightarrow{\mathrm{ACDB}}$ の電圧降下：$V = 2rI_1 + rI_2$

に代入して $V = \dfrac{5}{6}rI$

$$\therefore R = V/I = \boldsymbol{\frac{5}{6}r}$$

9. 電流がつくる磁界

問題 9.1

(1) 図のように，磁界 H は平面電流 i の上は右向き (A → B)，下は左向き (D → C) に

なる．

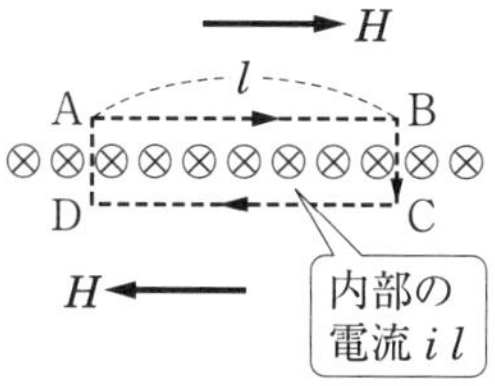

(2) 閉曲線を図の $\overrightarrow{\mathrm{ABCDA}}$（辺 AB の長さ l の長方形）にとり線積分する．対称性から，$\overrightarrow{\mathrm{BC}}$ と $\overrightarrow{\mathrm{DA}}$ の部分の寄与はない．$\overrightarrow{\mathrm{AB}}$ と $\overrightarrow{\mathrm{CD}}$ では，磁界 H の向きと積分経路の向きが一致するから，それぞれ Hl（合計 $2Hl$）の寄与を与える．長方形内を貫く電流は il だから，アンペールの法則を適用して，

$$2Hl = il \quad \therefore \quad H = \boldsymbol{i/2}\ [\mathrm{A/m}]$$

問題 9.2

図のように，それぞれ N 極と S 極をもつ 2 つの磁石になる．

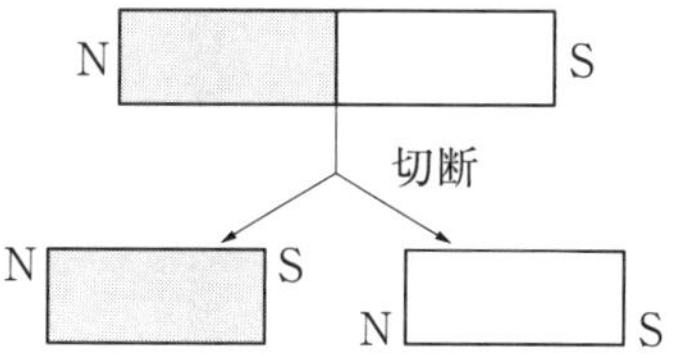

問題 9.3

図のように，それぞれのくぎが N 極と S 極をもつ磁石になり（磁化），くっついている．

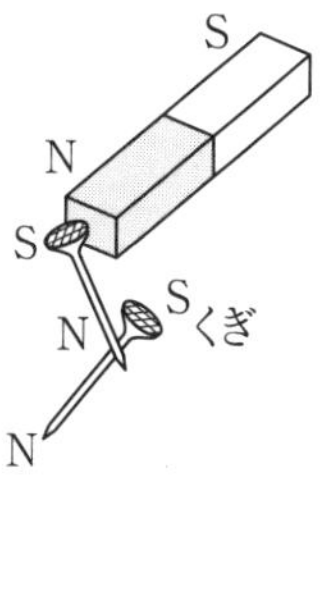

問題 9.4

図の通り．

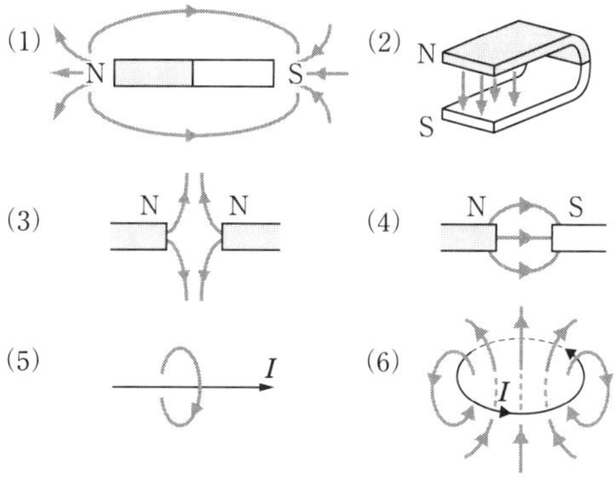

問題 9.5

(1) ②

(2) ①

(3) ③

(4) ①

問題 9.6

図のように半径 R の円を閉曲線にとれば，磁界 H は積分経路にそっているから，$\oint H ds = 2\pi RH$ [A]．一方，閉曲線内を貫く電流は NI [A]．アンペールの法則より $2\pi RH = NI$．

$\therefore$内部の磁界 $H = \boldsymbol{NI/2\pi R}$

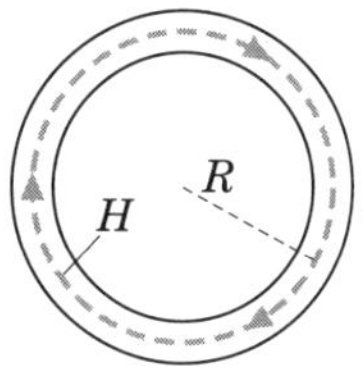

（別解） 単位長さあたり導線の巻き数 $n = N/2\pi R$．トロイドはソレノイドの両端をくっつけたものだから，

内部の磁界 $H = nI = \boldsymbol{NI/2\pi R}$

10. 電流が磁界から受ける力

問題 10.1

(1) 下向き

(2) 上向き

(3) 上向き

(4) 下向き

問題 10.2

①電流の向き，②磁界の向き，③親指，

④鉛直下向き

問題 10.3

① $-x$ の方向

問題 10.4

① $F = lI \times B = 0.5 \times 10 \times 3 \times 10^{-5} = \mathbf{1.5 \times 10^{-4}}$ N

②東向き

問題 10.5

(1) $H = \dfrac{I}{2\pi r}$ $\therefore B = \mu_0 H = \boldsymbol{\dfrac{\mu_0 I}{2\pi r}}$

(2) テスラ

(3) $B = \mu_0 H = \boldsymbol{\dfrac{\mu_0 I}{2\pi r}} = \dfrac{4\pi \times 10^{-7} \times 5.0}{2\pi \times 0.4} = \mathbf{2.5 \times 10^{-6}}$ T

問題 10.6

①引力，②反発力

問題 10.7

①（電界から受ける力 qE）＝（ローレンツ力 qvB）より，$B = \boldsymbol{E/v}$ [T]

②向きは ⊗（紙面表から裏へ）

問題 10.8

(1) 磁界（磁束密度）の向きは，右ねじの法則から，⊙（紙面裏から表へ）．
磁束密度の大きさは $B = \mu_0 H = \dfrac{\mu_0 I_A}{2\pi r} = \dfrac{4\pi \times 10^{-7} \times 3.0}{2\pi \times 0.12} = \mathbf{5.0 \times 10^{-6}}$ **T.**

(2) 力の向きは（フレミングの左手の法則から）B→ A（**A に引き寄せられる方向**）．
力の大きさは $F = lI \times B = 1.0 \times 6.0 \times 5.0 \times 10^{-6} = \mathbf{3.0 \times 10^{-5}}$ **N.**

問題 10.9

(1) フレミングの左手の法則を適用すると磁界の向きは，⊙（紙面裏から表へ）．ただし，「電流の向き」は電子の運動の向き反対であること，力は円の中心の向きで円運動の向心力になっていること，に注意．

(2) 電子にはたらくローレンツ力の大きさ $f = evB = 1.6 \times 10^{-19} \times 8.0 \times 10^6 \times 5.0 \times 10^{-4} = \mathbf{6.4 \times 10^{-16}}$ N.

(3) ローレンツ力が向心力となっているから，電子の円運動の方程式：(質量×向心加速度)＝(向心力) は，$m\dfrac{v^2}{r} = evB$．よって，
半径 $r = \dfrac{mv}{eB} = \dfrac{9.0 \times 10^{-31} \times 8.0 \times 10^6}{1.6 \times 10^{-19} \times 5.0 \times 10^{-4}}$
$= \mathbf{9.0 \times 10^{-2}}$ m.

(4) 周期 $T = \dfrac{2\pi r}{v} = \dfrac{2\pi \times 9.0 \times 10^{-2}}{8.0 \times 10^6}$
$= \mathbf{7.1 \times 10^{-8}}$ s.

11. 電磁誘導

問題 11.1

(1) **A → B**（コイル内で右向きの磁界が強まるので，レンツの法則より，誘導電流のつくる磁界は左向き）

(2) **B → A**（コイル内の右向きの磁界が弱まるので，誘導電流のつくる磁界は右向き）

(3) **A → B**（左側のコイルのつくる右向きの磁界が右側のコイルに突然侵入するので，右側のコイルの誘導電流のつくる磁界は左向き）

(4) **流れない**（磁界の変動がないから）

(5) **B → A**（左側のコイルのつくる右向きの磁界が弱まるので，右側のコイルの誘導電流のつくる磁界は右向き）

問題 11.2

① 電磁誘導

② 比例

③ 磁束

④ ファラデーの電磁誘導（の法則）

問題 11.3

① 右（向き）

② レンツ

③ a（の向き）

問題 11.4

① ローレンツ力

② evB

③ P → Q

④ vB

⑤ vBl

⑥ Q → P

⑦ 誘導電流

⑧ 誘導起電力

⑨ vl

⑩ 磁束

⑪ 反対（逆）

⑫ レンツ

問題 11.5

① b（上向きの磁束が減少するので，誘導電流は上向きの磁界をつくろうとする）

② a（下向きの磁束が減少するので，誘導電流は下向きの磁界をつくろうとする）

③ b（上向きの磁束が増加するので，誘導電流は下向きの磁界をつくろうとする）

問題 11.6

(1) $V = Blv = 0.4 \times 0.3 \times 2.0 = \mathbf{0.24}$ V.

(2) 起電力の向き：**Q → P**（誘導電流が閉回路内に $\otimes$ 向きの磁界をつくる）．電位：**P が高い**．(PQ は P が+，Q が−の「電池」として R に電流を流す)．

(3) $I = V/R = 0.24/5.0 = \mathbf{0.048}$ A.

12. 自己誘導・相互誘導

問題 12.1

① 自己誘導

② $V = -L\dfrac{dI}{dt}$

③ 自己インダクタンス

④ ヘンリー

⑤ V·s/A

⑥ 妨げる

問題 12.2

$$V = -L\frac{\Delta I}{\Delta t} = -30. \times \frac{(0-0.05)}{(0.01-0)} = \mathbf{150}\ \mathrm{V}.$$

問題 12.3

$V_2 = -M\dfrac{\Delta I_1}{\Delta t}$ に代入して，(その絶対値は)

$2.4 = M \times 6.0 \quad \therefore M = \mathbf{0.4}$ H.

問題 12.4

(1) $I = E/R = 3.0/6.0 = \mathbf{0.5}$ A.

(2) $E - L\dfrac{dI}{dt} = IR$

(3) $t = 0$ [s] で $I = 0$ [A]，$\frac{dI}{dt} = 0.20$ [A/s] だから $E - L\dfrac{\Delta I}{\Delta t} = 0$ に代入して，$3.0 - L \times 0.2 = 0 \therefore L = \mathbf{15}$ H.

(4) $\tau = L/R = 15/6.0 = \mathbf{2.5}$ s.

問題 12.5

図の通り．

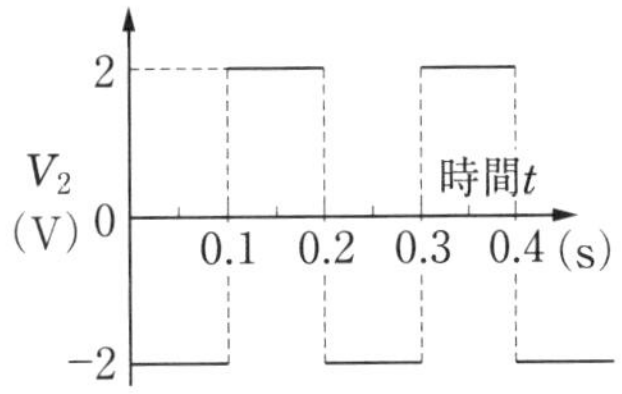

13. 交流

問題 13.1

① $V_e = 100$ [V] だから，最大電圧 $V_0 = V_e\sqrt{2} = 100\sqrt{2} = 141$[V]．$f = 50$[Hz] だから角周波数 $\omega = 2\pi f = 100\pi = 314$[rad/s].

$\therefore \quad V = V_0 \sin\omega t = V_0 \sin 2\pi f t$

$= \mathbf{100\sqrt{2}\sin 100\pi t = 141 \sin 314 t}$ [V]

② 実効電流 $I_e = V_e/R = 100/20 = \mathbf{5.0}$ [A]

③ 最大電流 $I_0 = I_e\sqrt{2} = 5.0\sqrt{2} = 7.1$ [A]

$\therefore I = \mathbf{5\sqrt{2}\sin 100\pi t = 7.1 \sin 314 t}$ [A]

問題 13.2

(1) ① $f = 50$ Hz $\therefore T = 1/f = \mathbf{0.020}$ [s]

② $\omega = 2\pi f = \mathbf{100\pi} = \mathbf{314}$ [rad/s]

(2) ③ $I_e = P/V_e = 40/100 = \mathbf{0.40}$ [A]

(3) ④ 流れない

⑤ $Z = \dfrac{\mathbf{1}}{\boldsymbol{\omega C}}$ [Ω]

⑥ $I_e = V_e/Z = \omega C V_e = 2\pi f C V_e = 100\pi \times 20 \times 10^{-6} \times 100 = \mathbf{0.2\pi} = \mathbf{0.63}$[A]

(4) ⑦ $Z = \boldsymbol{\omega L}$ [Ω]

⑧ $I_e = V_e/Z = Ve/\omega L = Ve/(2\pi f L)$

$= 100/(100\pi \times 0.2) = \mathbf{5/\pi} = \mathbf{1.59}$ [A]

問題 13.3

① $Q(t) = \boldsymbol{CV(t)}$

② $I = \dfrac{\boldsymbol{\Delta Q}}{\boldsymbol{\Delta t}}$

③ 0

④ 最大（極大）

⑤ $\frac{\pi}{2}$

⑥ 進む

⑦ $I = \boldsymbol{2\pi f C V_0 \cos 2\pi f t}$

⑧ $I_0 = \boldsymbol{2\pi f C V_0}$

⑨ $Z = V_0/I_0 = \boldsymbol{1/2\pi f C}$

問題 13.4

$$P = \frac{1}{T}\int_0^T V(t)I(t)dt$$
$$= \frac{V_0I_0}{T}\int_0^T \sin\omega t\sin(\omega t-\phi)dt$$
$$= \frac{V_0I_0}{2T}\int_0^T [\cos\phi-\cos(2\omega t-\phi)]dt$$
$$= \frac{V_0I_0}{2T}\times\cos\phi\times T = \frac{V_0I_0}{2}\cos\phi$$

問題 13.5

(1) $X = V_0 - I_0(\omega L\sin\phi + R\cos\phi)$

$Y = I_0(R\sin\phi - \omega L\cos\phi)$

(2) $Y=0$ より $\tan\phi = \boldsymbol{\frac{\omega L}{R}}$

$\frac{1}{\cos^2\phi} = 1+\tan^2\phi = 1+\left(\frac{\omega L}{R}\right)^2$ より

$$\cos\phi = \boldsymbol{\frac{R}{\sqrt{R^2+(\omega L)^2}}}$$

この結果を条件 $X=0$ に使って，

$Z = \frac{V_0}{I_0} = R\cos\phi + \omega L\sin\phi$

$= \cos\phi\,(R+\omega L\tan\phi)$

$= \boldsymbol{\sqrt{R^2+(\omega L)^2}}$

14. 電磁波

問題 14.1

図の通り．

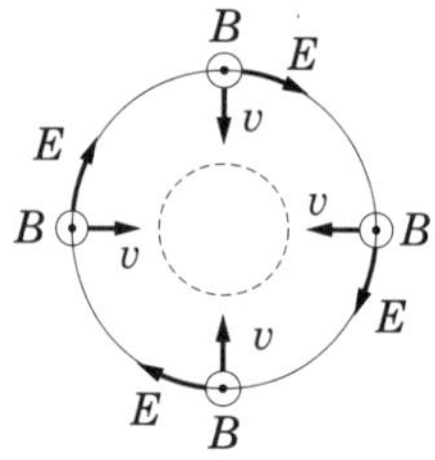

問題 14.2

① $v = \frac{1}{\sqrt{\varepsilon_0\mu_0}}$

② $\varepsilon_0 = \frac{1}{\mu_0 v^2} = \frac{10^7}{4\pi v^2}$

$=\boldsymbol{8.8\times10^{-12}}$ F/m

③ $k = \frac{1}{4\pi\varepsilon_0} = v^2\times10^{-7}$

$= \boldsymbol{9.0\times10^{9}}$ $\mathrm{N{\cdot}m^2/C^2}$

④ $\varepsilon_r = \boldsymbol{n^2}$

問題 14.3

(1) $C = \frac{\varepsilon_0 S}{d} = \boldsymbol{\frac{\varepsilon_0\pi a^2}{d}}$

(2) $Q(t) = CV(t) = \frac{\varepsilon_0\pi a^2}{d}V_0\sin\omega t$

(3) $I(t) = \frac{dQ}{dt} = \frac{\pi\varepsilon_0 a^2}{d}\omega V_0\cos\omega t$

(4) アンペールの法則 $\oint Bds = \mu_0 I$ より

$2\pi rB(t) = \mu_0 I(t)$

$\therefore B(t) = \frac{\varepsilon_0\mu_0 a^2}{2rd}\omega V_0\cos\omega t$

(5) $E(r) = \frac{V(t)}{d} = \frac{V_0}{d}\sin\omega t$

(6) アンペール・マクスウェルの法則で $I=0$ の場合，$\oint Bds = \mu_0\varepsilon_0\frac{d}{dt}\int EdS$.

- $r\geq a$ で $2\pi rB(t) = \mu_0\varepsilon_0\times\pi a^2\frac{dE}{dt}$

  $\therefore B(t) = \frac{\mu_0\varepsilon_0 a^2}{2rd}\omega V_0\cos\omega t$

- $r<a$ で $2\pi rB(t) = \mu_0\varepsilon_0\times\pi r^2\frac{dE}{dt}$

  $\therefore B(t) = \frac{\mu_0\varepsilon_0 r}{2d}\omega V_0\cos\omega t$

※ 変位電流がつくる磁界 $B(t)$ は，$r\geq a$ で導線部分がつくる磁界（(4) の $B(t)$）と一致する．

15. 問題演習（電流と磁界・電磁誘導と交流）

基本問題（電流と磁界）

問題 15.1

① $H = \boldsymbol{\frac{I}{2\pi d}}$ [A/m]

② 透磁率

③ 1T=1**N/Am** （← 電磁力 $F=lIB$ から）

④ $\mu = B/H$ から μ の単位は

(N/Am)/(A/m)= $\mathbf{N/A^2}$

⑤ $F = \boldsymbol{\frac{\mu I^2}{2\pi d}l}$ [N]

⑥ $\mu_0 = \boldsymbol{4\pi\times10^{-7}}$ [N/A^2]

問題 15.2

パイプには重力 mg と垂直抗 N がはたらき，図のようにはたらく電磁力 $F=lIB\cdots$①とつりあっている．つりあい条件は，

水平：$N\sin\theta = F\cdots$②

鉛直：$N\cos\theta = mg\cdots$③

①～③から，電流の大きさ $I = \frac{mg}{Bl}\tan\theta$ で，向きは ⊙ (P→Q)

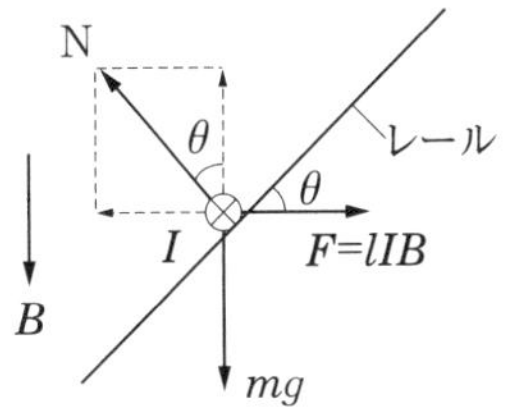

問題 15.3

半直線部分はその延長線上に磁界をつくらない．円電流が作る磁界は $I/2a$ だから，半円電流がつくる磁界は $H = \boldsymbol{\dfrac{I}{4a}}$ で，向きは ⊙

問題 15.4

(1) 磁界の大きさ $H = \boldsymbol{\dfrac{I_1}{2\pi r}}$，向き ⊗

(2) 辺 PS では磁界の大きさが $H_{\mathrm{P}} = \frac{I_1}{2\pi r}$ だから，電流が受ける力の
大きさ $F_{\mathrm{P}} = \mu_0 H_{\mathrm{P}} I_2 a = \boldsymbol{\dfrac{\mu_0 I_1 I_2 a}{2\pi r}}$
向きは **P←Q**（L に引き付けられる向き）

(3) 辺 QR では磁界の大きさが $H_{\mathrm{Q}} = \frac{I_1}{2\pi(r+b)}$ だから，受ける力の
大きさ $F_{\mathrm{Q}} = \mu_0 H_{\mathrm{Q}} I_2 a = \boldsymbol{\dfrac{\mu_0 I_1 I_2 a}{2\pi(r+b)}}$
向きは **P→Q**（L から遠ざかる向き）

(4) 辺 PQ が受ける上向きの力と辺 RS が受ける下向きの力はつりあう．結局，コイルが受ける力は全体として向きは **P← Q**（L に引き付けられる向き）で，
大きさ $F = F_{\mathrm{P}} - F_{\mathrm{Q}} = \boldsymbol{\dfrac{\mu_0 I_1 I_2 ab}{2\pi r(r+b)}}$

問題 15.5

(1) ローレンツ力の大きさ $f = \boldsymbol{evB}$

(2) 円運動の方程式 $\boldsymbol{m\dfrac{v^2}{r} = evB}$

(3) エネルギーの原理より $\boldsymbol{\dfrac{1}{2}mv^2 = eV}$

(4) (2) と (3) の式より v を消去して
$$\frac{e}{m} = \boldsymbol{\frac{2V}{(Br)^2}}$$

(5) (2) の式より，$mv = evB$
よって $T_1 = \dfrac{\pi r}{v} = \boldsymbol{\dfrac{\pi m}{eB}}$
（T_1 は m，e，B だけで決まり r にも V にもよらない）

基本問題（電磁誘導と交流）

問題 15.6

棒 PQ は起電力 Blv の電池と同じはたらきをする（P が正極，Q が負極）．そのため図に示すように $\overrightarrow{\mathrm{abQP}}$ に電流 $I_1 = V/R_1$，$\overrightarrow{\mathrm{dcQP}}$ に電流 $I_2 = V/R_2$ が流れる．結局，導体棒に流れる電流は **Q→P** の向きに
$$I = I_1 + I_2 = \boldsymbol{Blv\left(\frac{1}{R_1} + \frac{1}{R_2}\right)}$$

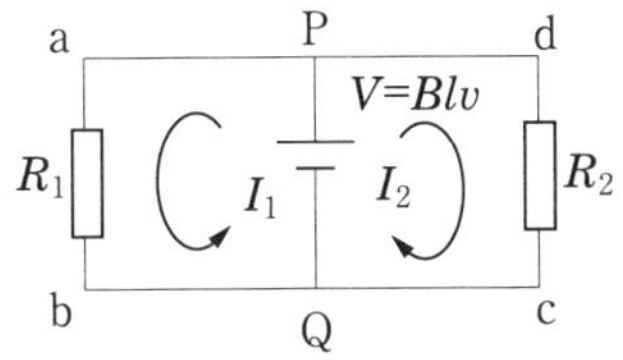

問題 15.7

$V(t) = V_0 \sin 2\pi ft = 100\sqrt{2}\sin 120\pi t$ [V]
電力 $P = V_e I_e = \frac{V_e^2}{R}$ より $R = V_e^2/P = 20\ \Omega$
$$\therefore\quad I(t) = \frac{V(t)}{R} = \boldsymbol{5\sqrt{2}\sin 120\pi t}\ [\mathrm{A}]$$

問題 15.8

$V_e = 100$ V，$\omega = 2\pi f = 50 = 100\pi$ [rad/s]

(1) $Z = R = 20\Omega \therefore I_e = \dfrac{V_e}{Z} = \mathbf{5.0}\mathrm{A}$

(2) $Z = \omega L = 100\pi \times 4.0 = 400\pi\ \Omega$
$\therefore I_e = \dfrac{V_e}{Z} = \dfrac{1}{4\pi} = \mathbf{0.080}\mathrm{A}$

(3) $Z = \dfrac{1}{\omega C} = \dfrac{1}{8\pi \times 10^{-4}}\ \Omega$
$\therefore I_e = \dfrac{V_e}{Z} = 8\pi \times 10^{-2} = \mathbf{0.25}\mathrm{A}$

問題 15.9

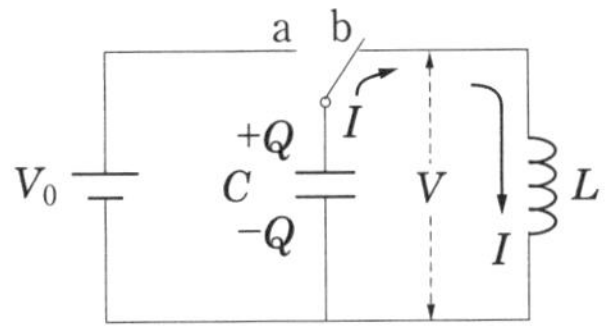

(1) コンデンサーの電荷 $Q_0 = \boldsymbol{CV_0}$
蓄えられていたエネルギー $U = \boldsymbol{\dfrac{1}{2}CV_0^2}$

(2) 図のように，スイッチを切りかえてから t 秒後に回路を流れている電流を I，コンデンサーにかかっている電圧を V，蓄えられている電荷を Q とすると，
電荷と電流の関係: $\dfrac{dQ}{dt} = -I \ldots$ ①
コンデンサーの基本式: $Q = CV \ldots$ ②
コイルに生じる逆起電力が $-L\frac{dI}{dt}$ だから
$V - L\dfrac{dI}{dt} = 0 \ldots$ ③　式①～③より

微分方程式 $\frac{d^2Q}{dt^2} = -\frac{1}{LC}Q$

を得る．これは単振動をする物体の運動方程式と同じ構造を持ち，その角周波数は $\omega = \frac{1}{\sqrt{LC}}$ である．$t = 0$ で $Q = Q_0$，$I = -\frac{dQ}{dt} = 0$ となる条件から，解は，

$Q = Q_0 \cos\omega t$

$I = I_0 \sin\omega t = \omega CV_0 \sin\omega t$

と求まる．よって，

周波数 $f = \frac{\omega}{2\pi} = \boldsymbol{\frac{1}{2\pi\sqrt{LC}}}$，

電流の最大値 $I_0 = \boldsymbol{\omega CV_0}$

(3) コンデンサー：$E_C = \frac{Q^2}{2C} = \frac{1}{2}CV_0^2\cos^2\omega t$

コイル $E_L = \frac{1}{2}LI^2 = \frac{1}{2}CV_0^2\sin^2\omega t$

よってエネルギーの和は

$E_C + E_L = \frac{1}{2}CV_0^2$ で，常に一定

問題 15.10

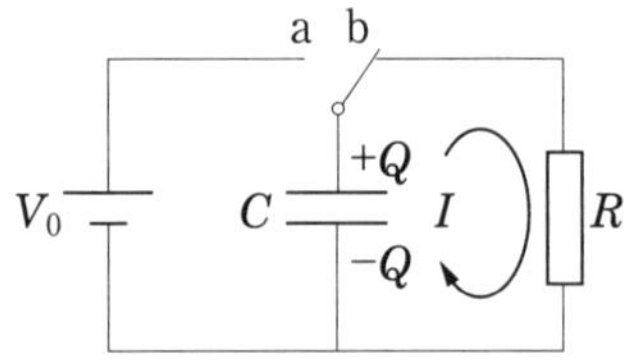

(1) コンデンサーの電荷を $Q(t)$ とすれば，

$\frac{dQ}{dt} = -I \cdots ①$

一方 $V = IR$ と $Q = CV$ より

$\frac{Q}{C} = IR \cdots ②$

式①と②より，$\frac{dI}{dt} = -\frac{1}{RC}I \cdots ③$

$t = 0$ で $I = I_0 = V_0/R$ となる③の解は

$I = I_0 \exp\left(-\frac{1}{RC}t\right) = \boldsymbol{\frac{V_0}{R}\exp\left(-\frac{1}{RC}t\right)}$

(2) 抵抗で消費される全エネルギーは

$W = \int RI^2 dt = R\int_0^\infty I_0^2 e^{-\frac{2}{RC}t}dt$

$= RI_0^2\left[-\frac{RC}{2}e^{-\frac{2}{RC}t}\right]_0^\infty$

$= RI_0^2 \times \frac{RC}{2} = \boldsymbol{\frac{1}{2}CV_0^2}$

これははじめにコンデンサーにあったエネルギー $CV_0^2/2$ に等しい．

問題 15.11

$N_1V_1 = N_2V_2$ より $V_2 = \boldsymbol{\frac{N_1}{N_2}V_1}$

問題 15.12

(1) 電力 $P = VI$ だから電流 $I = \boldsymbol{\frac{P}{V}}$ [A]

抵抗 R を電流 I が流れているから，浪費される電力は $\boldsymbol{RI^2 = R\left(\frac{P}{V}\right)^2}$ [W]

(2) 電圧が V' のとき電力損失が 1/100 になるとすると，$\left(\frac{P}{V'}\right)^2 R = \frac{1}{100}\left(\frac{P}{V}\right)^2 R$

よって $V' = 10V$　∴ **10 倍**

標準問題

問題 15.13

誘導起電力 V によってコイルに流れる電流は $I = \frac{V}{R} = -\frac{1}{R}\frac{d\Phi}{dt}$．一方 $I = \frac{dQ}{dt}$ だから，

$\frac{dQ}{dt} = -\frac{1}{R}\frac{d\Phi}{dt}$　　∴　$dQ = -\frac{1}{R}d\Phi$

これを積分して，Φ が Φ_1 から Φ_2 へと変化する間に流れる電気量は

$Q = -\frac{1}{R}\int_{\Phi_1}^{\Phi_2} d\Phi = \boldsymbol{\frac{1}{R}[\Phi_1 - \Phi_2]}$.

（途中の負の符号は，電流の向きを示す）

問題 15.14

速さ $v = 8.0 \times 10^6$ m/s，半径 $r = 0.050$ m，

質量 $m = 9.0 \times 10^{-31}$ kg，

電荷 $e = 1.6 \times 10^{-19}$ C として，

(1) 周期 $T = \frac{2\pi r}{v} = \boldsymbol{3.9 \times 10^{-8}}$ **s**

(2) 運動エネルギー

$K = \frac{1}{2}mv^2 = \boldsymbol{2.9 \times 10^{-17}}$ **J**

(3) $\frac{1}{2}mv^2 = eV$ より，

電圧 $V = \frac{mv^2}{2e} = \boldsymbol{180}$ **J**

(4) ローレンツ力が円運動をしている電子にはたらく向心力だから**力の向きは円の中心 O の向きで**，その大きさは，

$f = evB = m\frac{v^2}{r} = \boldsymbol{1.2 \times 10^{-15}}$ **N.**

(5) **磁束密度の向きは⊗**で，その大きさは，

$B = \frac{mv}{er} = \boldsymbol{9.0 \times 10^{-4}}$ T

問題 15.15

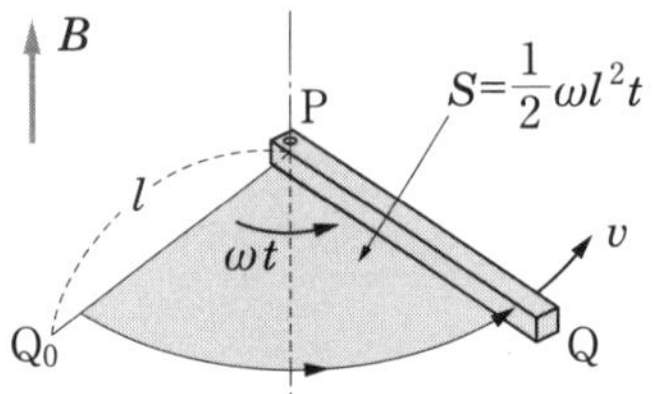

（解法 1）図のように，時間 t の間に PQ_0 から PQ へと回転移動したとすると，その間に棒 PQ が掃く面積（中心角 ωt の扇形）は $S=\frac{1}{2}\omega l^2 t$　これから，誘電起電力の大きさは $V=\frac{d(BS)}{dt}=\frac{1}{2}\omega Bl^2$

掃いた部分の枠を誘導電流が流れると仮想すると，（扇形の磁束増加を打ち消すように）下向きに磁界をつくる向きに流れる．つまり，誘導電流は $Q_0 \to P \to Q \to Q_0$ の向き．このとき（PQ を「電池」と考えると外部では Q から P へと電流が流れるから）Q の方が高電位．$\therefore$ **Q の方が $\boldsymbol{\frac{1}{2}\omega Bl^2}$ 高電位．**

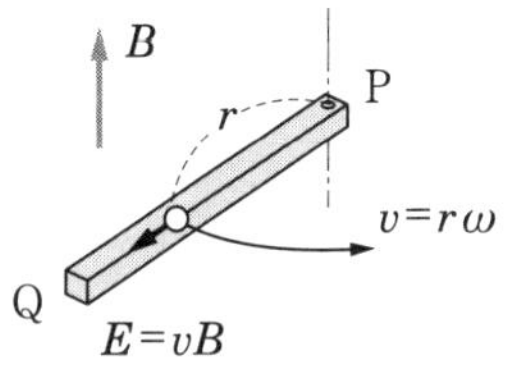

（解法 2）図のように，回転する棒の中心 P から距離 r の部分の速さは $v=r\omega$ だから，そこにある電荷 q には $f=qvB$ のローレンツ力がはたらく．つまり誘電電界 $E=vB=r\omega B$ が生じている．それを積分して PQ 間の電位差は $V=\int_0^l E dr=\int_0^l r\omega B dr=\boldsymbol{\frac{1}{2}l^2\omega B}$

誘導電界の向きは P→Q.（「電池」として PQ を考えて）**Q の方が高電位.**

問題 15.16

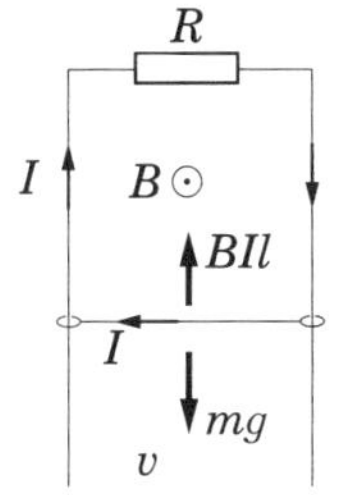

磁界中を速さ v で落下する導体棒 PQ には誘導起電力 $V=Blv$ が生じ，図のように，電流 $I=\frac{V}{R}=\frac{Blv}{R}$ が流れる．このため PQ は磁界中で電磁力 $F=BIl=\frac{(Bl)^2}{R}v$ を上向きに受ける．このとき PQ に対する運動方程式は

$$m\frac{dv}{dt}=mg-\frac{(Bl)^2}{R}v$$

ここで $\frac{(Bl)^2}{R}=mk$ とおくと，運動方程式は

$$\frac{dv}{dt}=g-kv$$

となり，変数分離型の微分方程式である．

$\frac{dv}{kv-g}=-dt$ より $\frac{1}{k}\log(kv-g)=-t+C$

$\therefore \log(kv-g)=-kt+C'$ より $v=\frac{1}{k}(Ae^{-kt}+g)$

ここで，C，C'，A は積分定数である．初期条件（$t=0$ で $v=0$）より，$A=-g$ と定まり，$k=\frac{(Bl)^2}{mR}$ を代入すると

$$v=\frac{g}{k}(1-e^{-kt})$$
$$=\boldsymbol{\frac{mgR}{(Bl)^2}\left[1-e^{-\frac{(Bl)^2}{mR}t}\right]}$$

を得る．（結果を得たら，t が充分小さいとき $v=gt$ となること，$t\to\infty$ で $v=\frac{mgR}{(Bl)^2}$ の極限値をとること，などの漸近形や極値・単位を確かめておく習慣をつけること．）

問題 15.17

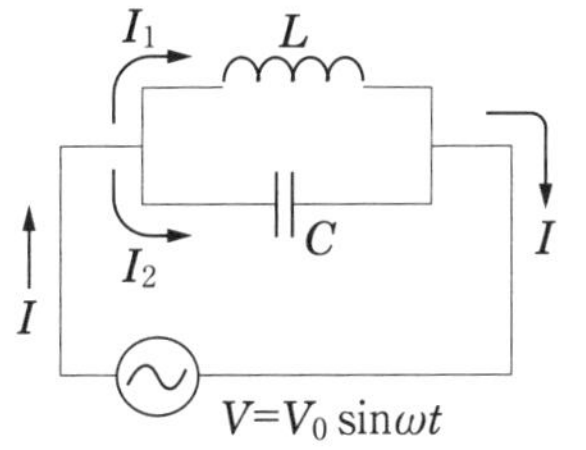

図で $L\frac{dI_1}{dt}=V_0\sin\omega t$ より $I_1=-\frac{V_0}{\omega L}\cos\omega t$

また $I_2=\frac{dQ}{dt}=\frac{d}{dt}CV_0\sin\omega t=\omega CV_0\cos\omega t$

したがって

$$I=I_1+I_2=\boldsymbol{\left(\omega C-\frac{1}{\omega L}\right)V_0\cos\omega t}$$

常に回路に電流が流れないときの ω は

$$\omega C-\frac{1}{\omega L}=0 \text{ より，} \omega=\boldsymbol{\frac{1}{\sqrt{LC}}}$$

（参考）複素インピーダンスによる解法（コーヒーブレイクの項参照）

$$\frac{1}{\tilde{Z}}=j\omega L+\frac{1}{j\omega C}=\frac{1-\omega^2 CL}{j\omega L}$$

$$\therefore \tilde{Z}=\frac{j\omega L}{1-\omega^2 CL}$$

これより $Z=\frac{\omega L}{1-\omega^2 CL}$ で $\phi=\pi/2$

$$I=\frac{V_0}{Z}\sin\left(\omega t-\frac{\pi}{2}\right)=\left(\omega C-\frac{1}{\omega L}\right)V_0\cos\omega t$$

問題 15.18

(1) $L\frac{d^2I}{dt^2}+R\frac{dI}{dt}+\frac{1}{C}I-\omega V_0\cos\omega t=0$

(2) $X=\left(\omega^2 L-\frac{1}{C}\right)\cos\phi-\omega R\sin\phi$

$Y=I_0\left[\left(\omega^2 L-\frac{1}{C}\right)\sin\phi+\omega R\cos\phi\right]-\omega V_0$

(3) $X = 0$ とおいて，$\tan\phi = \dfrac{\boldsymbol{\omega L - \frac{1}{\omega C}}}{\boldsymbol{R}}$.

次に $Y = 0$ とおいて，

$$Z = \frac{V_0}{I_0} = \left(\omega L - \frac{1}{\omega C}\right)\sin\phi + R\cos\phi$$

$$= \cos\phi\left[\left(\omega L - \frac{1}{\omega C}\right)\tan\phi + R\right]$$

この式に $\tan\phi = \dfrac{\omega L - \frac{1}{\omega C}}{R}$ および

$$\cos\phi = \frac{R}{\sqrt{R^2 + \left(\omega L - \frac{1}{\omega C}\right)^2}}$$ を代入する．

（ただし 2 番目の式は $\dfrac{1}{\cos^2\phi} = 1 + \tan^2\phi = 1 + \left(\dfrac{\omega L - \frac{1}{\omega C}}{R}\right)^2$ より導かれる）

結果は $Z = \boldsymbol{\sqrt{R^2 + \left(\omega L - \frac{1}{\omega C}\right)^2}}$

付　　録

A.　基本的な単位

	量	単位名	記号		量	単位名	記号
基本単位	長さ	メートル	m	その他	平面角	度	°
	質量	キログラム	kg			ラジアン	rad
	時間	秒	s		温度	セルシウム度	℃
	電流	アンペア	A		温度差	ケルビン	K
	熱力学的温度	ケルビン	K				
	物質量	モル	mol				

B.　組　立　単　位

量	単位名	記号	単位の間の関係
速度	メートル毎秒	m/s	
加速度	メートル毎秒毎秒	m/s^2	
角速度，角振動数	ラジアン毎秒	rad/s	
回転数，振動数 周波数	ヘルツ	Hz	1 Hz = 1/s
力	ニュートン	N	$1\,N = 1\,kg \cdot m/s^2$
	重量キログラム	kgw	$1\,kgw \fallingdotseq 9.80\,N$
力積	ニュートン・秒	$N \cdot s$	
運動量	キログラム・メートル毎秒	$kg \cdot m/s$	$1\,kg \cdot m/s = 1\,N \cdot s$
仕事 エネルギー	ジュール	J	$1\,J = 1\,N \cdot m$
	重量キログラム・メートル	$kgw \cdot m$	$1\,kgw \cdot m \fallingdotseq 9.80\,J$
	電子ボルト	eV	$1\,eV \fallingdotseq 1.60 \times 10^{-19}\,J$
仕事率	ワット	W	$1\,W = 1\,J/s$
	重量キログラム・メートル毎秒	$kgw \cdot m/s$	$1\,kgw \cdot m/s \fallingdotseq 9.80\,W$
圧　力	ニュートン毎平方メートル（= パスカル）	$N/m^2 (= Pa)$	
	気圧	atm	$1\,atm \fallingdotseq 1.01 \times 10^5\,N/m^2$
	ヘクトパスカル	hPa	$1\,hPa = 100\,N/m^2$
熱量	ジュール	J	
	カロリー	cal	$1\,cal \fallingdotseq 4.19\,J$
熱容量	ジュール毎ケルビン	J/K	
比熱	ジュール毎グラム毎ケルビン	$J/g \cdot K$	
	カロリー毎グラム毎ケルビン	$cal/g \cdot K$	
モル比熱	ジュール毎モル毎ケルビン	$J/mol \cdot K$	

量	単　位　名	記　号	単位の間の関係
電気量	クーロン	C	$1\,C = 1\,A \cdot s$
電位差（電圧）	ボルト	V	$1\,V = 1\,J/C$
電界の強さ	ニュートン毎クーロン	N/C	
	ボルト毎メートル	V/m	$1V/m = 1N/C$
電気容量	ファラッド	F	$1F = 1C/V$
電気抵抗	オーム	Ω	$1\Omega = 1V/A$
抵抗率	オーム・メートル	$\Omega \cdot m$	
電力	ワット	W	$1W = 1V \cdot A$
電力量	ジュール	J	$1J = 1V \cdot C$
	ワット時	Wh	$1Wh = 3.60 \times 10^3 J$
磁極の強さ，磁束	ウェーバー	Wb	
磁界の強さ	ニュートン毎ウェーバー	N/Wb	
	アンペア毎メートル	A/m	$1A/m = 1N/Wb$
磁束密度	テスラ （= ウェーバ毎平行メートル）	T ($= Wb/m^2$)	$1T = 1N/A \cdot m$
インダクタンス	ヘンリー	H	$1H = 1V \cdot s/A = 1JA^2$
リアクタンス	オーム	Ω	
放射能の強さ	ベクレル	Bq	
	キュリー	Ci	$1Ci = 3.7 \times 10^3 Bq$
照射線量	クーロン毎キログラム	C/kg	
	レントゲン	R	$1R = 2.58 \times 10^{-4} C/kg$
吸収線量	グレイ	Gy	$1Gy = 1J/kg$
	ラド	rad	$1rad = 10^{-2} Gy$

C.　物理定数

物　理　量	概　数　値	くわしい値
標準重力加速度	$9.8\,m/s^2$	$9.80665 m/s^2$
万有引力定数	$6.67 \times 10^{-11} N \cdot m^2/kg^2$	$6.67259 \times 10^{-11} N \cdot m^2/kg^2$
熱の仕事当量	4.19J/cal	4.18605J/cal
絶対零度	−273 ℃ (= 0K)	−273.15 ℃
アボガドロ定数	$6.02 \times 10^{23} 1/mol$	$6.0221367 \times 10^{23} 1/mol$
ボルツマン定数	$1.38 \times 10^{-23} J/K$	$1.380658 \times 10^{-23} J/K$
理想気体の体積（0 ℃，1atm）	$2.24 \times 10^{-2} m^3/mol$	$2.241410 \times 10^{-2} m^3/mol$
気体定数	$8.31 J/mol \cdot K$	$8.314510 J/mol \cdot K$
乾燥空気中の音の速さ（0 ℃）	331.5m/s	331.45m/s
真空中の光の速さ	$3.00 \times 10^8 m/s$	$2.99792458 \times 10^8 m/s$
クーロンの法則の定数（真空中）	$8.99 \times 10^9 N \cdot m^2/C^2$	$8.9875518 \times 10^9 N \cdot m^2/C^2$
真空の誘電率	$8.85 \times 10^{-12} F/m$	$8.8541878 \times 10^{-12} F/m$
真空の透磁率	$1.26 \times 10^{-6} N/A^2$	$1.2566371 \times 10^{-6} (= 4\pi \times 10^{-7}) N/A^2$
電子の比電荷	$1.76 \times 10^{11} C/kg$	$1.75881962 \times 10^{11} C/kg$
電気素量	$1.60 \times 10^{-19} C$	$1.60217733 \times 10^{-19} C$
電子の質量	$9.11 \times 10^{-31} kg$	$9.1093897 \times 10^{-31} kg$
プランク定数	$6.63 \times 10^{-34} J \cdot s$	$6.6260755 \times^{-34} J \cdot s$
ボーア半径	$5.29 \times 10^{-11} m$	$5.29177249 \times 10^{-11} m$
リュードベリ定数	$1.10 \times 10^7 1/m$	$1.0973731534 \times 10^7 1/m$
原子質量単位	$1.66 \times 10^{-27} kg (= 1u)$	$1.6605402 \times 10^{-27} kg$

D.　単位の 10^n の接頭語

名称	記号	大きさ	名称	記号	大きさ
エクサ (exa)	E	10^{18}	デシ (deci)	d	10^{-1}
ペタ (peta)	P	10^{15}	センチ (centi)	c	10^{-2}
テラ (tera)	T	10^{12}	ミリ (milli)	m	10^{-3}
ギガ (giga)	G	10^{9}	マイクロ (micro)	μ	10^{-6}
メガ (mega)	M	10^{6}	ナノ (nano)	n	10^{-9}
キロ (kilo)	k	10^{3}	ピコ (pico)	p	10^{-12}
ヘクト (hecto)	h	10^{2}	フェムト (femto)	f	10^{-15}
デカ (deca)	da	10	アト (atto)	a	10^{-18}

E.　ギリシア文字

大文字	小文字	発　音	大文字	小文字	発　音	大文字	小文字	発　音
A	α	アルファ	I	ι	イオタ	P	ρ	ロー
B	β	ベータ	K	κ	カッパ	Σ	σ	シグマ
Γ	γ	ガンマ	Λ	λ	ラムダ	T	τ	タウ
Δ	δ	デルタ	M	μ	ミュー	Υ	υ	ウプシロン
E	ϵ	イプシロン	N	ν	ニュー	Φ	$\phi\ \varphi$	ファイ
Z	ζ	ツェータ	Ξ	ξ	クシイ	X	χ	カイ
H	η	イータ	O	o	オミクロン	Ψ	ψ	プサイ
Θ	$\theta\ \vartheta$	シータ	Π	π	パイ	Ω	ω	オメガ

F.　電気用図記号（JIS 規格）

意味	記号	意味	記号	意味	記号
電池（直流電源）		コンデンサー		スイッチ	
電気抵抗	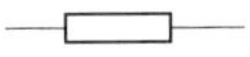	可変抵抗	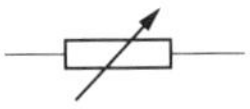	アース	
検流計		電流計		電圧計	
コイル		直流電流計		直流電圧計	
交流電源		交流電流計		交流電圧計	
電球（ランプ）					

索　引

著者紹介

高橋正雄（たかはし　まさお）

1981年　東北大学大学院理学研究科博士課程修了
現　在　神奈川工科大学教授　理学博士
専　攻　物性理論，とくに磁性半導体
主　著　基礎力学演習（ムイスリ出版）
　　　　物理学レクチャー（ムイスリ出版）
　　　　工科系の基礎物理学（東京教学社）
　　　　基礎と演習 理工系の力学（共立出版）
　　　　物理入門（共著，東京教学社）
　　　　講義と演習 理工系基礎力学（共立出版）

基礎と演習 **理工系の電磁気学**

2004年 9 月25日　初版 1 刷発行
2023年 2 月10日　初版20刷発行

著　者　高橋正雄　© 2004

発　行　**共立出版株式会社**／南條光章
東京都文京区小日向4丁目6番19号
電話 東京（03）3947-2511番（代表）
〒112-0006/振替口座 00110-2-57035番
URL www.kyoritsu-pub.co.jp

印　刷
製　本　啓文堂

一般社団法人
自然科学書協会
会員

検印廃止
NDC 427

ISBN 978-4-320-03432-7

Printed in Japan